电气专业系列培训教材

继电保护原理

主　编　尹　俊　邢顺涛　刘　畅
参　编　仙　贺　樊淑娴　杨　静

内 容 提 要

本书为衡真教育集团组织编写的系列图书之一，内容分为十章，包括继电保护的基本知识、继电保护装置的基础元件、相间短路的阶段式电流电压保护、相间短路的方向电流保护、接地短路的零序保护、阶段式距离保护、全线速动保护、电力变压器保护、输电线路的自动重合闸 、母线保护。

本书主要作为相关考试参考教材，也可作为电气工程及其自动化专业、电气工程等电工类专业的教材，也可供有关从事电力工程的工程技术人员作为参考。

图书在版编目（CIP）数据

继电保护原理/尹俊，邢顺涛，刘畅主编．—北京：中国电力出版社，2024.6

ISBN 978-7-5198-8935-7

Ⅰ.①继…　Ⅱ.①尹…　②邢…　③刘…　Ⅲ.①继电保护　Ⅳ.①TM77

中国国家版本馆 CIP 数据核字（2024）第 105499 号

出版发行：中国电力出版社

地　　址：北京市东城区北京站西街 19 号（邮政编码 100005）

网　　址：http://www.cepp.sgcc.com.cn

责任编辑：张　旻（010－63412536）

责任校对：黄　蓓　王海南

装帧设计：赵姗姗

责任印制：吴　迪

印　　刷：三河市百盛印装有限公司

版　　次：2024 年 6 月第一版

印　　次：2024 年 6 月北京第一次印刷

开　　本：787 毫米×1092 毫米　16 开本

印　　张：12.25

字　　数：303 千字

定　　价：49.00 元

编委会

前言

电气工程及其自动化专业是强电（电为能量载体）与弱电（电为信息载体）相结合的专业，要求掌握电机学、电力电子技术、电力系统基础、高电压技术、供配电与用电技术等核心内容。为了帮助学生高效完成专业学习，衡真教育集团组织编写了《电机学》《电力系统分析》《继电保护原理》《高电压技术》《电路原理》《电力电子技术》和《电气设备及主系统》七种教材。

本系列教材旨在帮助读者梳理相关课程知识点，进一步提升理论知识水平。希望本系列教材能为电气工程及其自动化领域的学习者提供基础理论与核心知识，助力读者夯实基础，通晓理论。

本系列教材具有如下特点:

（1）内容全面，精准对接电气专业课程需求，涵盖必备学科知识，并融入相关考试要点，助力学习与考前冲刺。

（2）指导性强，在内容安排上针对专业学习和相关考试内容进行精挑细选，确保紧扣专业核心知识。

（3）注重互动性，包含精选习题、笔记区等互动元素，调动读者积极思考所学知识，辅助读者更好理解和掌握知识框架，供读者进行自我检测，加深知识理解程度实现知识点汇总，提供不同层次的互动体验。配合衡真教育集团的在线题库系统可巩固所学知识，感兴趣的读者可以前往练习。

（4）注重可读性，语言文字表达清晰，图表插图辅助说明，使得复杂的概念易于理解，提高读者的阅读兴趣。

（5）逻辑性强，按照由浅入深、由易到难的原则编写，清晰地解释各个知识点之间的关联，内容组织严谨，逻辑清晰，有助于读者建立完整的知识体系，形成对知识的整体把握。

本书内容分为十章。第1章继电保护的基本知识:包括电力系统的故障及异常运行状态、继电保护的任务及作用、基本工作原理及分类、基本要求和发展简史。第2章继电保护装置的基础元件:包括互感器、继电器和测量变换器。第3章相间短路的阶段式电流电压保护:包括无时限电流速断保护、限时电流速断保护、定时限过电流保护、电流保护的接线方式、阶段式电流保护、电流电压连锁速断保护。第4章相间短路的方向电流保护:包括方向电流保护的工作原理、功率方向继电器的原理、接线方式、非故障相电流的影响及按相起动接线。第5章接地短路的零序保护:包括大接地电流系统接地故障的分析、中性点直接接地电网的零序电流保护，零序电流方向保护、小接地电流系统接地故障的分析及接地保护。 第 6 章阶段式距离保护：包括距离保护的基本原理、阻抗继电器、影响距离保护正确动作的因素及防止方法、距离保护的整定计算及对距离保护的评价。 第 7 章全线速动保护：包括线路的纵联差动保护、平行线路的差动保护、纵联保护的通信通道、高频保护的基本原理、方向比较式纵联保护、距离纵联保护、电流相位比较式纵联保护。 第 8 章电力变压器保护：包括变压器的故障类型，异常运行状态和保护配置等。 第 9 章输电线路的自动重合闸：包括自动重合闸的作用及分类，重合闸与继电保护的配合，综合重合闸等。 第 10 章母线保护：包括母线故障类型及相应的保护方式，断路器失灵保护等。

在本教材的编写过程中，我们获得了衡真教研组全体教师的鼎力支持，并且广泛借鉴了国内外多部电气工程领域的教材与专著。 在此，我们向所有为本教材贡献智慧和心血的老师表达深深的谢意。

教材虽成，然仍存不足，受限于编者之水平与时间，或有疏漏，恳请读者不吝赐教，指正本教材的不足之处。 我们深知学术之路永无止境，愿与读者携手共进，不断修正、完善。

编　者

2024 年 4 月

目录

第10章　母线保护

第1章

继电保护的基本知识

1.1 电力系统的故障及异常运行状态

根据不同的运行条件，可以将电力系统的运行状态分为正常状态、异常状态和故障状态。电力系统由很多设备组成，在电力系统运行过程中，由于各种因素的存在，如自然条件(雷击、鸟兽害等)、设备质量、运行维护及人为误操作等，可能出现各种形式的故障和异常运行状态，而一旦设备出现故障或异常运行状态，即将对设备及设备所在系统产生种种不良后果，甚至是严重的后果。电力系统运行控制的目的就是通过自动的和人工的控制，使电力系统尽快摆脱异常状态和故障状态，能够长时间在正常状态下运行。

1.1.1 电力系统的故障 A类考点

电力系统故障的种类有很多种不同的形式，根据其归类方法的不同，有瞬时性故障和永久性故障、横向故障和纵向故障、短路故障、断线故障及复故障、金属性短路故障和经过渡电阻短路故障等。其中，较危险的故障是各种类型的短路故障。

1. 短路故障的形式

三相短路、两相短路、两相接地短路、单相接地短路、电动机和变压器绕组的匝间短路。表1-1是2008年我国220kV电网输电线路故障概率统计表。

表1-1　2008年我国220kV电网输电线路故障概率统计表

故障类型	三相短路	两相短路	两相短路接地	单相连接短路	其他故障
故障次数	20	108	38	2196	45
故障百分比	0.83%	4.49%	1.58%	91.23%	1.86%

2. 短路故障的危害

短路故障有如下几种危害。

(1) 故障点的电弧将故障设备烧坏。

(2) 短路电流的热效应和电动力效应使故障回路的设备受到损伤，降低使用设备的寿命。

(3) 系统电压损失增大使设备工作电压下降，离故障点越近，所受的影响越大，用户的正常工作条件遭到破坏。

(4) 破坏电力系统运行的稳定性，严重时将引起系统振荡甚至使整个电力系统瓦解，导致电网出现大面积停电现象。

1.1.2 电力系统的异常运行状态 A类考点

电力系统的异常运行状态，是指电力系统的正常工作遭到破坏但还未形成故障，可继续运行一段时间的这种情况的状态，这种状态也称为不正常运行状态。

例如，因负荷超过电气设备的额定值而引起的电流升高(一般又称过负荷)、系统中出现功率缺额而引起的频率降低、发电机突然甩负荷而产生的过电压、外部短路引起的过电流，以及电力系统发生振荡等，都属于异常运行状态。

1.1.3 电力系统的事故 C类考点

故障和不正常运行状态都可能在电力系统中引起事故。事故是指系统或其中一部分的正常工作遭到破坏，并造成对用户少送电或电能质量变低到不可容许的地步，甚至造成人身伤亡和电气设备的损坏等。

【例1-1】 单相接地短路是较经常发生的故障类型。（ ）

A. 正确 B. 错误

【例1-2】 以下不属于二次设备的是（ ）[1]。（2021年第二批）

A. 互感器 B. 绝缘监察装置

C. 控制电缆 D. 继电保护及其自动装置

【例1-3】 发生概率较低的故障是（ ）。（2023年第一批）

A. 单相接地 B. 两相短路 C. 三相短路 D. 两相短路接地

1.2 继电保护装置的任务及作用 B类考点

继电保护装置，是指能反映电力系统中电气元件发生故障或不正常运行状态，并动作于断路器跳闸或发出信号的一种自动装置。其基本任务：

（1）在电力系统电气设备出现故障时，自动、快速且有选择地借助断路器跳闸将故障设备从系统中切除，以避免故障设备继续遭到破坏，保证系统其余非故障部分能继续运行。

（2）当电力系统电气设备出现异常运行状态时，自动、及时、有选择地发出信号，让值班人员进行处理，或切除继续运行会引起故障的设备。

注意：因为继电保护主要反映短路故障，所以习惯上对“短路”和“故障”两个词不加以严格区分。例如，“单相接地”“单相短路”“单相故障”实际上指的是同一件事。严格来说，故障的含义较广，不仅仅是指短路，也包括其他故障。

【例1-4】 继电保护的任务是系统发生故障时发出信号。（ ）

A. 正确 B. 错误

【例1-5】 继电保护在系统发生故障时动作于跳闸，异常状态时动作于发信号或跳闸。（ ）（2020年第二批）

A. 正确 B. 错误

1.3 继电保护的基本工作原理及分类

1.3.1 继电保护的基本原理 A类考点

为完成继电保护所担负的任务，显然应该要求它能够正确地利用系统正常运行与发生故

[1] 本书未说明的选择题均为单选。

障或不正常运行状态之间的差别，以实现保护。

在一般情况下，发生短路之后总是伴随有电流的增大和电压的降低，以及线路始端测量阻抗的减小和电压与电流之间相位角的变化。因此，利用正常运行与发生故障时这些基本参数的区别便可以构成各种不同原理的继电保护。例如：

（1）反应于电流增大而动作的过电流保护。

（2）反应于电压降低而动作的低电压保护。

（3）反应于短路点到保护安装地点之间的距离（或测量阻抗的减小）而动作的距离保护（或低阻抗保护）等。

（4）利用每个电气元件在发生内部故障与外部故障（包括正常运行情况）时，两侧电流相位或功率方向的差别就可以构成各种差动原理的保护，如电流纵联差动保护、相位纵联差动保护、方向纵联保护等。电流差动原理的保护只能在被保护元件的内部故障时动作，而不反映外部故障，因而被认为具有绝对的选择性。

（5）利用某一个对称分量（如负序、零序或正序）的电流和电压构成保护。由于在正常运行情况下，负序和零序分量不会出现，而在发生不对称接地短路时，它们都具有较大的数值。在发生不接地的不对称短路时，虽然没有零序分量，但负序分量很大。因此，利用这些分量构成的保护装置一般都具有良好的选择性和灵敏性。

（6）利用短路时电压和电流的突然变化可以构成各种突变量保护或工频变化量保护。

（7）利用短路时产生的行波及其反射特性可以构成各种行波保护等。

（8）利用短路点产生行波中的暂态分量构成保护。

除上述反应各种电气量的保护以外，还有根据电气设备的特点实现反应非电量的保护。例如，当变压器油箱内部的绕组发生短路时，反应于油被分解所产生的气体而构成的气体保护，反应于电动机绕组的温度升高而构成的过热保护等。

1.3.2　继电保护的种类　C 类考点

继电保护的种类很多，以下是几种常用归类方法。

（1）按保护对象不同进行归类。发电机保护、变压器保护、输电线路保护、母线保护、电动机保护、电容器保护、断路器保护等。

（2）按动作结果不同进行归类。有动作于断路器跳闸的短路故障保护和动作于发信号的异常运行保护两大类。

（3）按反应故障类型的不同进行归类。相间短路保护、接地短路保护、匝间短路保护等。

（4）按其功能的不同进行归类。有主保护、后备保护及辅助保护，且后备保护又有远、近后备保护之分。

1）主保护。主保护是满足系统稳定和设备安全要求，能以最快速度有选择地切除被保护设备和线路故障的保护。

2）后备保护。后备保护是主保护或断路器发生拒动时，用以切除故障的保护。后备保护可分为远后备和近后备两种方式。

a. 远后备是当主保护或断路器发生拒动时，由相邻电力设备或线路的保护实现后备保护。

b. 近后备是当主保护发生拒动时，由该电力设备或线路的另一套保护实现后备的保护；当断路器发生拒动时，由断路器失灵保护来实现的后备保护。

3）辅助保护。辅助保护是为补充主保护和后备保护的性能或当主保护和后备保护退出运行而增设的简单保护。

a. 主保护。阶段式保护的Ⅱ段、纵联差动保护、瓦斯保护等。

b. 后备保护。阶段式保护的Ⅲ段、断路器失灵保护、变压器的过电流保护等。

c. 辅助保护。阶段式保护的Ⅰ段、母线充电保护、变压器的差动速断保护等。

后备保护的配置：

（5）按保护的基本工作原理不同进行归类。有反应电参数的保护和反应非电参数的保护两大类，而前者又分为反应稳态量的常规保护和反应暂态量的新原理保护两类，并且根据所反应参数的不同，常规保护有过电流保护、低电压保护、方向电流保护、零序保护、阻抗保护、差动保护、高频保护及气体保护等；新原理保护有工频变化量保护和行波保护等。

（6）按保护动作原理不同进行归类。有机电型保护、整流型保护、晶体管型保护、集成电路型保护及微机型保护等。

（7）按保护反应参数增大或减小而发生动作进行归类。有过量保护和欠量保护。

1.3.3 继电保护装置的组成 A类考点

就一般情况而言，整套继电保护装置是由测量部分、逻辑部分和执行部分组成的，如图1-1所示。

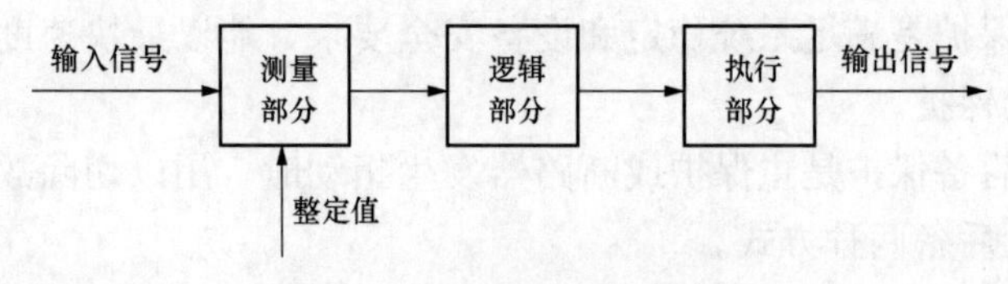

图1-1 继电保护装置的组成

1. 测量部分

测量部分是测量从被保护对象输入的有关电气量或非电气量，并与已给定的整定值进行比较，根据比较的结果，给出“是”“非”“大于”“小于”“等于”“0”或“1”性质的一组逻辑信号，把这一组逻辑信号给逻辑部分去判断。

2. 逻辑部分

逻辑部分是根据测量部分各输出量的大小、性质、输出的逻辑状态、出现的顺序或其组合，使保护装置按一定的逻辑关系工作，最后确定是否应该使断路器跳闸或发出信号，并将有关命令传给执行部分。

3. 执行部分

执行部分是根据逻辑部分输出的信号，最后完成保护装置所担负的任务，如被保护对象发生故障时，动作于跳闸；不正常运行时，发出信号；正常运行时，不动作等。

【例 1-6】 继电保护装置组成元件包括（　　）。

A. 测量、仪表回路　　B. 仪表回路

C. 二次回路各元件　　D. 测量元件、逻辑元件、执行元件

【例 1-7】（多选）继电保护装置大致可以分为（　　）等几部分。

A. 测量　　B. 逻辑　　C. 执行　　D. 整定

【例 1-8】（　　）是为补充主保护后备保护的性能或当主保护和后备保护退出运行而增加的简单保护。

A. 辅助保护　　B. 失灵保护

C. 异常运行保护　　D. 以上都是

【例 1-9】 主保护发生拒动时，用上一级线路的保护来切除故障，属于远后备。（　　）（2022 年第一批）

A. 正确　　B. 错误

【例 1-10】 以下哪个保护是过量保护？（　　）

A. 距离保护　　B. 阻抗保护　　C. 低电压保护　　D. 电流保护

1.4　对继电保护的基本要求　A 类考点

动作于跳闸的继电保护在技术上一般应满足 4 个基本要求，即选择性、速动性、灵敏性和可靠性。

1.4.1　选择性

继电保护动作的选择性，是指电力系统中有故障时，应由距故障点最近的保护装置动作，仅将故障元件从电力系统中切除，使停电范围尽量缩小，以保证系统中的无故障部分仍能继续安全运行。

在要求继电保护动作有选择性的同时，还必须考虑继电保护或断路器有拒动的可能性，因而就需要有后备保护。

为了确保故障元件能够从电力系统中被切除，一般每个重要的电力元件须配备两套保

护，一套称为主保护，另一套称为后备保护。实践证明，保护装置发生拒动、保护回路中的其他环节发生损坏、断路器发生拒动、工作电源不正常甚至消失等时有发生，造成主保护不能快速切除故障，这时需要后备保护来切除故障。图 1-2 给出的是各电力设备主保护的保护区。为了保证所有的故障都能被切除，所以要求保护重叠范围必须要有重叠区，为了保证选择性，要求保护重叠范围尽可能小。当故障发生在重叠区时通过给相应的保护增加延时来保证其选择性。

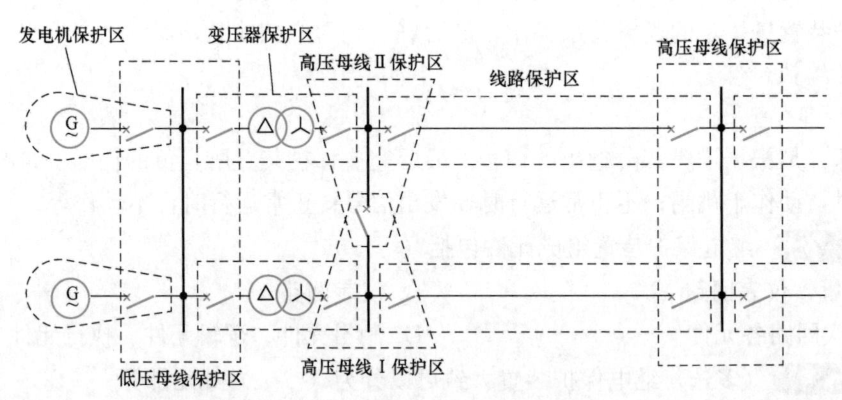

图 1-2　电力设备主保护的保护区

保护选择性说明图如图 1-3 所示。图 1-3 中，当 k_3 点短路时，距短路点最近的保护 QF_6 本应动作切除故障，但由于某种原因，该处的继电保护或断路器发生拒动，使故障不能消除，此时如其上级线路（靠近电源侧的相邻线路）的保护 QF_5 能动作，故障也可消除。能起保护 QF_5 这种作用的保护称为相邻元件的后备保护。同理，保护 QF_1 和 QF_3 又应该作为保护 QF_5 和 QF_7 的后备保护。由于按以上方式构成的后备保护是在远处实现的，因此又称为远后备保护。

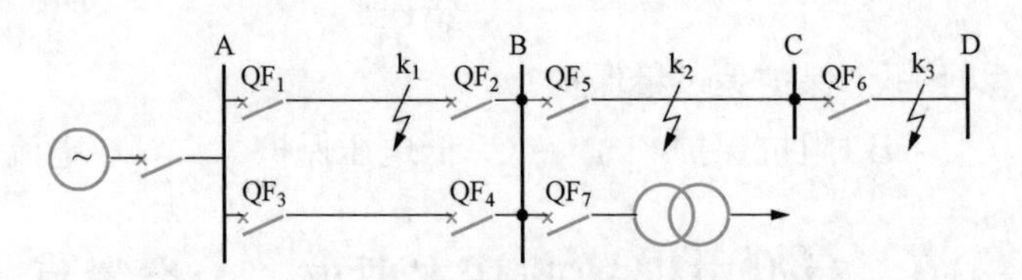

图 1-3　保护选择性说明图

一般情况下，远后备保护动作切除故障时将使供电中断的范围扩大。在复杂的高压电网中，当实现远后备保护在技术上有困难（主要是灵敏系数不满足要求）时，应采用近后备保护的方式。也就是说，每个设备和线路等元件都有独立的主保护和后备保护，当本元件的主保护发生拒动时，由其后备保护动作跳闸；当断路器发生拒动时，由同一发电厂或变电站内的各有关断路器动作，实现后备保护。为此，在每一元件上应装设单独的主保护和后备保护，并装设必要的断路器失灵保护。由于这种后备保护是在主保护安装处实现的，因此称为近后备保护。

注意：远后备的性能是比较完善的，它对相邻元件的保护装置、断路器、二次回路和直流电源所引起的拒动均能起到后备作用，同时其实现简单、经济，因此，在电压较低的线路上应优先采用这种方式，只有当远后备不能满足灵敏度和速动性的要求时，才考虑采用近后备的方式。

保护的配合：

1.4.2　速动性

快速地切除故障可以提高电力系统并联运行的稳定性，缩短用户在电压降低情况下工作的时间，以及降低故障元件的损坏程度。因此，在发生故障时，应力求保护装置能迅速动作切除故障。动作迅速而同时又能满足选择性要求的保护装置，一般结构都比较复杂且价格较高。在一些情况下，允许保护装置带有一定的延时切除故障。因此，对继电保护速动性的具体要求，应根据电力系统的接线及被保护元件的具体情况来确定。

故障切除的总时间等于保护装置和断路器动作时间之和。一般的快速保护的动作时间为 0.02～0.04s，最快的可达 0.01～0.02s；一般的断路器的动作时间为 0.06～0.15s，最快的可达 0.02～0.04s。

一些必须快速切除的故障有

（1）使发电厂或重要用户的母线电压低于允许值（一般为 0.7 倍的额定电压）。

（2）大容量的发电机、变压器和电动机内部发生的故障。

（3）中、低压线路导线截面过小，为避免过热不允许延时切除的故障。

（4）可能危及人身安全、对通信系统或铁路信号系统有强烈干扰的故障。

1.4.3　灵敏性

继电保护的灵敏性，是指对于其保护范围内发生任何故障或不正常运行状态的反应能力。满足灵敏性要求的保护装置应该是在事先规定的保护范围内部发生故障时，不论短路点的位置、短路的类型如何，以及短路点是否有过渡电阻，都能敏锐感觉、正确反应。保护装置的灵敏性通常用灵敏系数来衡量，它主要取决于被保护元件和电力系统的参数及运行方式。

保护装置的灵敏性常用灵敏系数 K_{sen} 的大小来衡量。灵敏系数越高，表示保护装置对故障的反应能力越强，灵敏性越好。有时也可以用保护范围来衡量，保护范围越大，表示可以反映的故障越多，灵敏性越好。在 GB 14285—2006《继电保护及安全自动装置技术规程》中，对各类保护灵敏系数的要求都作了具体规定。

对保护装置的灵敏度要求，通常是通过对其最不利情况下的灵敏度即灵敏系数进行校验来保证的，因为若在最不利情况下保护装置都能够满足灵敏度要求，则在其他情况下保护装置就更能满足灵敏度要求。

过量保护灵敏系数

$$K_{sen}=\frac{\text{保护区末端金属性短路时故障参数的最小计算值}}{\text{保护装置的动作参数}}$$

欠量保护灵敏系数

$$K_{sen}=\frac{\text{保护装置的动作参数}}{\text{保护区末端金属性短路时故障参数的最大计算值}}$$

灵敏系数小于1代表保护装置不能反映保护范围内的最轻微故障，灵敏系数等于1代表保护装置刚好可以反映保护范围内的最轻微故障，灵敏系数大于1代表保护装置可以反映保护范围内的最轻微故障而且留有裕度。其中，灵敏系数小于1或者灵敏系数等于1都是不合格的，要求灵敏系数必须大于1。

要求灵敏系数大于1的原因是考虑可能会出现一些不利于保护起动的因素，而实际上存在这些因素时，为使保护仍然能够动作，显然就必须留有一定的裕度。不利于保护起动的因素如下：

（1）故障点一般都不是金属性短路，而是存在有过渡电阻，它将使得短路电流减小，因而不利于保护装置动作。

（2）实际的短路电流由于计算误差或其他原因而小于计算值。

（3）保护装置所使用的电流互感器在短路电流通过的情况下，一般都具有负误差，因此使实际流入保护装置的电流小于按额定变比折合的数值。

（4）保护装置中的继电器其实际起动数值可能具有正误差。

（5）考虑一定的裕度。

对保护装置的灵敏性要求，通常是通过对其最不利情况下的灵敏度即灵敏系数进行校验来保证的，因为若在最不利情况下保护装置都能够满足灵敏性要求，则在其他情况下保护装置就更能满足灵敏性要求，表1-2为GB/T 14285—2006中关于最小灵敏系数的规定。

笔记

表 1 - 2　　短路保护的最小灵敏系数

<table>
<tr><th>保护分类</th><th>保护类型</th><th colspan="2">组成元件</th><th>灵敏系数</th><th>备注</th></tr>
<tr><td rowspan="15">主保护</td><td rowspan="2">带方向和不带方向的电流保护或电压保护</td><td colspan="2">电流元件和电压元件</td><td>1.3～1.5</td><td>200km 以上线路，不小于 1.3；50～200km 线路，不小于 1.4；50km 以下线路，不小于 1.5</td></tr>
<tr><td colspan="2">零序或负序方向元件</td><td>1.5</td><td></td></tr>
<tr><td rowspan="3">距离保护</td><td rowspan="2">起动元件</td><td>负序和零序增量或负序分量元件、相电流突变量元件</td><td>4</td><td>距离保护第三段动作区末端故障，大于 1.5</td></tr>
<tr><td>电流和阻抗元件</td><td>1.5</td><td rowspan="2">线路末端短路电流应为阻抗元件精确工作电流 1.5 倍以上。200km 以上线路，不小于 1.3；50～200km 线路，不小于 1.4；50km 以下线路，不小于 1.5</td></tr>
<tr><td colspan="2">距离元件</td><td>1.3～1.5</td></tr>
<tr><td rowspan="4">平行线路的横联差动方向保护和电流平衡保护</td><td colspan="2" rowspan="2">电流和电压起动元件</td><td>2.0</td><td>线路两侧均末断开前，其中一侧保护按线路中点短路计算</td></tr>
<tr><td>1.5</td><td>线路一侧断开后，另一侧保护按对侧短路计算</td></tr>
<tr><td colspan="2" rowspan="2">零序方向元件</td><td>2.0</td><td>线路两侧均末断开前，其中一侧保护按线路中点短路计算</td></tr>
<tr><td>1.5</td><td>线路一侧断开后，另一侧保护按对侧短路计算</td></tr>
<tr><td rowspan="2">线路纵联保护</td><td colspan="2">跳闸元件</td><td>2.0</td><td></td></tr>
<tr><td colspan="2">对高阻接地故障的测量元件</td><td>1.5</td><td>个别情况下，为 1.3</td></tr>
<tr><td>发电机、变压器、电动机纵差保护</td><td colspan="2">差电流元件的起动电流</td><td>1.5</td><td rowspan="3"></td></tr>
<tr><td>母线的完全电流差动保护</td><td colspan="2">差电流元件的起动电流</td><td>1.5</td></tr>
<tr><td>母线的不完全电流差动保护</td><td colspan="2">差电流元件</td><td>1.5</td></tr>
<tr><td>发电机、变压器、线路和电动机的电流速断保护</td><td colspan="2">电流元件</td><td>1.5</td><td>按保护安装处短路计算</td></tr>
<tr><td rowspan="4">后备保护</td><td rowspan="2">远后备保护</td><td colspan="2">电流、电压和阻抗元件</td><td>1.2</td><td rowspan="2">按相邻电力设备和线路末端短路计算（短路电流应为阻抗元件精确工作电流 1.5 倍以上），可考虑相继动作</td></tr>
<tr><td colspan="2">零序或负序方向元件</td><td>1.5</td></tr>
<tr><td rowspan="2">近后备保护</td><td colspan="2">电流、电压和阻抗元件</td><td>1.3</td><td rowspan="2">按线路末端短路计算</td></tr>
<tr><td colspan="2">负序或零序方向元件</td><td>2.0</td></tr>
</table>

续表

保护分类	保护类型	组成元件	灵敏系数	备注
辅助保护	电流速断保护		1.2	按正常运行方式保护安装处短路计算

说明：1. 主保护的灵敏系数除表中注出者外，均按被保护线路（设备）末端短路计算。

2. 保护装置如反应故障时增长的量，其灵敏系数为金属性短路计算值与保护整定值之比；如反应故障时减少的量，则为保护整定值与金属性短路计算值之比。

3. 各种类型的保护中，接于全电流和全电压的方向元件的灵敏系数不作规定。

4. 本表内未包括的其他类型的保护，其灵敏系数另作规定。

1.4.4 可靠性

保护装置的可靠性是指在该保护装置规定的保护范围内发生了它应该动作的故障时，它不应该拒动，而在任何其他该保护装置不应该动作的情况下，则不应该误动作。

可靠性主要取决于保护装置本身的质量和运行维护水平。一般说来，保护的原理完善，装置组成元件的质量越高、接线越简单、模拟式保护回路中继电器的接点数量越少，保护装置的工作就越可靠。同时，精细的制造工艺、正确的调整试验、良好的运行维护及丰富的运行经验，对于提高保护的可靠性也具有重要的作用。

继电保护装置的误动作和拒动都会给电力系统造成严重的危害。但提高其不误动作的可靠性和不拒动的可靠性的措施常常是互相矛盾的。由于电力系统的结构和负荷性质的不同，误动作和拒动的危害程度有所不同，因此提高保护装置可靠性的着重点在各种具体情况下也应有所不同。例如，当系统中有充足的旋转备用发电容量、输电线路很多、各系统之间和电源与负荷之间联系很紧密时，由于继电保护装置的误动作，使发电机、变压器或输电线切除而给电力系统造成的影响可能很小。但如果发电机变压器或输电线故障时继电保护装置发生拒动，将会造成设备的损坏或系统稳定的破坏，损失是巨大的。在此情况下，提高继电保护不拒动的可靠性比提高不误动作的可靠性更为重要。

但在系统中旋转备用容量小及各系统之间和电源与负荷之间的联系比较薄弱的情况下，由于继电保护装置的误动作将发电机、变压器或输电线路切除时，会引起对负荷供电的中断，甚至造成系统稳定的破坏，其损失是巨大的。而当某一保护装置拒动时，其后备保护仍可以动作而切除故障。因此，在这种情况下，提高保护装置不误动作的可靠性比提高其不拒动的可靠性更为重要。由此可见，提高保护装置的可靠性应根据电力系统和负荷的具体情况采取适当的措施。

为了便于分析继电保护装置的可靠性，在有些文献中将继电保护不误动作的可靠性称为“安全性”，而将其不拒动和不会非选择性动作的可靠性称为“可信赖性”，意指保护装置的动作行为完全依附于电力系统的故障情况。安全性和可信赖性基本上都属于可靠性的范畴。

以上 4 个基本要求是分析研究继电保护性能的基础，也是贯穿全课程的一个基本线索。在它们之间，既有矛盾的一面，又有在一定条件下统一的一面。

四性的取舍原则:

【例 1-11】当系统发生故障时，正确切断离故障点最近的断路器，是体现继电保护的（　　）。

A. 快速性　　B. 选择性　　C. 可靠性　　D. 灵敏性

【例 1-12】电力系统继电保护装置发生误动作时，破坏了继电保护的（　　）原则。

A. 灵敏性　　B. 可靠性　　C. 选择性　　D. 速动性

【例 1-13】（多选）关于电力系统继电保护的分区配合，说法正确的有（　　）。

A. 保护的分区之间应该重叠　　B. 分区重叠的范围应尽可能小

C. 分区重叠的范围应尽可能大　　D. 保护的分区之间不应该重叠

【例 1-14】电力系统发生各种类型的故障时通常伴随（　　）。

A. 电流的增大　　B. 电压的增大　　C. 阻抗的增大　　D. 温度的降低

【例 1-15】电力系统中发生故障时，应由距故障点最近的保护装置动作，仅将故障元件从电力系统切除，使停电范围尽量缩小，以保证系统中无故障部分仍能继续安全运行，这说的是继电保护的（　　）。

A. 速动性　　B. 灵敏性　　C. 选择性　　D. 可靠性

【例 1-16】切除适当位置的断路器是继电保护的（　　）。(2022 年第一批)

A. 可靠性　　B. 快速性　　C. 灵敏性　　D. 选择性

【例 1-17】继电保护的可靠性是指（　　）。(2023 年第一批)

A. 不误动作，不拒动　　B. 快速切除故障

C. 停电范围最小　　D. 对轻微故障的反应能力

1.5　继电保护发展简史　C 类考点

1. 原理的发展

继电保护技术是随着电力系统的发展而发展起来的。电力系统中的短路是不可避免的。短路必然伴随着电流的增大，因而为了保护发电机免受短路电流的破坏，首先出现了反应电

流增大而动作的过电流保护。熔断器就是最早最简单的过电流保护。

1901 年出现了感应型过电流继电器。1908 年提出了比较被保护元件两端电流的电流差动保护原理。1910 年方向性电流保护开始得到应用，在此时期也出现了将电流与电压相比较的保护原理，并导致 20 世纪 20 年代初距离保护装置的出现。随着电力系统载波通信的发展，在 1927 年前后，出现了利用高压输电线路上高频载波电流传送和比较输电线路两端功率方向或电流相位的高频（载波）保护装置。在 20 世纪 50 年代，微波中继通信开始应用于电力系统，从而出现了利用微波传送和比较输电线路两端故障电气量的微波保护。早在 20 世纪 50 年代就出现了利用故障点产生的行波实现无通道快速继电保护的设想和研究，经过 20 余年的研究，终于诞生了行波保护装置。目前，随着光纤通信在电力系统中的普及，利用光纤通道的继电保护得到了广泛应用。

2. 装置的发展

构成继电保护装置的元件、材料、保护装置的结构型式和制造工艺也发生了巨大的变革。20 世纪 50 年代以前的继电保护装置都是由电磁型、感应型或电动型继电器组成的。这些继电器都具有机械传动部件，统称为机电式继电器。由这些继电器组成的继电保护装置称为机电式保护装置。

20 世纪 50 年代，由于半导体晶体管的发展，开始出现了晶体管式继电保护装置。这种保护装置体积小，功率消耗小，动作速度快，无机械转动部分，称为电子式静态保护装置。20 世纪 70 年代是晶体管继电保护装置在我国大量采用的时期，满足了当时电力系统向超高压、大容量方向发展的需要。

集成电路技术的发展，可将数百个或更多的晶体管集成在一个半导体芯片上，从而出现了体积更小、工作更加可靠的集成运算放大器和其他集成电路元件。这促使静态继电保护装置向集成电路化方向发展。20 世纪 80 年代后期，标志着静态继电保护从第一代（晶体管式）向第二代（集成电路式）的过渡，20 世纪 90 年代开始向微机保护过渡。目前，微机保护装置已取代集成电路式继电保护装置，成为静态继电保护装置的唯一形式。

模拟习题

(1)（多选）属于电力系统相间短路的有（　　）。

A. 单相接地　　B. 两相短路　　C. 三相短路　　D. 两相短路接地

(2)（多选）属于电力系统接地短路的有（　　）。

A. 单相接地　　B. 两相短路　　C. 三相短路　　D. 两相短路接地

(3)（多选）电力系统短路时的明显特征是（　　）。

A. 电流增大　　B. 电流减小　　C. 电压增大　　D. 电压减小

(4) 电力系统短路时较严重的后果是（　　）。

A. 电弧使故障设备损坏　　B. 使用户的正常工作遭到破坏

C. 破坏电力系统运行的稳定性　　D. 损坏线路上的其他设备

(5) 电力系统中较常见的短路是（　　）。

A. 单相接地　　B. 两相短路　　C. 三相短路　　D. 两相短路接地

(6) 电力系统中危害最大的短路是（　　）。

A. 单相接地　　B. 两相短路　　C. 三相短路　　D. 两相短路接地

（7）电力系统发生故障时继电保护装置的任务是（　　）。

A. 切除故障元件　B. 减负荷　C. 动作于信号　D. 通知调度

（8）（多选）继电保护的组成包括（　　）。

A、起动部分　B. 测量部分　C. 逻辑部分　D. 执行部分

（9）（多选）对继电保护的基本要求包括（　　）。

A. 选择性　B. 速动性　C. 灵敏性　D. 可靠性

（10）继电保护的（　　）是指保护装置动作时应只切除故障设备，或使故障的影响范围限制在最小。

A. 选择性　B. 速动性　C. 灵敏性　D. 可靠性

真题赏析

（1）以下电力系统故障属于纵向故障的是（　　）。（2019 年第一批）

A. 两相短路接地　B. 单相断线故障

C. 三相短路　D. 两相短路

（2）在要求继电保护有选择性的同时，还必须考虑继电保护或断路器有拒动的可能性，因而就需要有（　　）。（2019 年第一批）

A. 在线监测　B. 自动重合闸　C. 后备保护　D. 人工监护

（3）如果相邻元件保护的范围发生重叠，就会丧失选择性。（　　）（2019 年第一批）

A. 正确　B. 错误

（4）电力系统运行对继电保护的基本要求中，选择性的含义是指（　　）。（2019 年第二批）

A. 尽可能快地切除故障　B. 尽可能少地花费获取更好的保护性能

C. 在尽可能小的范围切除故障　D. 区外故障不误动作，区内故障不拒动

（5）继电保护的保护范围配置原则是（　　）。（2019 年第二批）

A. 所有元件的保护范围要尽可能小，以满足选择性要求

B. 所有元件的保护范围要尽可能大，以满足经济性要求

C. 所有元件均要配置合适的保护，且相邻元件之间的保护范围要有重叠区

D. 所有元件均要配置合适的保护即可

（6）对继电保护灵敏系数的要求是（　　）。（2019 年第二批）

A. 大于 0　B. 小于 0　C. 大于 1　D. 小于 1

（7）（多选）继电保护的装置组成有（　　）。（2020 年第二批）

A. 执行输出　B. 测量比较　C. 功率放大　D. 逻辑判断

（8）电力系统继电保护切除故障，切除距离故障点最近的断路器体现了（　　）性质。（2021 年第一批）

A. 可靠性　B. 选择性　C. 速动性　D. 灵敏性

（9）下列哪一部分不属于继电保护？（　　）（2021 年第二批）

A. 合闸部分　B. 测量部分　C. 逻辑部分　D. 执行部分

（10）跳开最近的断路器，是继电保护的（　　）。（2021 年第二批）

A. 选择性　B. 速动性　C. 灵敏性　D. 可靠性

(11)(多选)下列属于继电保护四性的是(　　)。(2022 年第一批)

A. 可靠性　　B. 快速性　　C. 灵敏性　　D. 选择性

(12)仅用电流幅值做判据的保护是(　　)。(2022 年第二批)

A. 阻抗保护　　B. 过电流保护　　C. 低电压保护　　D. 差动保护

(13)发生故障时，首先由本元件的保护动作，若本元件的保护或断路器发生拒动，则由相邻元件的保护动作，体现了保护的(　　)。(2023 年第二批)

A. 选择性　　B. 速动性　　C. 灵敏性　　D. 可靠性

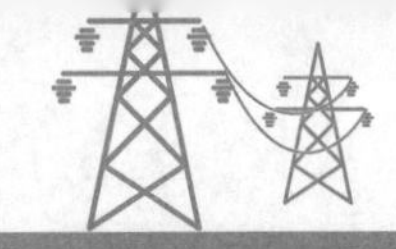

第2章

继电保护装置的基础元件

2.1 互　感　器

反应电气参数的保护装置，都需要通过互感器来获取被保护设备一次侧的电气量。电力系统广泛采用的是电磁式互感器，其中包括电流互感器 TA 和电压互感器 TV 两大类（现场一般也称作 CT、PT）。其主要作用如下。

（1）将一次系统的高电压、大电流按比例变换成二次系统的低电压、小电流，以满足测量、监控、保护和自动装置等的需要。

（2）将一、二次设备安全隔离，使高、低压回路不存在电的联系。

在运行中，电流互感器的二次侧不允许开路，电压互感器的二次侧不允许短路，且互感器的二次侧都需要可靠接地。

电压互感器二次侧接熔断器：

互感器二次侧的接地：

2.1.1　互感器的极性与参考方向　B 类考点

互感器的极性问题与继电保护装置能否正确工作有直接的关系，因此，对于互感器一、二次绕组的同极性端子应注明标记，如图 2-1 所示。以电流互感器为例，通常以 L_1、K_1 和 L_2、K_2 分别表示一、二次绕组的同极性端子，在只需标示相对极性关系时，可在同极性端子标注以“·”号。互感器的参考方向，通常按减极性原则进行标注。当交流电流从一次绕组标有“·”端流入时，在二次绕组回路中感应的电流将从“·”端流出，若从两侧的同极性端观察时，则一、二次电流的方向相反，故这种标注称为减极性标注。由此，习惯上当继电保护用互感器一次电压（或电流）的正方向规定为从“·”端指向无“·”端时，电压互感器二次电压的正方向也是规定从“·”端指向无“·”端，而电流互感器二次电流的正方向则是规定由无“·”端指向“·”端。

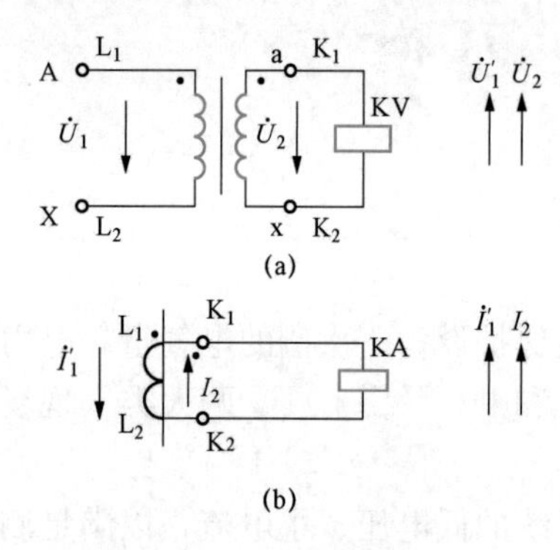

图 2-1　互感器的同名端

(a) 电压互感器；(b) 电流互感器

2.1.2　电流互感器的误差　A类考点

1. 定义

电流误差：又称变比误差，是指测量电流时出现的数值误差。

角度误差：由于二次侧电流与一次侧电流相量不同而产生的误差，以二次电流相量超前一次电流相量为正。

复合误差：又称全误差，是指在稳态时一次电流瞬时值同二次电流瞬时值与互感器变比乘积之差的有效值，通常以一次电流有效值的百分数来表示。

2. 对误差的要求

测量计量用电流互感器，要求其在正常情况下误差小，即准确度高。以保证二次表计的测量精确；而在过电流情况下，则其误差是越大越好，因为二次电流若不再严格随一次电流的增长而成正比增长，就可避免二次表计受过电流的冲击。

保护用电流互感器其基本要求之一是，在一定的过电流下，其误差应在一定限值之内，以保证保护装置能正确工作；此外，根据电力系统对保护动作时间的不同要求，保护用电流互感器对误差的要求也将不同。

电流互感器的配置类型：

3. 电流互感器的10%误差曲线

10%误差曲线，是指电流互感器在比值误差为10%，角度误差不应超过7°时，饱和电流倍数 m_1 与允许二次负荷阻抗 Z_{loa} 之间的关系曲线。

电流互感器的 10%误差曲线：

【例 2-1】 电压互感器的变比中，适用于发电厂 6kV 厂用电母线的是（　　）。

A. $\frac{6}{\sqrt{3}}/\frac{0.1}{3}/\frac{0.1}{3}$　　B. $\frac{6}{\sqrt{3}}/\frac{0.1}{3}/0.1$

C. $\frac{6}{\sqrt{3}}/\frac{0.1}{\sqrt{3}}/\frac{0.1}{3}$　　D. $\frac{6}{\sqrt{3}}/\frac{0.1}{\sqrt{3}}/0.1$

【例 2-2】 电压互感器的误差主要是由励磁电流引起的（　　）。

A. 正确　　B. 错误

【例 2-3】 （多选）关于电流互感器二次侧负荷和误差的关系，错误的是（　　）。（2022 年第一批）

A. 当二次负荷阻抗和二次额定绕组阻抗相等时，误差最小

B. 二次负荷阻抗越小，误差越小

C. 二次负荷阻抗越大，误差越小

D. 误差与二次负荷无关

2.2 继　电　器

2.2.1 定义

继电器是一种输入量达到某一给定值，或者加入某一输入量时，其输出量就产生预定跃变的自动器件。

2.2.2 继电器的分类

保护装置的种类很多，因而作为组成它的基本元件——继电器的种类也有很多，下面是几种常用继电器的归类方法。

（1）按动作原理不同进行归类：有电磁型、感应型、整流型、晶体管型、集成电路型和微机型等。

（2）按作用不同进行归类：有测量型继电器、辅助型继电器两大类。

（3）按反应物理量增大或减小动作进行归类，有过量继电器和欠量继电器。

2.2.3 触点　B 类考点

继电器的输出量，是指继电器触点的状态，它控制了断路器是否要跳闸或者信号回路是

否要接通。

(1) 作用：开关控制。

(2) 种类：按线圈不带电时的状态可以分为动合触点和动断触点。

2.2.4 常用电磁型继电器

1. 电磁型电流继电器

电磁型电流继电器的作用是测量电流的大小并根据电流的大小决定触点的动作。电磁型电流继电器常采用转动舌片式，其结构和表示符号如图 2-2 所示。其绕组导线较粗、匝数少，串接在电流互感器的二次侧，作为电流保护的起动元件，用以判断被保护对象的运行状态。

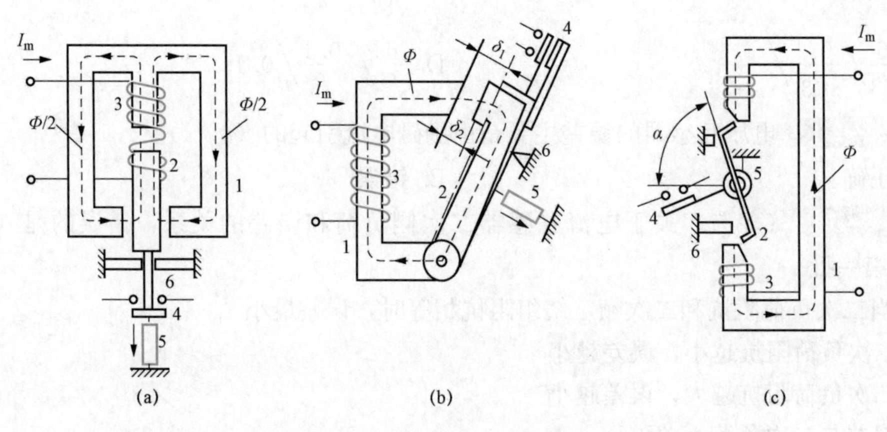

图 2-2 电磁型电流继电器

(a) 螺管式；(b) 引铁式；(c) 舌片式

电磁型电流继电器的工作原理可用图 2-3 进行说明。在绕组 1 中的电流产生磁通，它将通过由铁芯、空气隙和可动衔铁组成的磁路。可动衔铁被磁化后，即与铁芯的磁极产生电磁吸力，吸引可动衔铁向左转动。在它上面装有继电器的可动接点 5，当电磁吸力胜过弹簧 7 的拉力时，即可吸动可动衔铁并使接点 6 接通，这一过程称为继电器动作。

为了使电磁型电流继电器起动并闭合其接点就必须增大电流 I_k，以增大电磁转矩。继电器能够动作（可靠闭合其接点）的条件为

$$M_e(\text{电磁力转矩}) \geqslant M_{th}(\text{弹簧力转矩}) + M_f(\text{摩擦力转矩})$$

满足这个条件并能使继电器动作的最小电流值称为继电器的动作电流（习惯上又称为起动电流），以 $I_{k\cdot act}$ 来表示。

在继电器动作之后，为使它重新返回原位，就必须减小电流以减小电磁转矩，然后由于弹簧的反作用力把可动衔铁拉回来。在这个过程中，摩擦力又起着阻碍返回的作用。因此继电器能够返回的条件是

$$M_e(\text{电磁力转矩}) \leqslant M_{th}(\text{弹簧力转矩}) - M_f(\text{摩擦力转矩})$$

对应这一电磁转矩、能使继电器返回原位的最大电流值称为继电器的返回电流，以 $I_{k\cdot re}$ 表示。

由以上分析可见，当 $I_k < I_{k\cdot act}$ 时，继电器根本不发生动作；而当 $I_k \geqslant I_{k\cdot act}$，继电器能

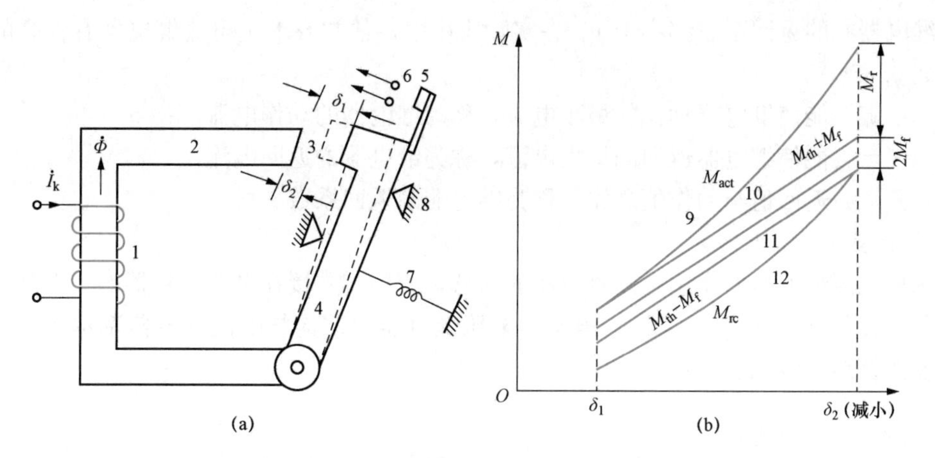

图 2-3　电磁型电流继电器工作原理

(a) 电流继电器工作原理；(b) 力矩的变化曲线

够迅速动作，闭合其接点；继电器动作以后，只有当电流减小到 $I_{k} \leqslant I_{k \cdot re}$ 时，继电器才能立即返回原位，接点重新打开。无论起动和返回，继电器的动作都是明确、干脆的，它不可能停留在某一个中间位置，这种特性称为继电特性。

为了保证继电保护可靠工作，对其动作特性有明确的继电特性要求。对于过量继电器如过电流继电器，流过正常状态下的电流时是不动作的，输出高电平（或其触点是打开的），只有其流过的电流大于整定的动作电流时，继电器能够突然迅速动作、稳定和可靠地输出低电平（或闭合其触点）；在继电器动作以后，只当电流减小到小于返回电流以后，继电器又能立即突然返回到输出高电平（或触点重新打开）。图 2-4 给出用输出电平低高表示电流继电器动作与返回的继电特性曲线。无论起动和返回，继电器的动作都是明确、干脆的，不可能停留在某一个中间位置。

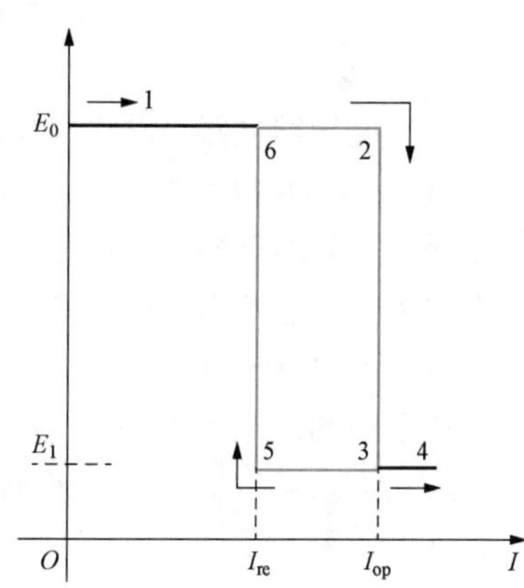

图 2-4　电流继电器的继电特性

电流继电器的继电特性:

返回电流与动作电流的比值称为继电器的返回系数，可表示为

$$K_{re} = \frac{I_{k \cdot re}}{I_{k \cdot act}}$$

由于在行程末端存在剩余转矩和摩擦转矩，电磁型过电流继电器（以及一切反应于过量

动作的继电器）的返回系数都小于1。在实际应用中，常常要求过电流继电器有较高的返回系数，如0.85～0.9。

动作电流：能使继电器动作的最小电流，称为继电器的动作电流。

返回电流：能使继电器返回的最大电流，称为继电器的返回电流。

返回系数：返回值与动作值之比，称为继电器的返回系数。

2. 电磁型电压继电器

电磁型电压继电器的作用是测量电压的高低，应用时并接在电压互感器的二次侧，作为保护的起动元件（或称测量元件）。电磁型电压继电器的结构与电流继电器基本相同，但电压继电器的绕组导线细、匝数多。

电压继电器的继电特性：

注意：电压继电器的动作电压、返回电压、返回系数与电流继电器对比学习。

3. 电磁型时间继电器

电磁型时间继电器的作用是为了保护装置建立必要的延时，以保证保护动作的选择性和某种逻辑关系。它的操作电源有直流的，也有交流的，一般多为电磁式直流时间继电器。

4. 电磁型中间继电器

电磁型中间继电器起中间桥梁作用，与电磁型电流、电压继电器相比，有如下特点：①触点容量大，可直接作用于断路器跳闸；②触点数量多，可控制多个回路；③可实现重动，因而有时称为重动继电器；④可实现时间继电器难以实现的短延时；⑤可实现保护装置电流起动、电压保持或电压起动、电流保持。由于中间继电器具有上述特点，可满足复杂保护和自动装置的需要，因此中间继电器得到了广泛应用。

5. 电磁型信号继电器

电磁型信号继电器作为继电保护装置和自动装置动作的信号指示，表示装置所处的状态或接通灯光信号（音响）回路。电磁型信号继电器的触点为自保持，不能自动复归应由值班人员手动复归或电动复归。

【例2-4】 继电器的继电特性主要看（　　）。(2023年第一批)

A. 返回系数　　B. 灵敏系数　　C. 可靠系数　　D. 自起动系数

【例2-5】 下列哪个是执行输出元件？（　　）(2021年第一批)

A. 时间继电器　　B. 中间继电器　　C. 信号继电器　　D. 电流继电器

2.3 测量变换器

在反应电气量的机电型保护装置中，保护的测量元件可以直接接在电流互感器或者电压互感器的二次侧工作，而在整流型、晶体管型、集成电路型及微机型保护装置中，由于晶体管或计算机都属于弱电元件，因此，需要引入中间变换器做进一步的变换，把互感器二次侧的电压、电流进一步变小。

2.3.1　作用

电量变换、电路隔离、定值调整、电量的综合、谐波分量的抑制。

2.3.2　种类

1. 电压变换器

电压变换器接在电压互感器的二次侧，原理结构与电压互感器相同，相当于一种小型的单相电压互感器。

2. 电流变换器

电流变换器接在电流互感器的二次侧，原理结构与电流互感器相同，相当于一种小型单相电流互感器。

3. 电抗变换器

电抗变换器也接在电流互感器的二次侧，它是一种铁芯带气隙的电量变换器，所起的作用是将来自电流互感器的二次电流按比例变换成与之成正比的弱电压，并且输出电压与输入电流间的相位差可调。

电流变换器和电抗变换的区别如下。

（1）由于电抗变换器的铁芯具有气隙，因此励磁阻抗较小且接近于感抗，磁路不易饱和，线性变换范围较广，因此，在对变换器线性要求较高的场合，宜选用电抗变换器。

（2）为了得到最佳的效果，电流变换器二次侧所接的负荷类型可以选择，但其输出电压与输入电流之间的相位差无法调整，而电抗变换器的二次等效阻抗为电抗，不能选择，但其输出电压与输入电流之间的相位差可以调整。

（3）由于电抗变换器具有电感特性，因此对高频分量有放大作用，又由于其一次系统的时间常数较大，因此对非周期分量的传变有抑制作用。电流变换器则不然，当其二次负荷接电阻时，只要其铁芯未饱和，就会对不同频率的电流，包括非周期分量几乎都具有相同的变比。

三种变换器的原理结构对比：

模拟习题

（1）互感器二次侧应有安全可靠的接地，其作用是（　　）。

A. 便于测量时形成回路

B. 以防互感器一、二次绕组绝缘被破坏时，高电压对二次设备及人身的危害

C. 防止泄漏雷电流

D. 使互感器正常工作

(2) 电流互感器的误差产生的原因主要为（　　）。

A. 励磁电流　　B. 一次电流　　C. 二次电流　　D. 一、二次电流差

(3) 电流互感器变比误差的限值是（　　）。

A. 5%　　B. 7%　　C. 10%　　D. 15%

(4) 时间继电器在继电保护装置中的作用是（　　）。

A. 计算动作时间　　B. 建立动作延时

C. 计算保护停电时间　　D. 计算断路器停电时间

(5) 电压互感器的负荷电阻越大，则电压互感器的负荷（　　）。

A. 越大　　B. 越小　　C. 不变　　D. 不定

(6) 1台二次额定电流为5A的电流互感器，其额定容量是30VA，二次负荷阻抗不超过（　　）才能保证准确等级。

A. 2Ω　　B. 1.5Ω　　C. 6Ω　　D. 1.2Ω

真题赏析

(1) 为了防止电流互感器二次侧过电流，通常在电流互感器的二次侧接入熔断器加以保护。（　　）(2019年第二批)

A. 正确　　B. 错误

(2) 电流继电器是测量比较元件。（　　）(2021年第一批)

A. 正确　　B. 错误

第3章

相间短路的阶段式电流电压保护

3.1 输电线路的运行方式及短路电流

3.1.1 运行方式 A类考点

通过该保护装置的短路电流为最大的方式称为系统最大运行方式，而短路电流为最小的方式则称为系统最小运行方式。对不同安装地点的保护装置，应根据网络接线的实际情况选取其最大或最小运行方式。

最大运行方式下，$Z_s = Z_{s \cdot min}$；最小运行方式下，$Z_s = Z_{s \cdot max}$。

在最大运行方式下，三相短路时通过保护装置的电流最大；在最小运行方式下，两相短路时通过保护装置的电流最小。

运行方式的解释：

3.1.2 短路电流的求法 A类考点

$$I_k = \frac{K_k E_\phi}{Z_s + Z_k} \tag{3-1}$$

其中，K_k 为故障类型系数，受故障类型影响，如果假设系统的负序和正序阻抗相等，则在短路瞬间，两相短路电流是三相短路电流的 $\sqrt{3}/2$ 倍，故对三相短路取 $K_k = 1$，对两相短路取 $K_k = \sqrt{3}/2$；E_ϕ 为系统等效电源的相电压，受系统电压等级影响；Z_s 为保护安装处到背后系统等效电源之间的阻抗，称为系统阻抗，受运行方式影响；Z_k 为保护安装处至故障点的线路阻抗，受故障位置影响。

3.1.3 影响短路电流大小的因素 A类考点

影响短路电流大小的因素如下。

(1) 运行方式，通过式（3-1）中的 Z_s 体现。

(2) 短路类型，通过式（3-1）中的 K_k 体现。

(3) 短路位置，通过式（3-1）中的 Z_k 体现。

(4) 系统电压，通过式（3-1）中的 E_ϕ 体现。

（5）过渡电阻，在继电保护的短路计算中，按照金属性短路来计算，不考虑过渡电阻的影响。

注意：虽然系统电压和过渡电阻会影响短路电流的大小，但是在整定计算中不考虑这两个因素的影响，系统电压按额定电压，过渡电阻按没有过渡电阻。

3.2 无时限电流速断保护

3.2.1 无时限电流速断保护的工作原理 A类考点

当线路上任意一点发生三相短路时，通过电源与短路点之间的短路电流计算式为

$$\dot{I}_{k}^{(3)}=\frac{\dot{E}_{s}}{Z_{s}+Z_{1}l}$$

可以画出如图 3-1 所示的短路电流分布曲线。

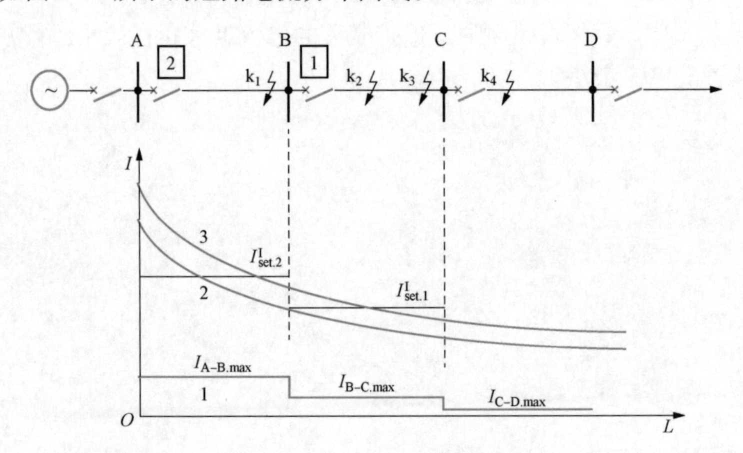

图 3-1 短路电流分布曲线

以保护 2 为例，当相邻线路 BC 的始端（习惯上又称为出口处）k_2 点短路时，按照选择性的要求，速断保护 2 就不应该动作，因为该处的故障应由速断保护 1 动作切除。而当本线路末端 k_1 点短路时，希望速断保护 2 能够瞬时动作切除故障。但是实际上，k_1 点和 k_2 点分别短路时，从保护 2 安装处所流过的电流的数值几乎是一样的。因此，希望 k_1 点短路时速断保护 2 能动作，而 k_2 点短路时又不动作的要求就不可能同时得到满足。

可以有两种办法解决这个矛盾。一种办法通常是优先保证动作的选择性，即从保护装置起动参数的整定上保证下一条线路出口处短路时不起动，在继电保护技术中，这又称为按躲开下一条线路出口处短路的条件整定。另一种办法就是在个别情况下，当快速切除故障为首要条件时，就采用无选择性的速断保护，而以自动重合闸来纠正这种无选择性动作。以下只介绍有选择性的电流速断保护。

3.2.2 无时限电流速断保护的整定计算 A类考点

1. 动作电流的整定

保护 2 的动作电流可按躲过本线路末端 B 点短路时流过保护 2 的最大短路电流来整

定，即

$$I_{act\cdot2}^{I} = K_{rel}^{I} \times I_{KB\cdot max}$$

其中，B 点短路时的最大短路电流就是 B 点发生最大运行方式下三相短路的短路电流。

$$I_{KB\cdot max} = \frac{E}{Z_{s\cdot max} + Z_{AB}}$$

2. 灵敏性校验及保护范围的确定

最大保护范围为

$$L_{max} = \frac{1}{Z_1}\left(\frac{E_s}{I_{act\cdot1}^{I}} - Z_{s\cdot min}\right)$$

最小保护范围为

$$L_{min} = \frac{1}{Z_1}\left(\frac{\sqrt{3}}{2} \times \frac{E_s}{I_{act\cdot1}^{I}} - Z_{s\cdot max}\right)$$

无时限电流速断保护的灵敏系数是用其最小保护范围来衡量的，GB/T 14285—2006《继电保护和安全自动装置技术规程》（本书中简称为《规程》）规定，最大保护范围应不小于线路全长的 50%，最小保护范围应不小于线路全长的 15%～20%。

注意：在个别情况下，有选择性的电流速断也可以保护线路的全长。例如，当电网的终端线路上采用线路—变压器组的接线方式时，电流速断就可以保护线路的全长。

3.2.3　无时限电流速断保护的特点　B 类考点

优点：简单可靠，动作迅速。在一些双侧电源的线路上，也能有选择性地动作。

缺点：不能保护线路的全长，保护范围受系统运行方式变化的影响。

3.2.4　瞬时电流速断保护接线中采用中间继电器的原因

电流继电器的接点容量比较小，不能直接通过跳闸绕组的跳闸电流，因此，应先起动中间继电器，然后由中间继电器的接点（容量大）去跳闸；当线路上装有避雷器时，利用中间继电器来延长保护装置的固有动作时间，以防止避雷器放电时引起瞬时速断保护误动作；线路空投时线路分布电容的暂态充电电流很大，用中间继电器可以延长其动作时间以躲过充电的暂态过程。

【例 3 - 1】 以下选项不属于电流速断保护特点的是（　　）。

A. 动作可靠　　　　B. 保护线路全长

C. 接线简单　　　　D. 切除故障快

【例 3 - 2】 线路的电流速断保护的起动电流是按（　　）整定的。

A. 躲开下级各相邻线路电流速断保护的最大动作范围

B. 躲开本线路末端最大短路电流

C. 躲开本线路最大负荷电流

D. 其他三项都不对

【例 3 - 3】（多选）瞬时电流速断保护中，中间继电器的作用为（　　）。（2022 年第二批）

A. 扩大触点容量，确保接通跳闸回路

B. 增大保护动作延时，躲过避雷器放电

C. 增大保护动作延时，实现保护的选择性

D. 提高灵敏度

【例 3-4】 瞬时电流速断保护在最小运行方式下（　　），保护范围最小。（2021 年第二批）

A. 三相短路　　B. 两相短路

C. 两相短路接地　　D. 单相接地

3.3 限时电流速断保护

由于无时限电流速断保护不能保护线路的全长，当被保护线路末端附近短路时，必须由其他的保护来切除。为了满足速动性的要求，保护的动作时间应尽可能短。为此可增加一套带时限的电流速断保护，用以切除无时限电流速断保护范围以外的短路故障，这就是限时电流速断保护。

3.3.1 限时电流速断保护的原理　A 类考点

由于要求限时电流速断保护必须保护线路的全长，因此它的保护范围必然延伸到下级线路中，这样当下级线路出口处发生短路时，它就要起动，在这种情况下，为了保证动作的选择性，就必须使保护的动作带有一定的时限，此时限的大小与其延伸的范围有关。为了使这一时限尽量缩短，首先考虑要使它的保护范围不超过下级线路速断保护的范围，而动作时限则比下级线路的速断保护高出一个时间阶梯，此时间阶梯以 Δt 表示。如果与下级线路的瞬时电流速断保护配合后灵敏度不足，则此限时电流速断保护与下级线路的限时电流速断保护配合，动作时限比下级的限时速断保护高出一个时间阶梯。

3.3.2 限时电流速断保护的整定计算　A 类考点

1. 动作电流的整定

保护 2 限时电流速断的保护范围不应超过保护 1 的无时限电流速断保护，所以有

$$I_{act\cdot 2}^{II} = K_{rel}^{II} \times I_{act\cdot 1}^{I}$$

限时电流速断保护的动作时限应比下一条线路无时限电流速断保护的动作时间延长一个时限级差 Δt，即

$$t_2^{II} = t_1^{I} + \Delta t \tag{3-2}$$

时限级差 Δt 取 0.3～0.5s；一般对于电磁型保护取 0.5s，对于微机保护取 0.3s。

式（3-2）中的 Δt 确定原则为

（1）应包括故障线路断路器 QF 的跳闸时间、灭弧时间（即从接通跳闸绕组带电的瞬时算起，直到电弧熄灭的瞬时为止），因为在这一段时间里，故障电流并未消失，保护 2 仍处于起动状态。

（2）应包括故障线路保护 1 中时间继电器的实际动作时间比整定时间大的正误差。（当保护 1 为速断保护时，保护装置中不用时间继电器，即可不考虑这一影响）

（3）应包括保护 2 中时间继电器可能比预定时间提早动作的负误差。

(4) 应包括如果保护 2 中的测量元件（电流继电器）在外部故障切除后，由于惯性的影响而不能立即返回的延时。

(5) 考虑一定的裕度。

2. 灵敏度校验

为了达到保护线路全长的目的，限时电流速断保护必须在最不利情况下，即系统在最小运行方式下，线路末端两相短路时（此时流过保护的短路电流最小），具有足够的反应能力，这个能力通常用灵敏系数来衡量。

$$K_{sen} = \frac{I_{KB \cdot min}}{I_{act \cdot 2}^{II}}$$

其中，B 点短路时的最小短路电流就是 B 点发生最小运行方式下两相短路的短路电流。

$$I_{KB \cdot min} = \frac{\frac{\sqrt{3}}{2}E}{Z_{s \cdot max} + Z_{AB}}$$

【例 3-5】 输电线路限时电流速断保护（　　）保护到本线路的全长。

A. 能　　B. 最大运行方式下，不能

C. 最小运行方式下，不能　　D. 不确定

【例 3-6】 在阶段式电流保护中，电流Ⅰ段保护与相邻线路的电流Ⅱ段相配合时，从继电保护 4 个基本要求的关系来看，是为了提高（　　）而牺牲了（　　）。

A. 灵敏性；可靠性　　B. 灵敏性；速动性

C. 速动性；灵敏性　　D. 选择性；速动性

【例 3-7】 限时电流速断保护灵敏系数校验不满足要求，则需要（　　）。

A. 与相邻线路限时电流速断保护相配合，时限为 Δt

B. 与相邻线路电流速断保护相配合，时限为 Δt

C. 与相邻线路限时电流速断保护相配合，时限为 2 倍的 Δt

D. 与相邻线路电流速断保护相配合，时限为 2 倍的 Δt

【例 3-8】（多选）线路正序电抗等于负序电抗，本线路末端最大三相短路电流为 1000A，最小三相短路电流为 800A，下一段线路最大三相短路电流为 400A，最小三相短路电流为 300A，一段可靠系数为 1.2，二段可靠系数为 1.1。下列选项正确的是（　　）。（2022 年第二批）

A. 本线路一段的整定值为 1200A　　B. 本线路二段灵敏系数为 1.5

C. 本线路二段灵敏系数为 1.3　　D. 下一段线路一段的整定值为 528A

【例 3-9】 有一个 110kV 的系统如图 3-2所示，单位长度的阻抗是 0.4Ω/km，配备了阶段式电流保护，一段可靠系数为 1.2，二段可靠系数为 1.1。试求保护 1 的一段、二段的整定值。（　　）（2023 年第二批）

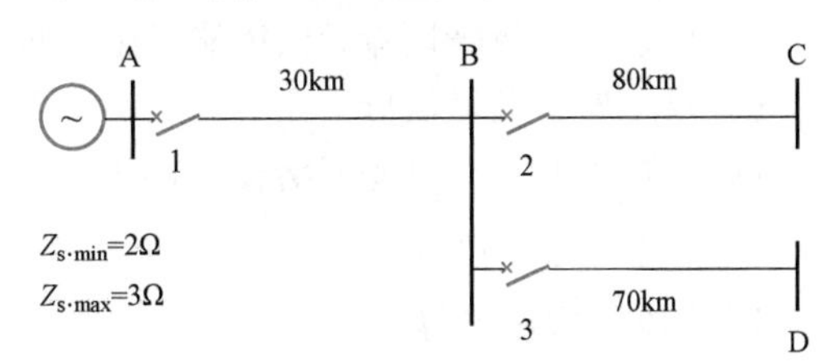

图 3-2　[例 3-9] 电路结构图

A. 5443.2A；1995.8A

B. 5443.2A；1926.6A

C. 5013.4A；1995.8A

D. 5013.4A；1926.6A

3.4 定时限过电流保护

3.4.1 过电流保护的工作原理 A类考点

过电流保护有两种：①保护起动后出口动作时间是固定的整定时间，称为定时限过电流保护；②出口动作时间与过电流的倍数相关，电流越大，出口动作越快，称为反时限过电流保护。本节只介绍定时限过电流保护。

定时限过电流保护，其动作电流按躲过最大负荷电流整定，一般动作电流较小，灵敏度较高。它不仅能保护本线路全长，而且能保护下一条线路的全长。不仅能作为本线路的近后备，而且还可作为相邻线路短路故障时的远后备。

3.4.2 过电流保护的整定计算 A类考点

过电流保护的动作电流

$$I_{act\cdot 2}^{\mathrm{III}} = \frac{K_{rel}K_{MS}}{K_{re}} I_{loa2\cdot max}$$

动作时间的选择为

$$t_2^{\mathrm{III}} = t_1^{\mathrm{III}} + \Delta t$$

定时限过电流保护作为近后备时，灵敏系数

$$K_{sen} = \frac{I_{KB\cdot min}}{I_{act}^{\mathrm{III}}}$$

定时限过电流保护作为远后备时，灵敏系数为

$$K_{sen} = \frac{I_{KC\cdot min}}{I_{act}^{\mathrm{III}}}$$

【例3-10】 某10.5kV线路在正常运行时的最大负荷为5MW，功率因数为0.85。已知自起动系数为2，可靠系数为1.2，返回系数为0.85，则定时限过电流保护的一次整定值为（ ）。

A. 1811A　　B. 913A　　C. 1569A　　D. 1270A

【例3-11】 三段式保护中，定时限过电流保护动作电流需要考虑返回系数，这是因为（ ）。

A. 保证外部故障切除后保护能可靠返回　　B. 提高保护的动作速度

C. 提高保护的灵敏度　　D. 保证内部故障切除后保护能可靠返回

【例3-12】 三段式电流保护中（ ）。

A. Ⅲ段灵敏度最好　　B. Ⅱ段灵敏度最好

C. Ⅰ段灵敏度最好　　D. Ⅱ段速动度最好

【例3-13】 （多选）以下对三段式电流保护的描述，正确的是（ ）。

A. 不受运行方式影响　　B. 能实现全线路速动跳闸

C. 广泛运用于35kV及以下电压等级电网　　D. 都是反应电流升高而动作的保护装置

【例 3-14】 输电线路的过电流保护是按输电线路的（　　）来整定的。

A. 最大负荷电流　B. 最大零序电流　C. 最大短路电流　D. 最大电流差动

【例 3-15】（多选）在电流保护的整定计算中，确定最大和最小运行方式时应考虑（　　）因素。

A. 故障点处电流大小　B. 短路类型

C. 系统等值电源电抗大小　D. 网络接线的实际情况

3.5 电流保护的接线方式

3.5.1 接线方式及接线系数 B 类考点

电流保护的接线方式，是指电流保护中电流继电器绕组和电流互感器二次绕组之间的连接方式。

常用的相间短路电流保护接线方式有以下 4 种：三相三继电器接线方式、两相两继电器接线方式、两相三继电器接线方式、两相差接线方式，如图 3-3 所示。

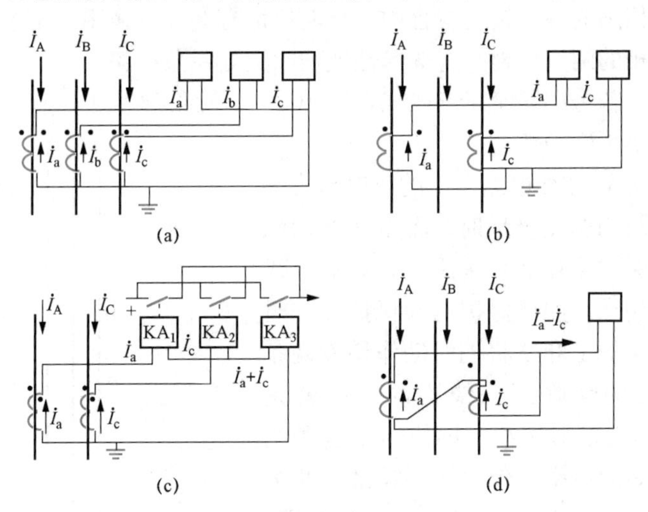

图 3-3 电流保护的接线方式

(a) 三相三继电器接线方式；(b) 两相两继电器接线方式；

(c) 两相三继电器接线方式 (d) 两相电流差接线方式

由图 3-3 可见，对于不同的接线方式，流入继电器的电流和电流互感器二次绕组的电流并不总是相等，其比值称为接线系数，即

$$K_c = \frac{I_m}{I_2}$$

3.5.2 接线方式的分析 A 类考点

1. 小接地电流电网不同地点发生的两点接地短路

在小接地电流电网中单相接地时，接地点流过的仅为电网的零序电容电流，相间电压依然是对称的，对负荷没有影响。为提高供电的可靠性，允许小接地电流电网带一点接地继续

运行一段时间，因此，在这种电网中的不同线路上发生两点接地短路时，要求保护动作只切除一个接地故障点，以提高供电可靠性。

在串联电路中：若采用完全星形接线，则百分之百正确动作；若采用两相两继电器接线，则有 2/3 的概率正确动作。

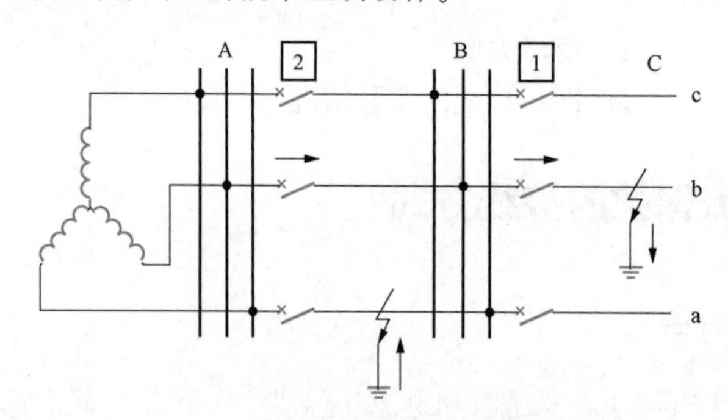

图 3-4　串联线路两点接地示意图

在图 3-4 所示的串联线路上发生不同线路不同相两点接地时，希望只切除距电源较远的那条线路 BC，而不要切除线路 AB，因为这样可以继续保证对变电站 B 的供电。当保护 1 和 2 均采用三相星形接线时，由于两个保护之间在定值和时限上都是按照选择性的要求配合整定的，因此就能够保证 100%地只切除线路 BC。而如果是采用两相星形接线，则当线路 BC 上是 B 相接地时，保护 1 不能动作，此时只能由保护 2 动作切除线路 AB，因而扩大了停电范围。由此可见，这种接线方式在不同线路不同相别的两点接地组合中，只能保证有 2/3 的概率（不包含线路 BC 的 B 相的 4 种不同线不同相的两点接地）有选择性地切除远处一条线路。

在并联电路中：若采用完全星形接线，则 100%不能正确动作；若采用两相两继电器接线，则有 2/3 的概率正确动作。

又如图 3-5 所示，在变电站引出的放射形线路上发生不同线路不同相两点接地时，希望任意切除一条线路即可。当保护 1 和 2 均采用三相星形接线时，两套保护均将起动。如果保护 1 和保护 2 的时限整定得相同，则保护 1 和 2 将同时动作切除两条线路，因此不必要的切除两条线路的概率就是 100%。如果采用两相星形接线，即使出现这种情况，也能保证有 2/3 的概率（包含任一线路 B 相的 4 种不同线不同相的两点接地）只切除一条线路。这是因为只要某一条线路上 B 相一点接地，由于 B 相未装保护该线路就不被切除。表 3-1 说明了在两条线路上两相两点接地的各种组合时保护的动作情况。

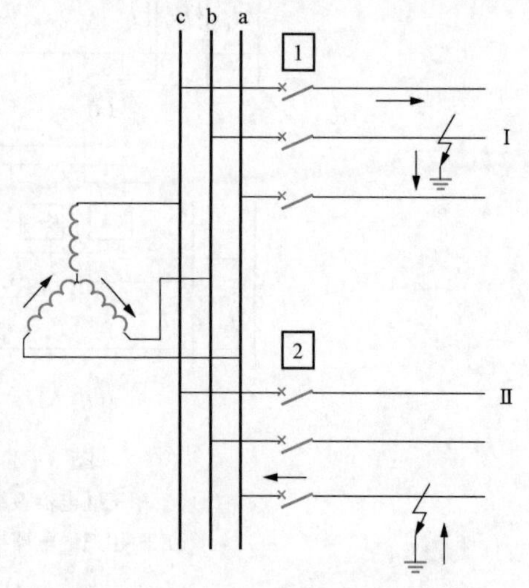

图 3-5　并联线路两点接地示意图

表 3-1　　并联线路不同相两点接地时保护的动作情况

线路Ⅰ故障相别	A	A	B	B	C	C
线路Ⅱ故障相别	B	C	A	C	A	B
保护 1 动作情况	+	+	−	−	+	+
保护 2 动作情况	−	+	+	+	+	−
$t_1=t_2$ 时，停电线路数	1	2	1	1	2	1

注："+"表示动作；"−"表示不动作。

对于小接地电流电网，当采用以上两种接线方式时各有优缺点。但为了节省投资，一般都采用不完全星形接线。

2. Yd11 接线变压器后发生的两相短路

Yd11 接线变压器在电力系统中应用较多。下面以降压变压器为例进行分析。当变压器的三角形侧发生两相短路，而其主保护拒动时，应由后备保护即接于变压器星形侧的过电流保护动作切除故障。

当变压器过电流保护采用三相三继电器式接线时，在变压器三角形侧发生 a、b 两相短路时，星形侧接于 B 相的继电器电流比其他两相大 1 倍，故灵敏系数大 1 倍；当采用两相两继电器式接线时，由于 B 相无电流互感器和电流继电器，故灵敏系数可能比完全星形接线降低一半；若采用两相三继电器式接线，则第三个继电器流过的电流是其他两相的和，灵敏度相当于三相完全星形接线，显然，这种接线方式既经济，又保证了灵敏度。

结论：

（1）Yd11 接线的变压器在三角形侧发生两相短路时，在星形侧与故障相同名的滞后相上会出现其他两相 2 倍的短路电流。

（2）Yd11 接线的变压器在星形侧发生两相短路时，在三角形侧与故障相同名的超前相上会出现其他两相 2 倍的短路电流。

3. 两相电流差接线

两相电流差接线的接线系数随着运行方式的变化而变化，所以这种接线方式的灵敏性较低，而且在 Yd11 接线变压器后发生两相短路时保护可能拒动，这种接线方式的主要优点是使用元件较少、较经济，这种接线方式主要用于灵敏系数较易满足的低压线路和电动机保护上。

3.5.3　三相完全星形接线与两相不完全星形接线的比较　B 类考点

三相星形接线需要 3 个电流互感器、3 个电流继电器和 4 根二次电缆，相对来说是复杂和不经济的。根据以上的分析和比较，两种星形接线方式的使用情况如下。

三相星形接线广泛应用于发电机、变压器等大型贵重电气设备的保护中，因为它能提高保护动作的可靠性和灵敏度。此外，它也用在中性点直接接地系统中，作为相间短路和单相接地短路的保护。但实际上，由于单相接地短路照例都采用专门的零序电流保护，因此，为此目的而采用三相星形接线方式的并不多。

由于两相星形接线较为简单经济，因此在中性点直接接地系统和非直接接地电网中，都广泛地用作相间短路的保护。此外，在分布很广的中性点非直接接地系统中，两点接地短路发生在并联线路上的可能性要比发生在串联线路上的可能性大得多。在这种情况下，采用两相星形接线就可以保证有 2/3 的概率只切除一条线路，这一点比用三相星形接线优越。当电网中的电流保护采用两相星形接线方式时，应在所有的线路上将保护装置安装在相同的两相上（一般都装于 A、C 相上），以保证在不同线路上发生各种两点及多点接地时，都能可靠切除故障。

【例 3-16】 定时限过电流保护采用两相三继电器式接线，电流互感器变比为 1200/5，动作电流二次额定值为 10A，如线路上发生 CA 相短路，流过保护安装处的 A 相一次电流，C 相一次电流均为 1500A，如 A 相电流互感器极性反接时，则该保护将出现（　　）。

A. 拒动　　B. 误动作　　C. 返回　　D. 保持原状

笔记

【例 3-17】 电流保护如果用两相星形接线，一般从 A、C 两相电流互感器取得电流。(　　)

A. 正确　　B. 错误

【例 3-18】 小电流接地电网中线路电流保护常用（　　）接线方式。

A. 两相不完全星形　　B. 三相完全星形

C. 两相电流差接线　　D. 单相接线

【例 3-19】 在 1 台 Yd11 接线的变压器低压侧发生 AB 两相短路，星形侧某相电流为其他两相短路电流的 2 倍，则该相为（　　）。

A. A 相　　B. B 相　　C. C 相　　D. 无法确定

【例 3-20】 电流保护的两相星形接线方式，能反应各种相间短路和中性点直接接地系统中的单相接地短路。(　　)

A. 正确　　B. 错误

【例 3-21】 （多选）下列关于电流保护的两相星形接线说法中，正确的是（　　）。

A. 一般用于输电线路、变压器等元件的保护

B. 发生于两条线路不同相别的两点接地故障有 2/3 的概率只切除一条线路

C. 一般用于中性点非直接接地系统

D. 一般电流互感器接于 A 相和 C 相

【例 3-22】 35kV 线路的电流保护Ⅰ段一般采用（　　）接线方式。

A. 两相星形　　B. 0°　　C. 90°　　D. 三相星形

【例 3-23】 YNd11 接线三相变压器，星形侧发生单相接地短路，测得三角形侧 c 相电流为零，则故障相为（　　）。

A. b 相　　B. c 相　　C. 无法确定　　D. a 相

笔记

3.6　阶段式电流保护

三段式电流保护原理接线　C 类考点

无时限电流速断保护动作时间短、速动性好，但其动作电流较大、不能保护线路全长；限时电流速断保护有较短的动作时限，而且能保护线路全长，却不能作为相邻元件的后备保护；定时限过电流保护的动作电流较前两段小，保护范围大，既能保护本线路的全长，又能作为相邻线路的后备保护，但其动作时间较长，速动性差。因此，为保证迅速而有选择性地切除故障，常常将上述 3 种保护组合在一起，构成阶段式电流保护，并将电流速断称为电流Ⅰ段，限时电流速断称为电流Ⅱ段，过电流保护称为保护Ⅲ段，其原理接线如图 3 - 6 所示。

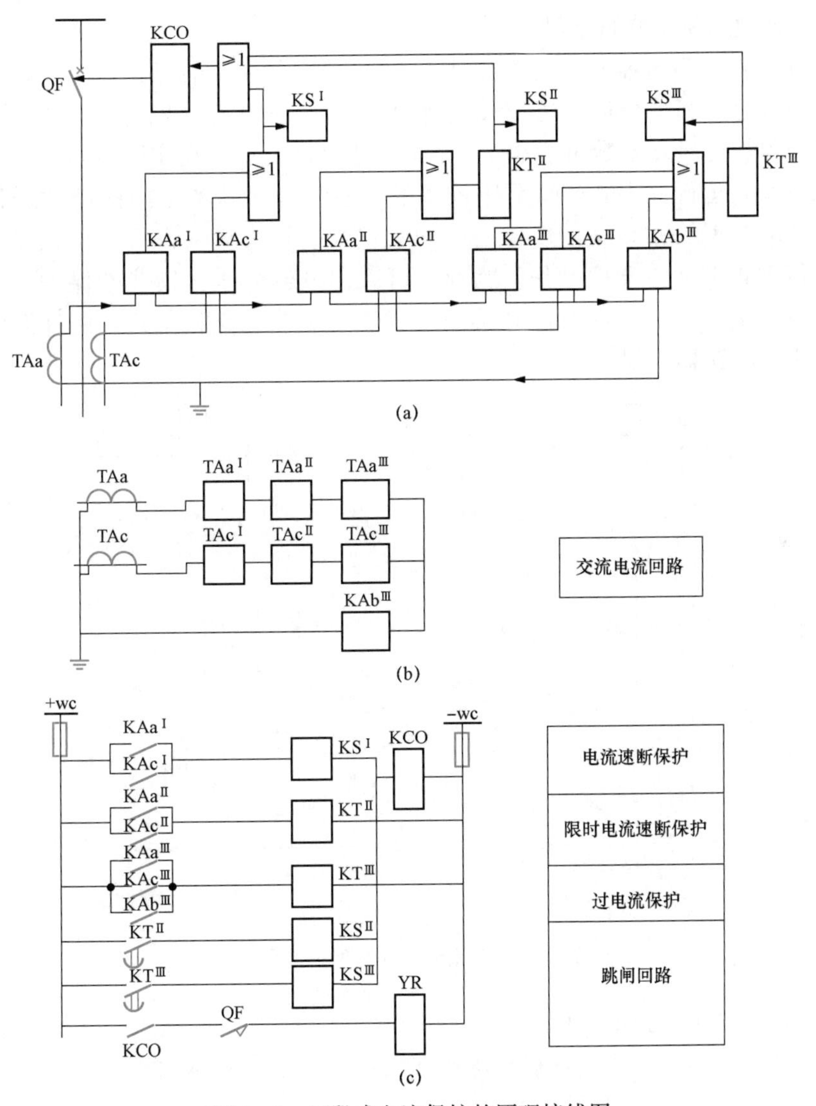

图 3 - 6　三段式电流保护的原理接线图

(a) 原理接线图；(b) 交流回路展开图；(c) 直流回路展开图

在实际应用中可以三段同时使用，也可以只采用速断加过电流保护或限时速断加过电流保护。

【例 3-24】（多选）阶段式电流保护的保护范围会受到（　　）的影响。

A. 运行方式　　B. 故障类型　　C. 故障性质　　D. 短路点位置

【例 3-25】（多选）三段式电流保护的主保护包括（　　）。

A. 电流速断保护　　B. 反时限过电流保护

C. 定时限过电流保护　　D. 限时电流速断保护

3.7 电流电压连锁速断保护

电流电压连锁速断保护的原理　C类考点

如图 3-7 所示，电流速断保护在最大运行方式下有最大的保护区，在其他运行方式下，保护区将缩小。当系统运行方式变化很大时，瞬时电流速断保护可能没有保护区，限时电流速断保护的灵敏系数可能小于 1，都不能满足要求。在实际运行中，系统出现极端（最大或最小）运行方式的时间是比较短的，通常是在两者之间的经常运行方式下工作。因此，比较合理的方案是，使速断保护在正常运行方式下有较大的保护区，而在最大或最小运行方式下又不会误动作。为此，可采用电流电压连锁速断保护，保护的测量元件由过电流继电器和低电压继电器共同组成，二者互相闭锁，只有两种继电器都动作时，才能作用于断路器跳闸。

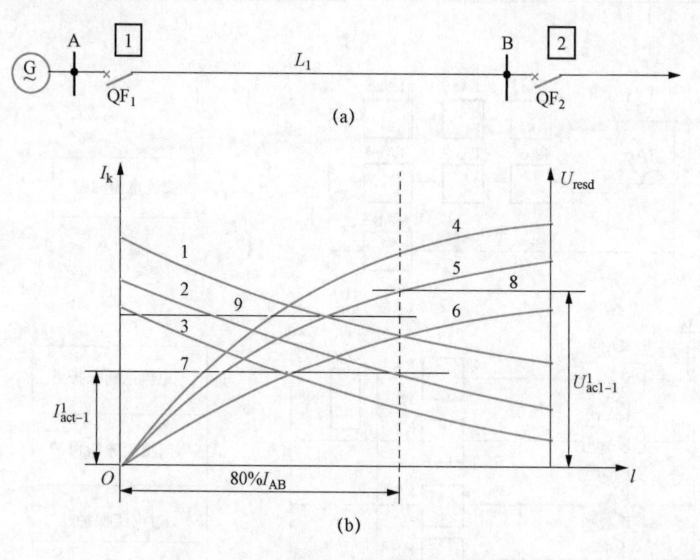

图 3-7　电流电压连锁保护的配合

按照合理的方法进行整定计算后，当出现最大运行方式时，电压元件的保护区将缩小，电流元件的保护区将增大，当出现最小运行方式时，电流元件的保护区将缩小，而电压元件的保护区将增大。

【例 3-26】 某低电压保护，正常工作电压为 100V，整定电压为 80V，在保护范围末端发生故障时的最高电压为 50V，最低电压为 30V，返回系数为 1.1，则该低电压保护的灵敏系数为（　　）。

A. 0.85　　B. 1.6　　C. 2　　D. 3

笔记

模拟习题

（1）过电流保护的灵敏系数与返回系数的关系是（　　）。

A. 没有关系　　B. 正比关系　　C. 反比关系　　D. 指数关系

（2）三段式电流保护中，（　　）。

A. Ⅲ段灵敏度最好　　B. Ⅱ段灵敏度最好

C. Ⅰ段灵敏度最好　　D. Ⅱ段速动性最好

（3）电流保护如果用两相星形接线，一般从 A、C 两相电流互感器取得电流。（　　）

A. 正确　　B. 错误

（4）（多选）以下对三段式电流保护的描述，正确的是（　　）。

A. 不受运行方式影响　　B. 能实现全线路速动跳闸

C. 广泛运用于 35kV 以下电压等级电网　　D. 是反应电流升高而动作的保护装置

（5）GB/T 14285—2023《继电保护和安全自动装置技术规程》规定，瞬时电流速断保护的最小保护范围不小于本线路全长的（　　）。

A. 1%～5%　　B. 5%～10%　　C. 15%～20%　　D. 45%～50%

（6）电流速断保护（　　）。

A. 能保护线路全长　　B. 不能保护线路全长

C. 有时能保护线路全长　　D. 能保护线路全长并延伸至下一段

（7）当系统运行方式变小时，过电流保护和低电压保护的保护范围是（　　）。

A. 电流保护变小，电压保护变大　　B. 电流保护变小，电压保护变小

C. 电流保护变大，电压保护变小　　D. 均变大

（8）当限时电流速断保护灵敏度不满足要求时，可考虑（　　）。

A. 采用过电流保护　　B. 与下一级电流速断保护配合

C. 与下一级过电流保护配合　　D. 与下一级限时电流速断保护配合

（9）定时限过电流保护远后备灵敏系数计算为（　　）。

A. 最小运行方式本线路末端两相短路电流与动作电流之比

B. 最大运行方式本线路末端三相短路电流与动作电流之比

C. 最小运行方式下级线路末端两相短路电流与动作电流之比

D. 最大运行方式下级线路末端三相短路电流与动作电流之比

(10) 限时电流速断保护必须带时限，才能获得选择性。(　　)

A. 正确　　B. 错误

真题赏析

(1) 以下关于电流保护的叙述中，正确的是(　　)。(2019 年第一批)

A. 保护范围与过渡阻抗无关　　B. 系统最小方式下的保护范围最大

C. 系统最大方式下的保护范围最大　　D. 保护范围不受故障类型的影响

(2) 对限时电流速断的最基本要求是(　　)。(2019 年第一批)

A. 可以作为后备保护　　B. 可靠性要高

C. 任何情况下都能保护线路的全长　　D. 能够瞬时动作

(3) 三段式电流保护动作时间按照由小到大的顺序排列，正确的是(　　)。(2019 年第二批)

A. 1、2、3　　B. 3、2、1　　C. 2、1、3　　D. 2、3、1

(4) 对于限时电流速断保护灵敏度的校验，下列说法正确的是(　　)。(2019 年第二批)

A. 选择最大运行方式保护范围末端的两相金属性故障校验

B. 选择最大运行方式保护范围末端的三相金属性故障校验

C. 选择最小运行方式保护范围末端的两相金属性故障校验

D. 选择最小运行方式保护范围末端的三相金属性故障校验

(5) 在单电源供电的辐射型网络末端(靠近负荷侧)，电流保护一般配置为(　　)。(2019 年第二批)

A. 配置完整的三段式电流保护

B. 配置电流速断保护作为主保护，过电流保护作为后备保护

C. 仅配置过电流保护，兼做主保护和后备保护

D. 配置限时电流速断保护作为主保护，过电流保护作为后备保护

(6) 限时电流速断保护的灵敏度校验，正确的是(　　)。(2020 年第二批)

A. 按本线路末端最大运行方式三相短路电流校验

B. 按本线路末端最小运行方式两相短路电流校验

C. 按最大负荷电流校验

D. 按下一线路末端最小运行方式两相短路电流校验

(7) 电流速断保护的灵敏度校验需要采用(　　)。(2021 年第一批)

A. 最大运行方式下的三相短路　　B. 最小运行方式下的三相短路

C. 最大运行方式下的两相短路　　D. 最小运行方式下的两相短路

(8) 定时限过电流保护(　　)。(2021 年第二批)

A. 可以做相邻线路的远后备　　B. 不能做远后备

C. 不能做近后备　　D. 只能做近后备

(9) 电流互感器极性接反，对下列哪些保护无影响(　　)。(2022 年第一批)

A. 纵差　　B. 距离　　C. 电流速断　　D. 方向

(10) 三段电流保护哪一段时限最长？(　　)(2023 年第一批)

A. Ⅰ段　　B. Ⅱ段　　C. Ⅲ段　　D. 一样长

（11）运行方式变大时，过电流保护范围将（　　），低电压保护的保护范围将（　　）。（2023 年第二批）

A. 变大　变小　　B. 变小　变大

C. 变小　变小　　D. 变大　变大

第4章

相间短路的方向电流保护

4.1 方向电流保护的工作原理

4.1.1 电流保护的方向性问题 B类考点

第3章所讲的三段式电流保护是仅利用相间短路后电流幅值增大的特征来区分故障与正常运行状态的，以动作电流的大小和动作时限的长短配合来保证有选择地切除故障。这种原理在多电源网络中使用遇到困难，例如在图4-1所示的双侧电源网络接线中，由于两侧都有电源，为了合上和断开线路，在每条线路的两侧均需装设断路器和保护装置。

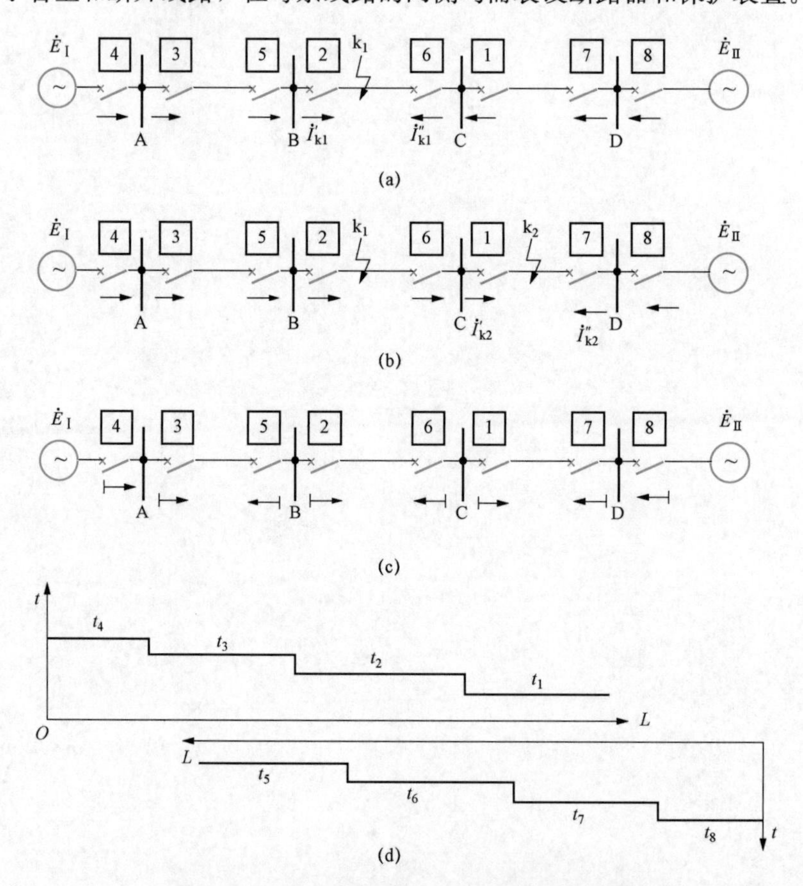

图4-1 双侧电源网络及其保护动作方向的规定

(a) k_1点短路时的电流分布；(b) k_2点短路时的电流分布；

(c) 各保护动作方向的规定；(d) 方向过电流保护的阶梯型时限特性

当图4-1（a）的k_1点发生短路时，应由保护2、6动作跳开断路器切除故障，不会造成停电，这正是双端供电的优点。但是单靠电流的幅值大小能否保证保护5、1不误动作？

假如在 A-B 线路上短路时流过保护 5 的短路电流小于在 B-C 线路上短路时流过的电流，则为了对 A-B 线路起保护作用，保护 5 的整定电流必然小于 B-C 线路上短路时的短路电流，从而在 B-C 线短路时误动作。同理分析，当 C-D 线路上短路时流过保护 1 的电流小于 B-C 线路短路时流过的电流时，在 B-C 线路上短路时也会造成保护 1 的误动作。假定保护的正方向是由母线指向线路，分析可能误动作的情况，都是在保护的反方向短路时可能出现。

分析图 4-1（a）的 k_1 点发生短路时流过线路的短路功率（一般指短路时母线电压与线路电流相乘所得到的感性功率）方向，是从电源经过线路流向短路点，与保护 2、3、4 和保护 6、7、8 的正方向一致。分析 k_2 点和其他任意点的短路，都有相同的特征，即短路功率的流动方向正是保护应该动作的方向，并且短路点两侧的保护只需要按照单电源的配合方式整定配合，即可满足选择性要求。保护中如果加装一个可以判别短路功率流动方向的元件，并且当功率方向由母线流向线路（正方向）时才动作，并与电流保护共同工作，便可以快速、有选择性地切除故障，称为方向性电流保护。方向性电流保护既利用了电流的幅值特征，又利用了功率方向的特征。

在图 4-1 所示的双侧电源网络接线中，假设电源 E_{II} 不存在，则发生短路时，保护 1、2、3、4 的动作情况与由电源 E_{I} 单独供电时一样，它们之间的选择性是能够保证的。如果电源 E_{I} 不存在，则保护 5、6、7、8 由电源 E_{II} 单独供电，此时它们之间也同样能够保证动作的选择性。

以上分析启示我们，当两个电源同时存在时，在每个保护上加装功率方向元件，该元件只当功率方向由母线流向线路时动作，而当短路功率方向由线路流向母线时不动作，从而使保护继电器的动作具有一定的方向性。按照这个要求配置的功率方向元件及规定的动作方向如图 4-1（c）所示。

当双侧电源网络上的电流保护装设方向元件以后，就可以把它们拆开看成是两个单侧电源网络的保护，两组方向保护之间不要求有配合关系，这样第 3 章所讲的三段式电流保护的工作原理和整定计算原则就仍然可以应用了。例如，在图 4-1（d）中给出了方向过电流保护的阶梯型时限特性。由此可见，方向性电流保护的主要特点就是在原有电流保护的基础上增加一个功率方向判断元件，以保证在反方向故障时把保护闭锁使其不致误动作。

电流保护的新问题：相邻元件 AB 线路发生故障时，电流保护 3 也有短路电流通过，保护也可能会误动作。——措施：加 KW。

4.1.2　保护的正方向、反方向定义　A 类考点

以保护安装处为边界，保护出现两侧。

保护范围所在的这一侧称为保护的正方向，简称正向。在保护的正向发生故障时，保护能正确工作。

非保护范围所在的那一侧称为保护的反方向，简称反向。在保护的反方向发生故障时，保护可能误动作。

4.1.3　功率方向

由母线指向线路为正。

KW 的作用：判断故障发生在保护的哪个方向，故又称为方向元件。当故障发生在保护

的反方向时，KW 不动作，将保护闭锁；而当故障发生在保护的正向时，KW 动作，解除对保护的闭锁。

4.1.4 方向元件的装设原则 A 类考点

在双侧电源电网或单侧电源环网中，并不是所有的电流保护都要装设功率方向元件才能保证选择性，而是靠动作电流值的整定、动作时限的配合不能满足选择性要求时，才需要装方向元件。

总原则：反方向发生故障时，可能会误动作的电流保护才需要装设。

（1）无时限电流速断保护：反方向发生故障时，若流过保护的最大短路电流大于保护的动作电流，需要装设。

（2）限时电流速断保护：反方向发生故障时，若保护范围超过故障元件速断保护的保护范围，即故障元件速断保护范围末端故障的最大短路电流大于保护的动作电流，需要装设。

（3）定时限过电流保护：反方向发生故障时，若故障元件保护的动作时限大于等于本保护的动作时限，需要装设。

笔记

4.1.5 方向电流保护的原理图

图 4-2 为定时限方向过电流保护的单相原理接线图，其中 KW 为功率方向继电器，KA 为电流继电器。由 KW 判别功率的方向，KA 判别电流的大小。只有在正向范围内发生故障，KW、KA 均动作时，保护才能起动。

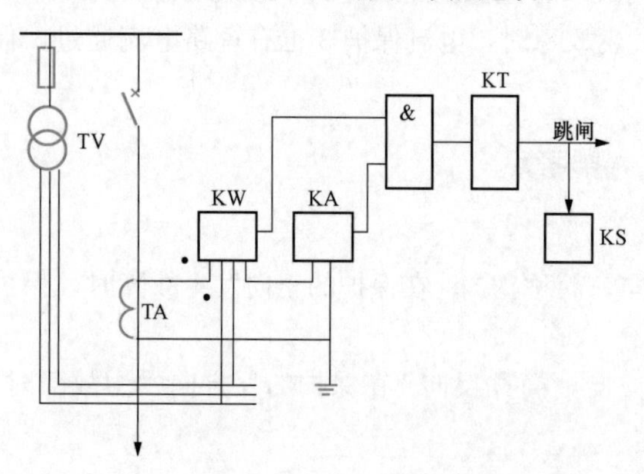

图 4-2 方向过电流保护的单相原理接线图

【例 4-1】 如图 4-3 所示，已知 $t_5=1.2\text{s}$，$t_6=0.5\text{s}$，$t_7=1.5\text{s}$，$t_8=1.5\text{s}$；时间间隔 $\Delta t=0.5\text{s}$，电源处故障均有瞬动保护。在过电流保护整定时，加装功率方向元件的说法，正确的是（ ）。

A. 保护 1 需要加装方向元件

B. 保护 2 需要加装方向元件

C. 保护 3 需要加装方向元件

D. 保护 4 需要加装方向元件

【例 4-2】 双电源电网中，考虑到方向问题，瞬时电流速断保护不应该加方向元件（ ）。（2021 年第二批）

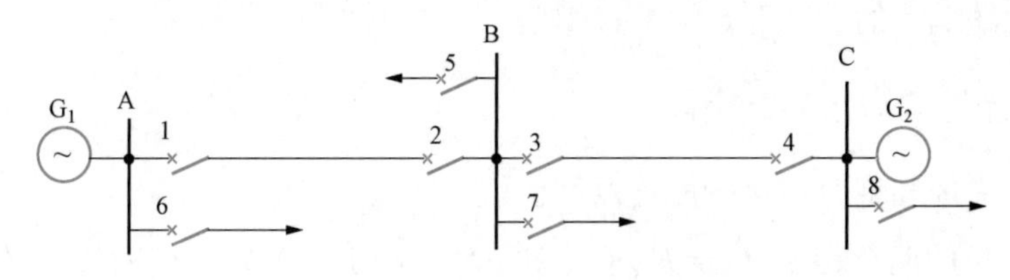

图 4-3　[例 4-1] 双侧电源网络

4.2　功率方向继电器

4.2.1　功率方向继电器的工作原理　A 类考点

根据保护正方向、反方向故障时参数的不同实现，例如根据短路电流的方向不同来实现。发生正向故障时，短路电流的方向总是由断路器母线侧流向线路侧，简称母线—线路；而发生反向故障时，短路电流的方向总是由断路器线路侧流向母线侧，简称线路—母线。——通过检测加入 KW 的电流、电压相位关系实现，如图 4-4 所示。

现以图 4-4（a）所示的系统为例，说明判断功率方向继电器正、反方向故障的工作原理。以装于 BC 线路上的 B 侧方向过电流保护中方向继电器为例。电流以由母线流向线路作为假定正方向，而电压以母线高于地为假定正方向，如图 4-4（a）所示。

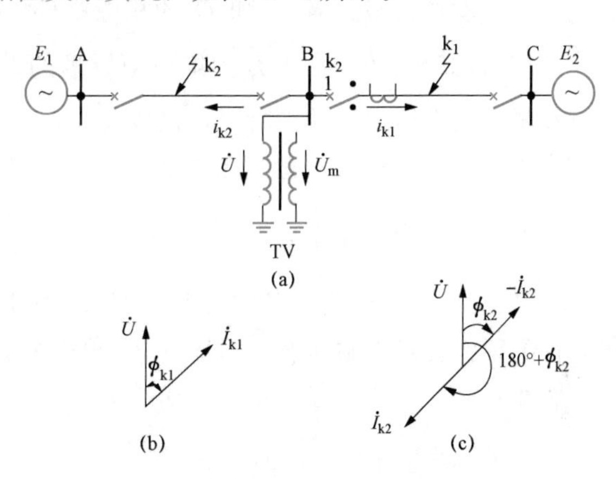

图 4-4　功率方向继电器工作原理说明
（a）网络接线；（b）k_1 点短路时相量图；（c）k_2 点短路时相量图

当正方向 k_1 点发生三相短路时，电流、电压相量如图 4-4（b）所示。ϕ_{k1} 在 0°～90°内变化，即 ϕ_{k1} 为锐角。

当反方向 k_2 点发生三相短路时，电流、电压相量如图 4-4（c）所示，ϕ_{k2} 同样在 0°～90°范围内变化，故 $180°+\phi_{k2}$ 为钝角。

所以功率方向继电器的工作原理实质上就是判断母线电压和流入线路电流间相位角是否在－90°～90°范围内，其动作条件可用下式表示

$$-90° \leqslant \arg \frac{\dot{U}}{\dot{I}_k} \leqslant 90°$$

实际在构成功率方向继电器时，常常通过间接方式来比较母线电压和线路电流之间的相位。

对继电保护中方向继电器的基本要求：

（1）应具有明确的方向性，即在正方向发生各种故障（包括故障点有过渡电阻的情况）时，能可靠动作，而在反方向发生任何故障时可靠不动作。

（2）故障时继电器的动作有足够的灵敏度。

4.2.2 整流型功率方向继电器

有相位比较原理和绝对值比较原理两种。

以被比较相位的两个相量 $\dot{C}=\dot{K}_U\dot{U}_m$ 和 $\dot{D}=\dot{K}_I\dot{I}_m$ 作为平行四边形的两条边，其两对角线相量 $\dot{A}$ 和 $\dot{B}$ 为

$$\dot{A}=\dot{C}+\dot{D}$$

$$\dot{B}=\dot{C}-\dot{D}$$

若以 $|\dot{A}|$ 作为动作量，$|\dot{B}|$ 作为制动量，则当 $\dot{C}$ 和 $\dot{D}$ 间相位差 $\theta=90°$时，作为比较 $|\dot{A}|$ 和 $|\dot{B}|$ 相位原理的继电器刚好处于动作边界，而作为比较 $|\dot{A}|$ 和 $|\dot{B}|$ 绝对值原理的继电器，因 $|\dot{A}|=|\dot{B}|$，即动作量等于制动量，继电器也刚好处于动作边界。当 $\dot{C}$ 和 $\dot{D}$ 间相位差 $\theta<90°$，即为锐角时，作为比相原理的继电器，处于动作状态，作为比较 $|\dot{A}|$ 和 $|\dot{B}|$ 绝对值原理的继电器，因为 $|\dot{A}|>|\dot{B}|$，即动作量大于制动量，继电器处于动作状态。当 $\dot{C}$ 和 $\dot{D}$ 的相位差 $\theta>90°$，即为钝角时，作为比相原理的继电器不动，而作为比较 $|\dot{A}|$ 和 $|\dot{B}|$ 绝对值原理的继电器，因为 $|\dot{A}|<|\dot{B}|$，即动作量小于制动量，继电器也不动。所以，比较 $\dot{C}$ 和 $\dot{D}$ 间相位实质上也就是比较 $\dot{A}$ 和 $\dot{B}$ 间绝对值的大小，反之亦然，因它们之间是可以互换的。

4.2.3 最灵敏角 ϕ_{sen} A类考点

定义：当 $\phi_m=-\alpha$ 时，KW 加入同样的电压、电流可得到最大的动作量和最小的制动量，KW 工作在最灵敏状态，对应的 ϕ_m 角称为最灵敏角，并用 ϕ_{sen} 表示。

大小：$\phi_{sen}=-\alpha$，有$-30°$、$-45°$两种，“$-$”表示电流超前电压，其中 α 称为内角。

4.2.4 存在问题 B类考点

1. 电压死区

由于方向继电器存在一个最小动作电压 $U_{m\cdot min}$，因此在靠近母线的某一段线路上发生三相短路时，母线残压小于 $U_{m\cdot min}$，方向继电器无法动作，称这段区域为方向继电器的电压“死区”。由于 LG—11 型方向继电器的电压变换器 TVM 采用的是谐振变压器，因此在靠近母线处发生三相短路时，虽然 $\dot{U}_m$ 突然降为零，但由于谐振回路里还储藏有电场和磁场能量，故这个谐振回路还要以固有频率继续振荡，直到能量耗尽为止，即 TVM 一次侧的电压还可保持一段时间，因此，这个串联谐振回路又称为“记忆”回路，它有助于消除电压“死区”。但记忆作用消失后，电压死区仍然存在。因此，对无时限方向电流保护，其记忆作用可消除方向元件的电压死区，而带方向的限时电流速断和定时限过电流保护，由于动作带有时限，而记忆作用时间短，因此，不能消除方向元件的电压死区。

2. 潜动现象

若将电压输入端短接，只通入电流 $\dot{I}_m$，或令 $\dot{I}_m=0$，只加入电压时，极化继电器绕

组上出现动作电压或制动电压的现象，称为方向元件潜动。只加电压时的潜动称为电压潜动，只加电流时的潜动称为电流潜动。KP 绕组上出现动作电压，称为正潜动，KP 绕组上出现制动电压，称为负潜动。无论是电流潜动还是电压潜动，严重时都会造成保护误动作、拒动或降低灵敏度。产生潜动的原因，主要是比较回路中参数不对称。为消除电流潜动可调整电阻 R_2，为消除电压潜动可调整电阻 R_1。

【例 4-3】 过电流方向保护是在过电流保护的基础上，加装一个（　　）而组成的装置。

A. 复合电流继电器　　B. 复合电压元件

C. 方向元件　　D. 低电压元件

【例 4-4】（多选）方向元件消除出口相间故障死区的方法包括（　　）

A. 采用故障分量方向元件　　B. 采用 0°接线方式的功率方向元件

C. 采用健全相电压作为极化量　　D. 采用记忆电压作为极化量

4.3　功率方向继电器的接线方式

定义：功率方向继电器的接线方式是指它与电流互感器及电压互感器的二次绕组之间的连接方式，即 $\dot{I}_m$ 和 $\dot{U}_m$ 应该采用什么电流和电压的问题。

对 KW 接线方式的要求：在考虑接线方式时，必须保证功率方向继电器能正确判断短路功率的方向，即在正方向发生任何形式的故障时，功率方向继电器都能动作，并有较高的灵敏度，而当反方向发生故障时，功率方向继电器不动作。为了有较高的灵敏度，要求接入继电器的电流 $\dot{I}_m$ 和电压 $\dot{U}_m$，在发生故障时应具有较高的数值，且其相位角 ϕ_m 尽可能接近最灵敏角 ϕ_{sen}。

由于功率方向继电器的主要任务是判断短路功率的方向，因此对其接线方式应提出如下要求。

（1）正方向任何形式的故障都能动作，而当反方向故障时则可靠不动作。

（2）故障以后加入继电器的电流和电压应尽可能地大一些，并使继电器尽可能地灵敏动作。

4.3.1　相间短路功率方向继电器的 90°接线　A 类考点

相间短路保护用功率方向继电器常用的接线方式为 90°接线方式，即加本相电流，加其余两相电压的这种接线方式，如图 4-5 及表 4-1 所示。以 A 相功率方向继电器 KW_1 为例，其 $\dot{I}_m=\dot{I}_a$，$\dot{U}_m=\dot{U}_{bc}$，当系统三相对称，且功率因数 $\cos\phi=1$ 时，$\dot{I}_m$ 超前 $\dot{U}_m$ 相位角 90°，90°接线方式因此而得名。

表 4-1　　90°接线方式功率方向继电器接入的电流及电压

功率方向继电器	$\dot{I}_m$	$\dot{U}_m$
KW_1	$\dot{I}_A$	$\dot{U}_{BC}$
KW_2	$\dot{I}_B$	$\dot{U}_{CA}$
KW_3	$\dot{I}_C$	$\dot{U}_{AB}$

注意，方向继电器中TVM和TX的一次线圈同名端都标有“·”号，在将继电器分别接入电流互感器和电压互感器二次侧时，必须注意正确连接，否则不能正确判断功率方向。

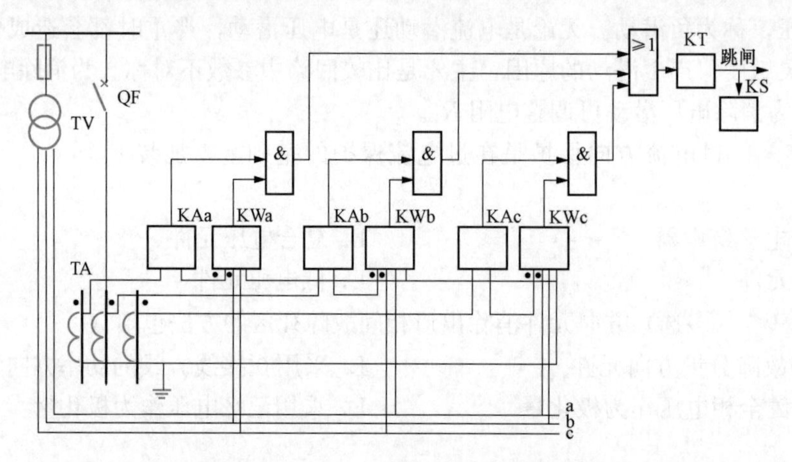

图4-5　功率方向继电器90°接线示意图

分析90°接线的目的是选择一个合适的功率方向继电器内角，使得在正方向发生各种相间短路故障时，功率方向继电器不仅能正确判断故障方向，而且具有较高的灵敏度。为此，现在习惯规定的正方向下，分析在保护正方向发生各种相间故障时 ϕ_m 的变化范围，进而得出灵敏角和内角的取值范围。

功率方向继电器采用90°接线方式的优点：适当选择最灵敏角 ϕ_{sen}，对于线路上发生各种相间短路都能正确动作，而且对于两相短路都有较高的电压，保证有较高的灵敏度。

注意：对功率方向继电器的接线必须十分注意继电器电流和电压接入的极性，如果有一个绕组的极性接错，就会出现正方向短路时拒动，而反方向短路时误动作的现象，导致发生严重事故。

4.3.2　90°接线方式下线路上发生各种故障时的动作情况　C类考点

1. 正方向发生三相短路

正方向发生三相短路时的相量图如图4-6所示。图4-6中，$\dot{U}_A$、$\dot{U}_B$、$\dot{U}_C$ 表示保护安装地点母线的相电压；$\dot{I}_A$、$\dot{I}_B$、$\dot{I}_C$ 为通过保护的三相短路电流；电流落后电压的角度为线路阻抗角 ϕ_k 。由于三相对称，3个方向继电器工作情况完全一样，因此可只取A相继电器来分析。由图4-6可见，接入继电器的电流 $\dot{I}_{KA}=\dot{I}_A$ ，$\dot{U}_{KA}=\dot{U}_{BC}$ ，电压超前电流的角度为 $\phi_A=\phi_k-90°$ ，则相继电器的动作条件为 $U_{BC}I_A\cos(\phi_k-90°+\alpha)>0$ ，为使继电器工作在最灵敏状态下，应使 $\cos(\phi_k-90°+\alpha)=1$ ，即要求 $\phi_k+\alpha=90°$ 。

一般情况下，当不考虑线路分布电容，电力系统中任何电缆或架空线路的阻抗角（包括含有过渡电阻短路的情况）都位于 $0°\leqslant\phi_k\leqslant 90°$ ，为使方向继电器在任何 ϕ_k 情况下都能动作，就必须要求 $U_{BC}I_A\cos(\phi_k-90°+\alpha)>0$ 始终成立，即要求 $-90°\leqslant\phi_k-90°+\alpha\leqslant 90°$ ，为此需要选择一个合适的内角才能满足要求。

当 $\phi_k=0°$ 时，$0°\leqslant\alpha\leqslant 180°$ ；当 $\phi_k=90°$ 时，$-90°\leqslant\alpha\leqslant 90°$ ，为了同时满足以上两个条件，使方向继电器在任何情况下均能动作，则对于三相短路时，应选择 $0°\leqslant\alpha\leqslant 90°$ 。

2. 正方向两相短路

图 4 - 7 所示为两相短路的情况，以 BC 两相短路为例，存在两种极限情况：一种是短路点位于保护安装地点附近；另一种是短路点远离保护安装地点。

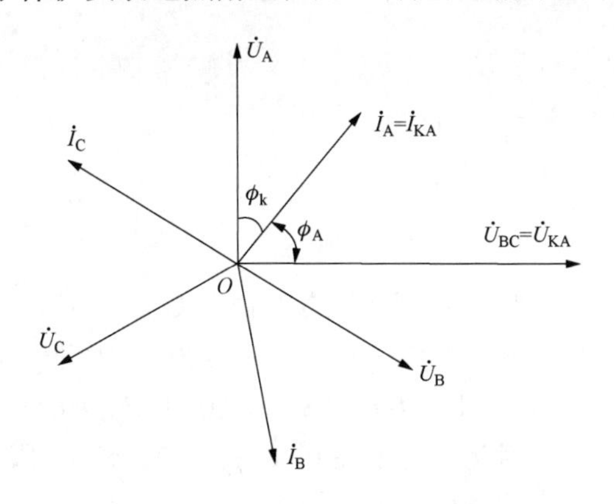

图 4 - 6　正方向发生三相短路时的电压电流相量图

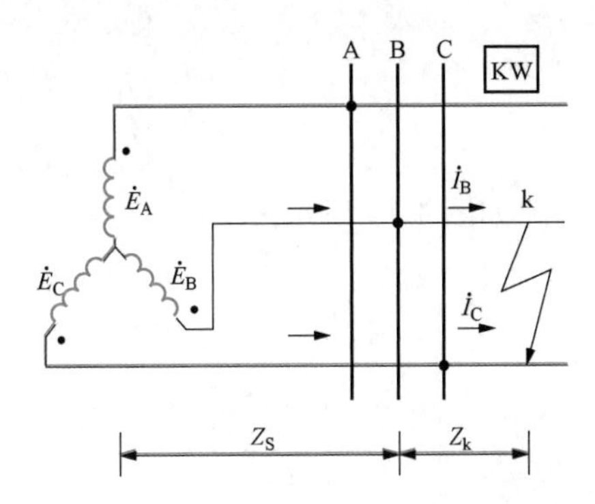

图 4 - 7　正方向发生两相短路时的电路图

(1) 短路点位于保护安装地点附近，短路阻抗 Z_k（保护安装处到短路点间的阻抗）很小，极限情况取 $Z_k=0$，此时，短路电流 $\dot{I}_B$ 由电动势 $\dot{E}_{BC}$ 产生，$\dot{I}_B$ 落后 $\dot{E}_{BC}$ 的角度为 ϕ_k，电流 $\dot{I}_C=-\dot{I}_B$，设系统阻抗 Z_s 很小，短路点的电压为电动势 $\dot{E}_{BC}$ 的中点，电压为

$$\dot{U}_{KBC}=0$$

$$\dot{U}_A=\dot{U}_{KA}=\dot{E}_A$$

$$\dot{U}_B=\dot{U}_{KB}=-\frac{1}{2}\dot{E}_A$$

$$\dot{U}_C=\dot{U}_{KC}=-\frac{1}{2}\dot{E}_A$$

相量图如图 4 - 8 所示。

此时，对 A 相继电器而言，当忽略负荷电流时，$I_A=0$，因此继电器不动作。对于 B 相继电器，所加的电流、电压为 $\dot{I}_{KB}=\dot{I}_B$，$\dot{U}_{KB}=\dot{U}_{CA}$，电压超前电流的角度为 $\phi_B=-(90°-\phi_k)=\phi_k-90°$，则动作条件为

$$U_{CA}I_B\cos(\phi_k-90°+\alpha)>0$$

同理，对于 C 相继电器，动作条件为

$$U_{AB}I_C\cos(\phi_k-90°+\alpha)>0$$

因此，为了在 $0°\leqslant\phi_k\leqslant 90°$ 时使 B、C 两相的继电器能动作，需要选择 $0°\leqslant\alpha\leqslant 90°$，因此，对于近保护安装处两相短路，应选择 $0°\leqslant\alpha\leqslant 90°$。

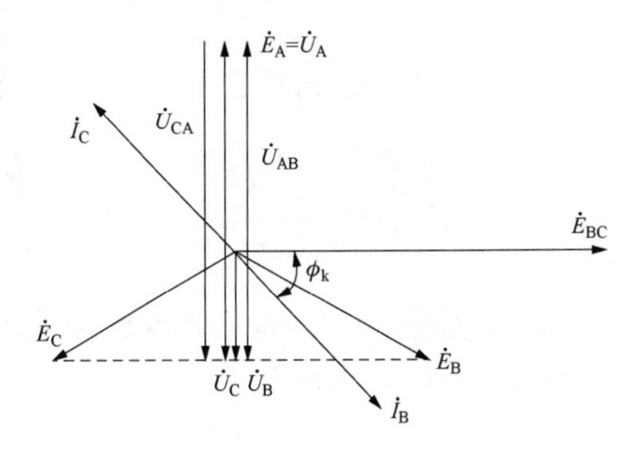

图 4 - 8　正方向发生两相短路时的电压电流相量图

(2) 短路点远离保护安装地点，且系统容量很大，Z_s 很小，此时 $Z_k > Z_s$，极限情况下取 $Z_k=0$，则母线电压几乎等于电动势，电流 $\dot{I}_B$ 由电动势 $\dot{E}_{BC}$ 产生，并落后 $\dot{E}_{BC}$ 的一个角度 ϕ_k，保护安装点的电压

$$\dot{U}_A = \dot{E}_A$$

$$\dot{U}_B = \dot{U}_{KB} + \dot{I}_B Z_k = \dot{E}_B$$

$$\dot{U}_C = \dot{U}_{KC} + \dot{I}_C Z_k = \dot{E}_C$$

相量图如图 4-9 所示。

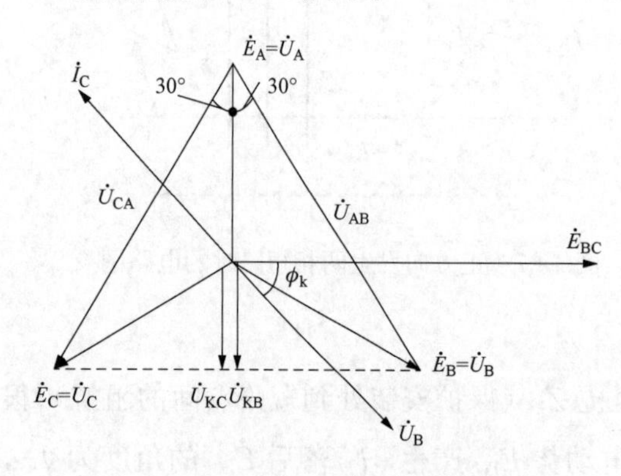

图 4-9　短路点远离保护安装地点时的电压电流相量图

对于 B 相变压器，由于 $\dot{U}_{CA} = \dot{E}_{CA}$，因此 $\phi_B = \phi_k - 90° - 30° = \phi_k - 120°$，则动作条件为

$$U_{CA} I_B \cos(\phi_k - 120° + \alpha) > 0$$

因此，为了在 $0° \leqslant \phi_k \leqslant 90°$ 使 B 相的继电器能动作，需要选择 $30° \leqslant \alpha \leqslant 120°$。

对于 C 相变压器，由于 $\dot{U}_{AB} = \dot{E}_{AB}$，因此 $\phi_B = \phi_k - 90° + 30° = \phi_k - 60°$，则动作条件为

$$U_{CA} I_B \cos(\phi_k - 60° + \alpha) > 0$$

因此，为了在 $0° \leqslant \phi_k \leqslant 90°$ 使 B 相的继电器能动作，需要选择 $-30° \leqslant \alpha \leqslant 60°$。

综合三相和各种两相短路的分析得出，当 $0° \leqslant \phi_k \leqslant 90°$ 时，使方向继电器在一切相间故障情况下都能动作的条件应为

$$30° \leqslant \alpha \leqslant 60°$$

用于相间短路的模拟式功率方向继电器一般都提供了 $\alpha = 30°$ 和 $\alpha = 45°$ 两种内角，满足了上述要求。对于微机保护，任何值的内角都可实现，可以很容易地按照被保护线路的实际阻抗角确定功率方向继电器的内角，不必考虑 ϕ_k 的变化。

注意：以上讨论只是针对继电器在各种情况下可能动作的条件，而不是动作最灵敏的条件。为了减小死区范围，继电器动作最灵敏的条件应根据短路时使 $\cos(\phi + \alpha) = 1$ 来决定。

4.3.3　90° 接线方式的主要优点　B 类考点

(1) 对各种两相短路都没有死区，因为继电器加入的是非故障的相间电压，其值很高。

(2) 适当地选择继电器的内角后，对线路上发生的各种相间故障都能保证动作的方向性。

【例 4-5】 功率方向继电器 90°接线方式下，三相短路时，动作区是 A 相电流滞后 A 相电压 30°～210°，内角为（　　）。

A. $-30°$　　B. 60°　　C. $-60°$　　D. 30°

【例 4-6】 按 90°接线的功率方向继电器，若 $I_J = -I_B$，则 U_J 应为（　　）。

A. U_{AB}　　B. U_{CA}　　C. $-U_B$　　D. $-U_{CA}$

4.4　非故障相电流的影响及按相起动接线

4.4.1　非故障相电流　C 类考点

前面分析两相短路时功率方向继电器的动作情况，是在假定故障前电网是空载的前提下进行的。即当接线方式正确时，故障相的功率方向继电器都能正确判断故障的方向，非故障相功率方向继电器不会动作。如果故障前电网是带负荷运行的，那么在同样的故障情况下，非故障相中仍有负荷电流通过，这个电流称为非故障相电流。

它将可能使方向电流保护误动作。下面以两相短路为例，分析非故障相电流对功率方向继电器动作行为的影响。

在图 4 - 10 所示的电网中，线路 L_2 在 k 点发生 BC 两相短路，对保护 1 来说，是反方向短路，通过保护 1 的故障相 B、C 相中的短路电流分别为 $\dot{I}_{kB}$、$\dot{I}_{kC}$ 方向从线路指向母线，B、C 相的功率方向继电器不动作。而非故障相 A 相中的电流为负荷电流（假定正常运行时负荷电流方向由 $\dot{E}_{\mathrm{II}}$ 指向 $\dot{E}_{\mathrm{I}}$），方向由母线指向线路，因而 A 相的功率方向继电器会动作。

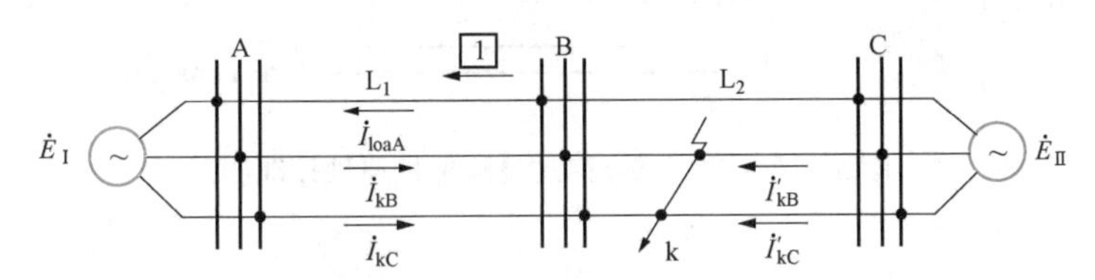

图 4 - 10　两相短路时非故障相中负荷电流影响的示意图

4.4.2　按相起动　C 类考点

图 4 - 11（a）为方向过电流保护的按相起动接线，即先把同名相的电流继电器 KA 和功率方向继电器 KW 的触点直接串联，再把各同名相串联支路并联起来，然后与时间继电器 KT 的线圈串联。图 4 - 11（b）为方向过电流保护的不按相起动接线，即先把各相电流继电器 KA 的触点相并联、各相功率方向继电器的触点相并联，再将其串联，然后与时间继电器 KT 的线圈串联。这两种接线虽然都带有方向元件，但对躲过非故障相电流影响的效果完全不同。

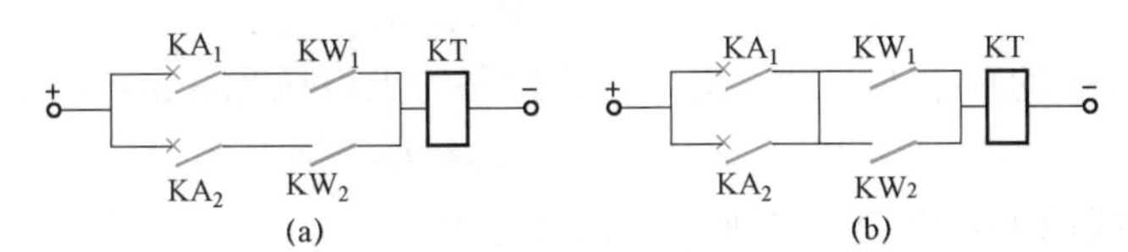

图 4 - 11　方向过电流保护的起动方式

（a）按相起动；（b）非按相起动

在图 4 - 11 中，由于非故障相电流的影响，保护 1 的 A 相方向元件起动，而电流起动元件不动作；B、C 相的电流起动元件动作，而方向元件不动作。此时，若按图 4 - 11（a）接线，保护1不会误动作，若按图4-11（b）接线，保护1会误动作，可见，在方向电流保护中，必须采用按相起动接线。

4.4.3 方向过电流保护接线图

图4-12所示的是两相式方向过电流保护原理接线图，它主要由起动元件（电流继电器KA_1、KA_2）、方向元件（功率方向继电器KW_1、KW_2）、时间元件（时间继电器KT）、信号元件（信号继电KS）构成。其中，起动元件、时间元件和信号元件的作用与前面介绍的定时限过电流保护相同，而方向元件则是用来判断短路功率方向的。方向元件采用90°接线方式，电流起动元件和方向元件的触点采用按相起动接线。

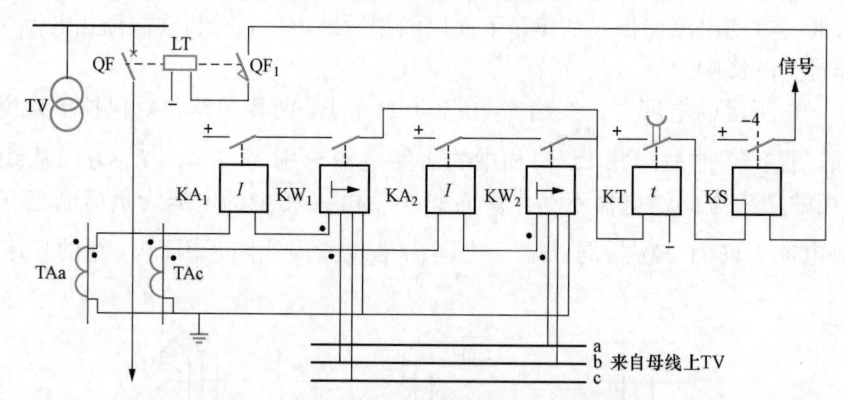

图4-12　两相式方向过电流保护原理接线图

模拟习题

（1）方向过电流保护的灵敏度，主要是由方向元件的灵敏度决定的。（　　）

A. 正确　　B. 错误

（2）新安装的或一、二次回路有过变动的方向保护，必须在负荷状态下进行相位测定。（　　）

A. 正确　　B. 错误

（3）功率方向继电器可以单独作为线路保护。（　　）

A. 正确　　B. 错误

（4）采用90°接线的功率方向继电器，两相短路时无电压死区。（　　）

A. 正确　　B. 错误

（5）采用90°接线的功率方向继电器，三相短路时无电压死区。（　　）

A. 正确　　B. 错误

（6）双侧电源线路的过电流保护加方向元件是为了（　　）。

A. 解决选择性　　B. 提高灵敏性　　C. 提高可靠性　　D. 提高速动性

（7）有一按90°接线方式接线的功率方向继电器，当$\dot{U}_k$为$\dot{U}_{CA}$时，$\dot{I}_k$为（　　）。

A. $\dot{I}_C$　　B. $\dot{I}_B$　　C. $\dot{I}_C-\dot{I}_A$　　D. $-\dot{I}_B$

（8）按90°接线的功率方向继电器，若线路短路阻抗角为ϕ_k，则短路时ϕ_m为（　　）。

A. $90^\circ-\phi_k$　　B. ϕ_k

C. $-(90^\circ-\phi_k)$　　D. $-\phi_k$

真题赏析

（1）功率方向继电器采用 90°接线方式时，应接入 A 相电流和（　　）。（2019 年第一批）

A. A 相电压　　B. B 相电压　　C. BC 线电压　　D. AB 线电压

（2）当双侧电源网络的电流保护装设方向元件后，就可以看作两个单侧电源网络的保护来整定。（　　）（2019 年第一批）

A. 正确　　B. 错误

（3）相间短路的功率方向元件采用的接线方式（　　）。（2022 年第二批）

A. 90°　　B. 0°

C. 带零序补偿的接线　　D. 不确定

（4）功率方向继电器采用 90°接线，已知电压为 U_{AB}，则电流为（　　）。（2023 年第二批）

A. I_A　　B. I_{AB}　　C. I_C　　D. I_B

第5章

接地短路的零序保护

接地故障是指导线与大地之间的不正常连接，包括单相接地故障和两相接地故障。据统计，单相接地故障占高压线路总故障次数的70%以上、占配电线路总故障次数的80%以上，而且绝大多数相间故障都是由单相接地故障发展而来的。因此接地故障保护对于电力线乃至整个电力系统的安全运行至关重要。

接地故障与中性点接地方式密切相关，相同的故障条件但不同的中性点接地方式，接地故障所表现出的故障特征和后果、危害完全不同，因而保护策略也不相同。

对于中性点接地方式有很多种分类方法，其中较常用的是按单相接地短路时接地电流的大小分为大电流接地系统和小电流接地系统两类。

大电流接地方式也称为有效接地方式，小电流接地方式也称为非有效接地方式。国际上对大电流接地和小电流接地方式有个定量的标准。因为对接地点的零序综合电抗 $X_{0\Sigma}$ 比正序综合电抗 $X_{1\Sigma}$ 大得越多，则接地点电流越小。我国规定，当 $\frac{X_{0\Sigma}}{X_{1\Sigma}} \geqslant 4 \sim 5$ 时，属于小电流接地系统，否则属于大电流接地系统。有的国家把这个比例定为3。

中性点采用哪种接地方式主要取决于供电可靠性（是否允许带一相接地时继续运行）和限制过电压两个因素。我国规定，110kV及以上电压等级的系统采用中性点直接接地方式，35kV及以下的系统采用中性点不接地或经消弧线圈接地，对城市电流供电网络可采用小电阻接地方式。

中性点直接接地系统，接地故障发生后，接地点与大地、中性点、相导线形成短路通路，因此故障相将有大短路电流流过。为了保证不损坏故障设备，断路器必须动作以切除故障线路。结合单相接地故障发生的概率，这种接地方式对于用户供电的可靠性是较低的。另一方面，这种中性点接地系统发生单相接地故障时，接地相电压降低，非接地相电压几乎不变；而接地相电流增大，非接地相电流几乎不变。因此这种接地方式可以不考虑过电压问题，但是必须排除故障。

经小电阻接地系统，接于中性点与大地之间的电阻限制了接地故障电流的大小，也限制了故障后过电压的水平。这是一种在国外应用较多、在国内开始应用的中性点接地方式，属于中性点有效接地系统。接地故障发生后依然有数值较大的接地故障电流产生，断路器必须迅速切除接地线路，同时也将导致对用户的供电中断。这种接地方式主要用于大城市电缆供电网络规模很大，接地时电容电流太大，难以补偿的系统。

中性点不接地系统，发生单相接地故障后，由于中性点不接地，因此没有形成短路电流通路，故障相和非故障相都将流过正常负荷电流，线电压仍然保持对称。可以短时不予切除。这段时间可以用于查明故障原因并排除故障，或者进行倒负荷操作，因此该中性点接地方式对于用户的供电可靠性高，但是接地相电压将降低，非接地相电压将升高至线电压，对于电气设备绝缘造成威胁，单相接地发生后不能长期运行。事实上，对于中性点不接地系统，由于线路分布电容（电容数值不大，但容抗很大）的存在，接地故障点和导线对地电容还是能够形成电流通路的，从而有数值不大的电容性电流在导线和大地之间流通。一般情况下，这个容性电流在接地故障点将以电弧形式存在，电弧高温会损毁设备，引起附近建筑物燃烧起火，不稳定的电弧燃烧还会引起弧光过电压，造成非接地相绝缘击穿进而发展成为相间故障，导致断路器动作跳闸，中断对用户的供电。为了减小不接地系统单相接地时的短路电流，可以在中性点增加消弧线圈。

中性点经消弧线圈接地系统，正常运行时接于中性点与大地之间的消弧线圈无电流流过，消弧线圈不起作用；当接地故障发生后，中性点将出现零序电压，在这个电压的作用下，将有感性电流流过消弧线圈并注入发生了接地的电力系统，从而抵消在接地点流过的电容性接地电流，消除或者减轻接地电弧电流的危害。说明，经消弧线圈补偿后，接地点将不再有容性电弧电流或者只有很小的电容性电流流过，但是接地确实发生了，接地故障可能依然存在；接地相电压降低而非接地相电压依然很高，长期接地运行依然是不允许的。

上述4种接地故障类是按照中性点结构区分的。实际上，接地故障点的状况也将影响接地电流的大小和性质。接地故障点可能是金属性接地，也可能是非金属性接地，一般非金属性接地包括经电弧接地，经树枝、杆塔接地或它们的组合接地。经非金属介质接地也包含着高阻接地，其主要特点是接地电流数值小，难以检测。

各种系统单相接地时对保护的要求。

（1）中性点直接接地系统：接地保护应迅速动作于QF跳闸。

（2）中性点非直接接地系统：接地保护延时动作于发信号。

基于上述分析，当中性点有效接地系统发生了接地故障后，必须快速检出并切除发生了接地故障的线路，因此合适的继电保护是不可或缺的。接地故障发生后会出现零序电压和零序电流，这是接地故障非常显著的特征，据此可以构造出基于零序电流和零序电压的接地保护，它甚至比用于相间故障的过电流保护和方向过电流保护更灵敏和更快速。因为前者要与重负荷情况相区分，后者则没有这个问题。但是中性点经小电阻接地的系统发生了高阻接地故障后，因为接地回路阻抗大、接地电流小，所以难以构成保护。

不同于有效接地系统，非有效接地系统发生了单相接地故障后，除出现零序电压外，接地电流普遍较小或者根本没有，故障特征不明显。比如，中性点不接地的短线路（无分布电容，也无电容电流）故障、消弧线圈完全补偿的中性点接地系统发生单相接地故障等情况。这种系统发生了接地故障并不影响对于用户的正常供电，对于系统的直接危害也较小。但是当接地故障发生后，运行人员必须知道发生了接地故障，哪条线路发生了故障，即保护是必要的。此时保护动作后只是给出报警信号而不需要跳闸。这也促使中性点非有效接地系统单相接地选线技术的出现和发展。

5.1　大接地电流系统接地故障分析

当中性点直接接地或者经过小电阻接地的电网发生接地故障时，将出现数值较大的零序电流，该电流在正常情况下是不存在的，这是接地故障的显著特征，据此可以构成有效的保护。

5.1.1 大接地电流系统接地故障分析　A类考点

根据零序网络（见图5-1）可写出故障点处、母线A和母线B处的零序电压

$$\dot{U}_{k0}=-\dot{I}'_0(Z_{T1\cdot0}+Z'_{k0})$$

$$\dot{U}_{A0}=-\dot{I}'_0 Z_{T1\cdot0}$$

$$\dot{U}_{B0}=-\dot{I}''_0 Z_{T2\cdot0}$$

故障点处的零序电流

$$\dot{I}_0=\frac{\dot{E}_\Sigma}{Z_{1\Sigma}+Z_{2\Sigma}+Z_{0\Sigma}}$$

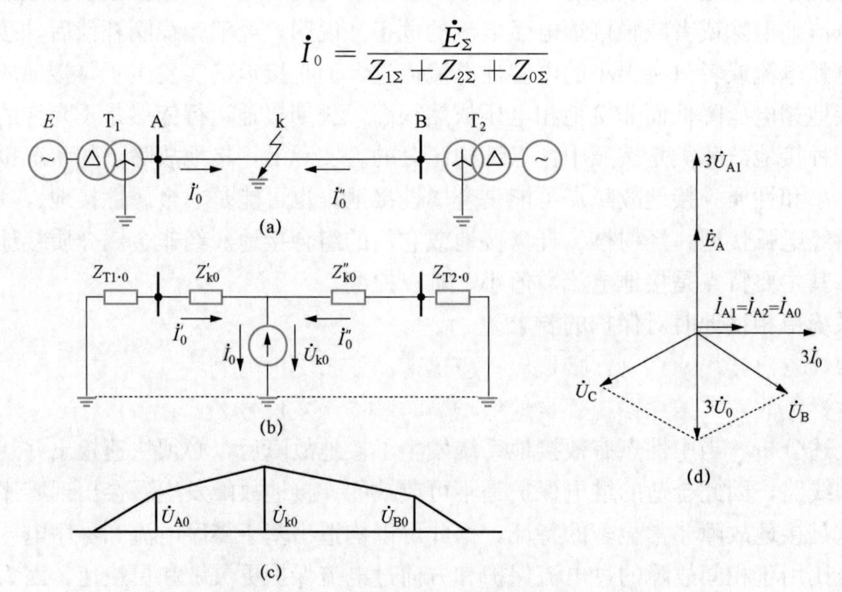

图5-1　单相接地短路时零序分量特点

（a）系统接线；（b）零序网络；（c）零序电压分布；（d）相量图

根据分流定理，得故障点左侧的零序电流

$$\dot{I}'_0=\dot{I}_0\frac{Z''_{k0}+Z_{T2\cdot0}}{Z'_{k0}+Z''_{k0}+Z_{T1\cdot0}+Z_{T2\cdot0}}$$

根据单相接地故障的序网，得故障相在故障点处的各序电压和电流

$$\dot{U}_{k1}=-(\dot{U}_{k2}+\dot{U}_{k0})$$

$$\dot{I}_{k1}=\dot{I}_{k2}=\dot{I}_{k0}$$

由于各序电流的共轭复数也相等，因此各序复数功率之间的关系为

$$\bar{S}_{k1}=-(\bar{S}_{k2}+\bar{S}_{k0})$$

5.1.2 中性点直接接地系统发生接地故障后零序分量的特点　A类考点

（1）系统中任意一点发生接地短路时，都将出现零序电流和零序电压，故障点处零序电压最高，变压器中性点处零序电压为零。零序电压由故障点到中性点呈线性分布。

（2）零序电流的大小和分布情况主要取决于电网中线路的零序阻抗、中性点接地变压器的零序阻抗及中性点接地的变压器数量和分布，而与电源数量、分布无直接关系。当系统运

行方式发生改变时，若线路和中性点接地的变压器数量及其分布不变，则零序阻抗和零序网络就保持不变。

（3）零序或负序功率方向与正序功率方向相反，即对于故障线路，正序功率方向为由母线指向线路，而零序功率方向却由线路指向母线。正序电流滞后正序电压90°，而零序电流却超前零序电压90°，均以电压为参考相量，则正序电流与零序电流相位差180°，所以其功率方向相反。

【例5-1】中性点直接接地系统中发生不对称短路时，故障处短路电流中（　　）。

A. 一定存在零序分量

B. 一定不存在零序分量

C. 是否存在零序分量，应该根据不对称短路类型确定

D. 只有正序分量

【例5-2】在我国，110kV电力系统一般采用中性点直接接地的中性点运行方式。（　　）

A. 正确　　B. 错误

【例5-3】中性点直接接地电网发生单相接地故障时，非故障相电压会降低。（　　）

A. 正确　　B. 错误

【例5-4】在35kV系统中，当容性电流超过10A时，中性点的运行方式是中性点直接接地（　　）。

A. 正确　　B. 错误

【例5-5】（多选）关于不对称故障，说法正确的有（　　）。

A. 越靠近故障点负序电压越低　　B. 越靠近电源零序电压越低

C. 越靠近电源负序电压越低　　D. 越靠近电源正序电压越高

5.2 中性点直接接地电网的零序电流保护

5.2.1 零序电流滤过器 C类考点

通常采用三相电流互感器按星形方式连接，如图5-2所示。

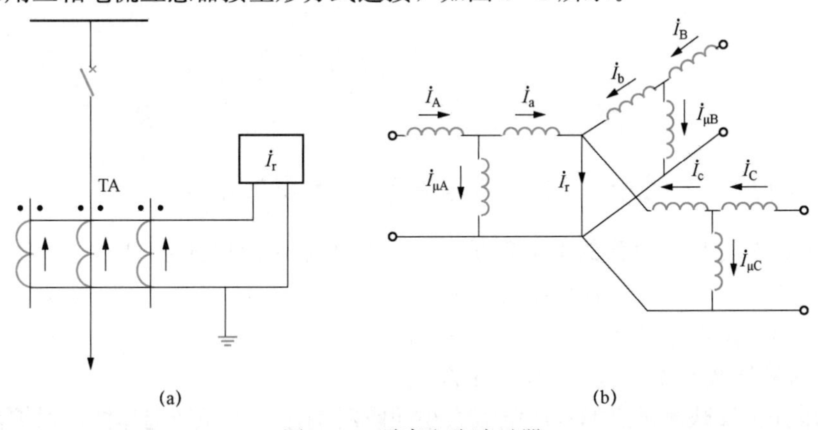

图5-2 零序电流滤过器

（a）原理接线；（b）等效电路

实际上，在三相完全星形接线方式中，其中线上所流过的电流也仅反映系统的零序电流，因此在使用中，零序电流不一定需要采用一组专门的电流互感器来获得，也可以从相间保护用电流互感器的中性线上获得。另外，由于电流互感器励磁电流的存在，在系统正常运行及三相、两相短路时，零序电流滤过器会输出一个数值很小的电流，称为不平衡电流。

不平衡电流主要是由于3个电流互感器的励磁电流不相等而产生的。而励磁电流的不等，则是由于铁芯的饱和程度不完全相同，以及制造过程中的某些差别引起的。当发生相间短路时，流过电流互感器的一次电流很大，因而励磁电流也增大，这将引起较大的不平衡电流。特别是在短路的暂态过程中，一次侧短路电流的非周期分量使电流互感器铁芯过饱和，导致不平衡电流增大，而此时零序电流保护不应该动作，所以其起动电流必须躲过此时的最大不平衡电流。为了减小不平衡电流，提高保护动作的灵敏度，通常选用具有相同磁化特性并工作在磁化曲线未饱和部分的电流互感器来组成零序电流滤过器；同时还要尽量减少二次回路的负荷。

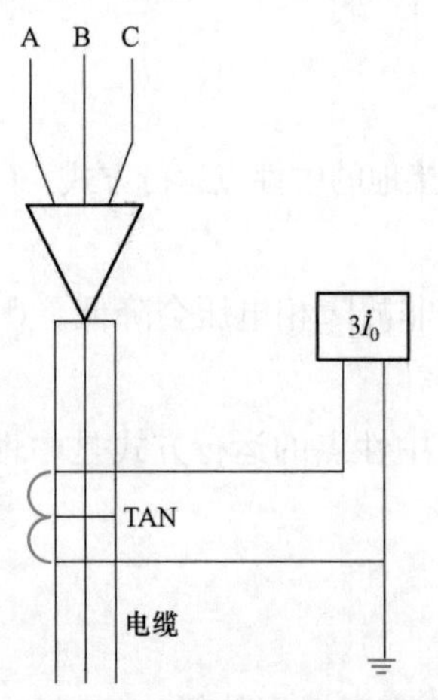

图5-3　零序电流互感器接线示意图

5.2.2　零序电流互感器　C类考点

对于电缆和电缆引出的架空线路，通常采用零序电流互感器获得零序电流，使用时电缆线直接穿过电流互感器的铁芯。与零序电流滤过器相比，采用零序电流互感器的主要优点是不存在由于互感器励磁特性不同而产生不平衡电流的现象。零序电流互感器接线示意图如图5-3所示。

规程规定：

5.2.3　中性点直接接地电网的零序电流保护　A类考点

零序电流保护与相间短路的电流保护一样，也可采用阶段式结构，通常采用三段式保护，也有采用四段式的。三段式零序电流中，第Ⅰ段为无时限零序电流速断保护，第Ⅱ段为限时零序电流速断保护，第Ⅲ段为零序过电流保护。

1. 无时限零序电流速断保护（零序Ⅰ段）

零序Ⅰ段保护反映测量点的零序电流大小而瞬时动作，为保证选择性，保护范围不超过线路全长。在发生单相或两相接地故障时，可先求出零序电流 $3I_0$ 随线路长度 L 变化的关系曲线，然后进行保护整定计算。

零序电流瞬时速断保护的整定原则如下。

（1）躲开下一条线路出口处单相或两相接地短路时可能出现的最大零序电流 $3I_{0 \cdot max}$，引入可靠系数 K_{rel}（一般取 1.2～1.3），即

$$I'_{act} = K_{rel} \times 3I_{0 \cdot max}$$

（2）躲开断路器三相触头不同期合闸时所出现的最大零序电流 $3I_{0 \cdot ut}$，引入可靠系数 K_{rel}，即为

$$I'_{act} = K_{rel} \times 3I_{0 \cdot ut}$$

如果保护装置的动作时间大于断路器三相不同期合闸的时间，则可以不考虑这一条件。

整定值应选取其中较大者。但在有些情况下，如按照原则（2）整定将使起动电流过大，使保护范围缩小时，也可以采用在手动合闸及三相自动重合闸时使零序Ⅰ段带有一个小延时（约 0.1s），以躲开断路器三相不同期合闸的时间，这样在定值上就无须考虑原则（2）了。

（3）当线路上采用单相自动重合闸时，按照能够躲开非全相运行状态下又发生系统振荡时所出现的最大零序电流来整定。

按照原则（1）、（2）整定的零序Ⅰ段，往往不能躲开在非全相运行状态下又发生系统振荡时所出现的最大零序电流；而如果按原则（3）整定，正常情况下发生接地故障时其保护范围又要缩小，不能充分发挥零序Ⅰ段的作用。

为了解决这个矛盾，通常是设置两个零序Ⅰ段保护，一个是按原则（1）、（2）整定（由于其定值较小，保护范围较大，因此称为灵敏Ⅰ段），它的主要任务是对全相运行状态下的接地故障起保护作用，具有较大的保护范围，而当单相自动重合闸起动时，则将其自动闭锁，须待恢复全相运行时才能重新投入。另一个是按原则（3）整定（由于它的定值较大，因此称为不灵敏Ⅰ段），装设它的主要目的是为了在单相重合闸过程中，其他两相又发生接地故障时用以弥补失去灵敏Ⅰ段的缺陷，尽快地将故障切除。当然，不灵敏Ⅰ段也能反映全相运行状态下的接地故障，只是其保护范围较灵敏Ⅰ段小一些。

总结：灵敏Ⅰ段保证全相运行时的灵敏性；不灵敏Ⅰ段保证非全相运行时的选择性。

2. 限时零序电流速断保护（零序Ⅱ段）

零序Ⅱ段保护也反映零序电流的大小而动作，其起动电流首先考虑与下一条线路的零序电流速断相配合，并带有一个动作时限，以保证动作的选择性。

零序Ⅱ段作为单相接地短路的主保护，其灵敏系数应按照本线路末端接地短路时的最小零序电流来校验，并应满足 $K_{sen} \geqslant 1.3 \sim 1.5$ 的要求。当由于下一线路比较短或运行方式变化比较大，不能满足对灵敏系数的要求时，可以考虑用下列方式解决：

（1）使零序Ⅱ段保护与下一条线路的零序Ⅱ段相配合，时限再抬高一级。

（2）保留 0.5s 的零序Ⅱ段，同时增加一个按原则（1）整定的保护，这样保护装置中就具有两个定值和时限均不相同的零序Ⅱ段。一个称为不灵敏Ⅱ段，其定值较大，能在正常运行方式和最大运行方式下，以较短的延时切除本线路上所发生的大部分接地故障；另一个称为灵敏Ⅱ段，其具有较长的延时，它能保证在各种运行方式下线路末端接地短路时保护装置具有足够的灵敏系数。

（3）从系统接线的全局考虑改用接地距离保护。

总结：灵敏Ⅱ段保证轻微故障时的灵敏性；不灵敏Ⅱ段保证严重故障时的速动性。

3. 零序过电流保护（零序Ⅲ段）

零序Ⅲ段保护的作用相当于相间短路的过电流保护，在一般情况下是作为后备保护使用的；但在大电流接地系统中的终端线路上，能快速切除全线上的接地故障，也可以作为主保护使用。

在零序过电流保护中，对继电器的起动电流，原则上是按照躲开在下一条线路出口处相间短路时所出现的最大不平衡电流来整定，引入可靠系数 K_{rel}，即为

$$I'''_{\text{act}} = K_{\text{rel}} \times 3I_{\text{unb}\cdot\max}$$

按上述原则整定的零序过电流保护，其起动电流一般都很小（在二次侧为 2～3A），因此，在本电压级网络中发生接地短路时它都可能起动，这是为了保证保护的选择性，各保护的动作时限也应按照图 5-4 所示的原则来确定。图 5-4 所示的网络接线中，安装在受端变压器 T_1 上的零序过电流保护 4 可以是瞬时动作的，因为在 Yd 变压器低压侧的任何故障都不能在高压侧引起零序电流，因此，就无须考虑与保护 1～3 的配合关系。按照选择性的要求，保护 5 应比保护 4 高出一个时间段，保护 6 又应比保护 5 高出一个时间段等。

为了便于比较，在图 5-4 中也绘出了相间短路过电流保护的动作时限，它是从保护 1 开始逐级配合的。由此可见，在同一线路上的零序过电流保护与相间短路的过电流保护相比，将具有较小的时限，这也是它的一个优点。

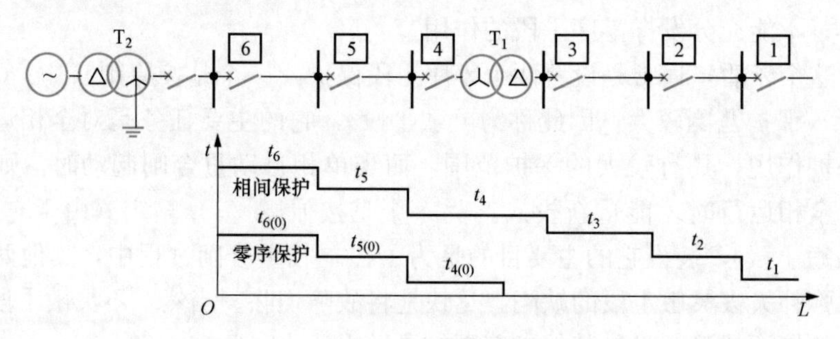

图 5-4　零序过电流保护的时限特性

规程规定：

5.3　零序电流方向保护

5.3.1　零序电流保护增设方向元件的必要性　C类考点

如图 5-5 所示，在大接地电流系统中，线路两端都有中性点接地变压器，当线路 AB 或

BC 上发生接地短路时，都有零序电流流过位于母线 B 两侧的保护 2 和 3，此情况与两端供电辐射型线路的相间电流保护情形相似。为了保证位于母线两侧的保护能有选择性地切除故障，需加设方向元件以判别短路方向，由此构成了零序方向电流保护。

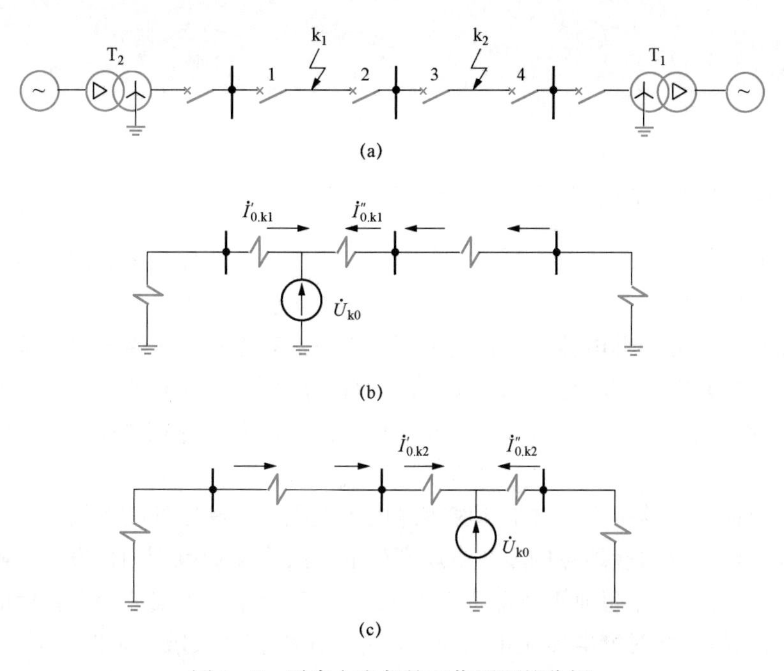

图 5 - 5　零序方向保护工作原理的分析

(a) 网络接线；(b) k_1 点短路的网络接线；(c) k_2 点短路的网络接线

5.3.2　零序电压滤过器

在零序电流方向保护中，利用零序功率方向继电器作为方向元件，其中，零序功率方向继电器所需输入的零序电流取自零序电流滤过器或零序电流互感器，零序电压取自零序电压滤过器。通常，零序电压滤过器如图 5 - 6 所示。

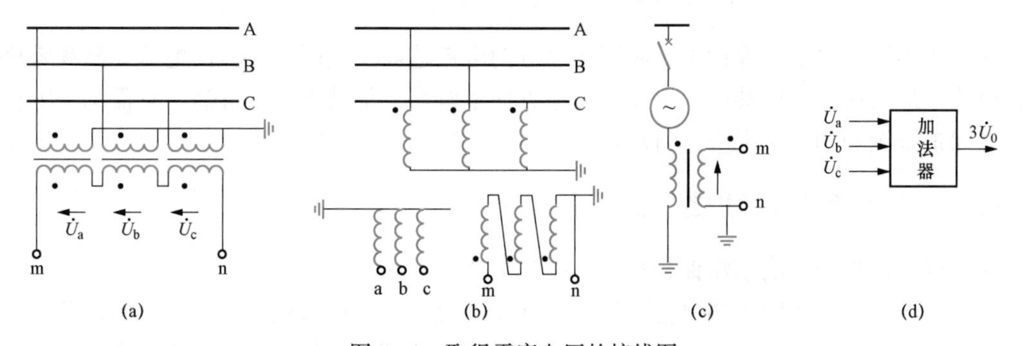

图 5 - 6　取得零序电压的接线图

(a) 用 3 个单相式电压互感器；(b) 用三相五柱式电压互感器；

(c) 与发电机中性点相连的电压互感器；(d) 保护装置内部合成零序电压

由于互感器误差、一次系统三相对地不完全平衡及存在有 3 次及 3 倍数谐波电压等原因，在 TV 的开口三角形绕组也会有数值不大的电压输出，此电压称为不平衡电压，用 U_{unb}

表示。对于反应零序电压而动作的继电器，应躲过可能出现的最大不平衡电压。

规程规定：

5.3.3 零序功率方向继电器 C类考点

（1）工作原理与相间短路保护的功率方向继电器相似，零序功率方向继电器是通过比较接入继电器的零序电压 $3U_0$ 与零序电流 $3I_0$ 之间的相位差来判断零序功率方向的。

（2）整流型功率方向继电器及其接线采用 LG-12 型功率方向继电器。该继电器由电抗变压器 TX、电压变换器 TVM、均压法幅值比较回路和极化继电器等组成。考虑到在保护安装处发生接地短路时零序电压最大，因此功率方向继电器不存在电压死区的问题，无须采用记忆电路。

零序功率方向继电器接于零序电压和零序电流之上，反映零序功率的方向而动作。因为接地短路时零序电流是由接地点的零序电压产生的，故当保护范围内部发生故障时，按规定的电流、电压正方向，$3I_0$ 超前于 $3U_0$ 为 95°～110°（对应于保护安装地点背后的零序阻抗角为 85°～70°的情况），此时继电器应正确动作，并应工作在较灵敏的条件之下。

由于越靠近故障点的零序电压越高，因此零序方向元件没有电压死区。相反地，倒是当故障点距保护安装地点很远时，由于保护安装处的零序电压较低，零序电流较小，继电器反而可能不起动。为此，必须校验方向元件在这种情况下的灵敏系数，例如，当作为相邻元件的后备保护时，应采用相邻元件末端短路时在本保护安装处的最小零序电流、电压或功率（经电流、电压互感器转换到二次侧的数值）与功率方向继电器的最小起动电流、电压或起动功率之比来计算灵敏系数，并要求 $K_{sen} \geqslant 2$。

5.3.4 三段式零序方向电流保护 B类考点

三段式零序方向电流保护由无时限零序方向电流速断、限时零序方向电流速断和零序方向过电流保护组成。三段共用一个零序功率方向继电器。加装方向元件后，只需同一方向的保护在保护范围和动作时限上进行配合。

5.3.5 对零序电流保护的评价 A类考点

零序电流保护与相间电流保护相比，有如下优点：

（1）灵敏度高。相间短路过电流保护的起动电流是按照躲过最大负荷电流整定的，继电器的动作电流一般为 5～7A；而零序过电流保护的起动电流是按照躲开最大不平衡电流整定的，其值一般为 2～3A。由于发生单相接地短路时，故障相电流与零序电流相等，因此零序过电流保护的灵敏度较高。

（2）延时小。零序过电流保护的动作时限不必考虑与 Yd11 接线变压器后的保护配合，零序过电流保护的动作时限一般要比相间短路过电流保护的短。

(3) 可靠性高。当系统发生振荡、过负荷等不正常运行状态时，三相是对称的，相间短路电流保护可能受到影响而误动作，必须采取措施予以防止；而零序保护则不受影响。

(4) 在110kV及以上高压和超高压系统中，单相接地故障占全部故障的70%～90%，而且其他故障也往往是由单相接地故障发展起来的。因此，采用专门的接地保护优势更显著。

零序电流保护存在如下缺点：

(1) 对于短线路或运行方式变化很大的线路，保护往往还是不能满足要求的。

(2) 随着单相重合闸的广泛应用，若在重合闸动作过程中伴随着非全相运行状态，则可能出现较大的零序电流，而影响零序电流保护的正确工作。此时应在整定计算时予以考虑，或在单相重合闸动作过程中将保护退出运行。

(3) 当采用自耦变压器联系两个不同电压等级的网络时（如110、220kV电网），任一网络的接地短路都将在另一网络中产生零序电流，这将使零序保护的整定配合复杂化，并将增大零序Ⅲ段的动作时限。

【例5-6】(多选) 对于零序方向元件，下列说法不正确的是（　　）。

A. 反向发生接地故障时，零序电流超前零序电压约100°

B. 出口接地故障时，零序方向元件存在电流死区

C. 远端、近端故障零序方向元件灵敏度一致

D. 正向发生接地故障时，零序电流超前零序电压约100°

【例5-7】零序保护的最大特点是能（　　）。

A. 反应接地故障　　B. 反应相间故障

C. 反应变压器的内部故障　　D. 不确定

【例5-8】最大灵敏角为70°的零序功率方向继电器接入的电流为$3I_0$，电压为$-3U_0$。（　　）

A. 正确　　B. 错误

5.4 小接地电流系统接地故障分析

中性点不接地系统发生接地故障时零序电流数值较小，这是由于接地回路的阻抗（容抗）较大，接地故障特征不如中性点有效接地系统明显，而且线电压仍然保持对称，对负荷的供电没有影响，可以继续运行1～2h。但是在单相接地以后，其他两相的对地电压要升高为原来的$\sqrt{3}$倍，为了防止故障进一步扩大成两点或多点接地短路，保护应及时发出信号，以便运行人员采取措施予以消除，所以，对于单相接地故障，只要求保护有选择性地发出接地告警信号，一般情况下不需要跳闸。对于两相接地故障，相间电流保护将动作以切除故障线路。

5.4.1 中性点不接地电网发生单相接地故障的特点　A类考点

图5-7所示为一中性点不接地的简单系统。为了分析方便，假定电网的负荷为零，并忽略电源和线路上的压降。

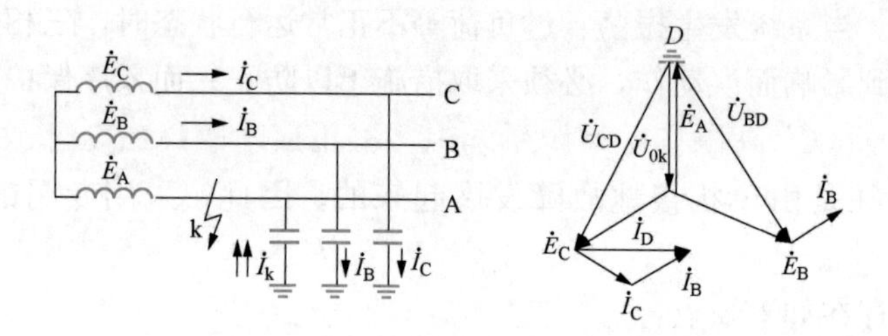

图 5-7　中性点不接地系统单相接地时电压的分析

各相对地电压和零序电压分别为

$$\dot{U}_A = 0$$
$$\dot{U}_B = \dot{E}_B - \dot{E}_A = \sqrt{3}\dot{E}_A e^{-j150}$$
$$\dot{U}_C = \dot{E}_C - \dot{E}_A = \sqrt{3}\dot{E}_A e^{j150}$$
$$\dot{U}_0 = \frac{1}{3}(\dot{U}_A + \dot{U}_B + \dot{U}_C) = -\dot{E}_A$$

非故障线路电流及零序电流为

$$\dot{I}_B = j\omega C_0 \dot{U}_B$$
$$\dot{I}_C = j\omega C_0 \dot{U}_C$$
$$3\dot{I}_0 = \dot{I}_B + \dot{I}_C = (\dot{U}_B + \dot{U}_C) j\omega C_0 = -j3\dot{E}_A \omega C_0$$

当网络中有发电机 G 和多条线路存在时，每台发电机和每条线路对地有电容存在，设以 C_{0G}、$C_{0\text{I}}$、$C_{0\text{II}}$ 等集中的电容来表示，当线路Ⅱ A 相接地后，如果忽略负荷电流和电容电流在线路阻抗上的电压降，则全系统 A 相对地的电压均等于零，因而各元件 A 相对地的电容电流也等于零，同时 B 相和 C 相的对地电压和电容电流也都升高 $\sqrt{3}$ 倍，在这种情况下的电容电流分布如图 5-8 所示。

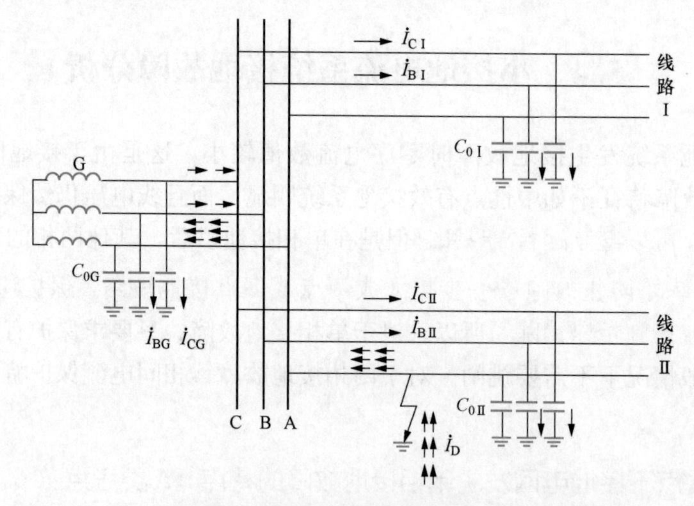

图 5-8　中性点不接地系统单相接地时电容电流的分布图

由图 5-8 可见，在非故障的线路Ⅰ上，A 相电流为零，B 相和 C 相中流有本身的电容

电流，因此在线路始端所反映的零序电流

$$3\dot{I}_{0\mathrm{I}}=\dot{I}_{\mathrm{BI}}+\dot{I}_{\mathrm{CI}}$$

其有效值

$$3I_{0\mathrm{I}}=3U_{\phi}\omega C_{0\mathrm{I}}$$

即零序电流为线路Ⅰ本身的电容电流，电容性无功功率的方向为由母线流向线路。当电网中的线路很多时，上述结论可适用于每一条非故障的线路。

而发生故障的线路Ⅱ，在 B 相和 C 相上与非故障的线路一样流有它本身的电容电流 $\dot{I}_{\mathrm{BII}}$ 和 $\dot{I}_{\mathrm{CII}}$，而不同之处是在接地点要流回全系统 B 相和 C 相对地电容电流之总和，其值为

$$\dot{I}_{\mathrm{D}}=(\dot{I}_{\mathrm{BI}}+\dot{I}_{\mathrm{CI}})+(\dot{I}_{\mathrm{BII}}+\dot{I}_{\mathrm{CII}})+(\dot{I}_{\mathrm{BG}}+\dot{I}_{\mathrm{CG}})$$

其有效值为

$$I_{\mathrm{D}}=3U_{\phi}\omega(C_{0\mathrm{I}}+C_{0\mathrm{II}}+C_{0G})=3U_{\phi}\omega C_{0\Sigma}$$

其中，$C_{0\Sigma}$ 为全系统每相对地电容的总和。此电流要从 A 相流回去，这样在线路Ⅱ始端所流过的零序电流

$$3\dot{I}_{0\mathrm{II}}=\dot{I}_{\mathrm{AII}}+\dot{I}_{\mathrm{BII}}+\dot{I}_{\mathrm{CII}}=-(\dot{I}_{\mathrm{BI}}+\dot{I}_{\mathrm{CI}}+\dot{I}_{\mathrm{BG}}+\dot{I}_{\mathrm{CG}})$$

其有效值为

$$3I_{0\mathrm{II}}=3U_{\phi}\omega(C_{0\Sigma}-C_{0\mathrm{II}})$$

由此可见，由故障线路流向母线的零序电流，其数值等于全系统非故障元件对地电容电流之总和（但不包括故障线路本身），其电容性无功功率的方向为由线路流向母线，恰好与非故障线路上的相反。

综合以上分析的结论，可以得到中性点不接地系统发生单相接地故障的特点如下。

（1）接地相电压降为零，其他两相对地电压上升为线电压，全系统都将出现零序电压，其值等于电网正常运行时的相电压，且处处相等。

（2）非故障线路保护安装处流过的是本线路的零序电容电流，其值为 $3U_{\phi}\omega C_{0\mathrm{I}}$，方向由母线指向线路，相位超前零序电压 90°。

（3）故障线路保护安装处流过的是所有非故障元件的零序电容电流之和，其方向由线路指向母线，相位滞后零序电压 90°。

这些特点和区别将是构成保护的依据。

5.4.2　中性点经消弧线圈接地电网单相接地故障的特点　A 类考点

中性点加装消弧线圈是为了减小单相接地故障发生后的接地电容电流，使得电弧不得重燃。这也使得接地故障的危害得到进一步减轻，同时也使有选择性的接地保护的构成更加困难，尽管该保护只需要给出接地发生的信号而不需要跳闸。

1. 中性点经消弧线圈接地电网单相接地时的特点

根据 5.4.1 节的分析，当中性点不接地系统中发生单相接地时，在接地点要流过全系统的对地电容电流，如果此电流比较大，就会在接地点燃起电弧，引起弧光过电压，从而使非故障相的对地电压进一步升高，因此使绝缘损坏，形成两点或多点的接地短路，造成停电事故。为了解决这个问题，通常在中性点接入一个电感线圈，如图 5-9 所示。当发生单相接

地时，在接地点就有一个电感分量的电流通过，此电流和原系统中的电容电流相抵消，就可以减少流经故障点的电流，因此称为消弧线圈。

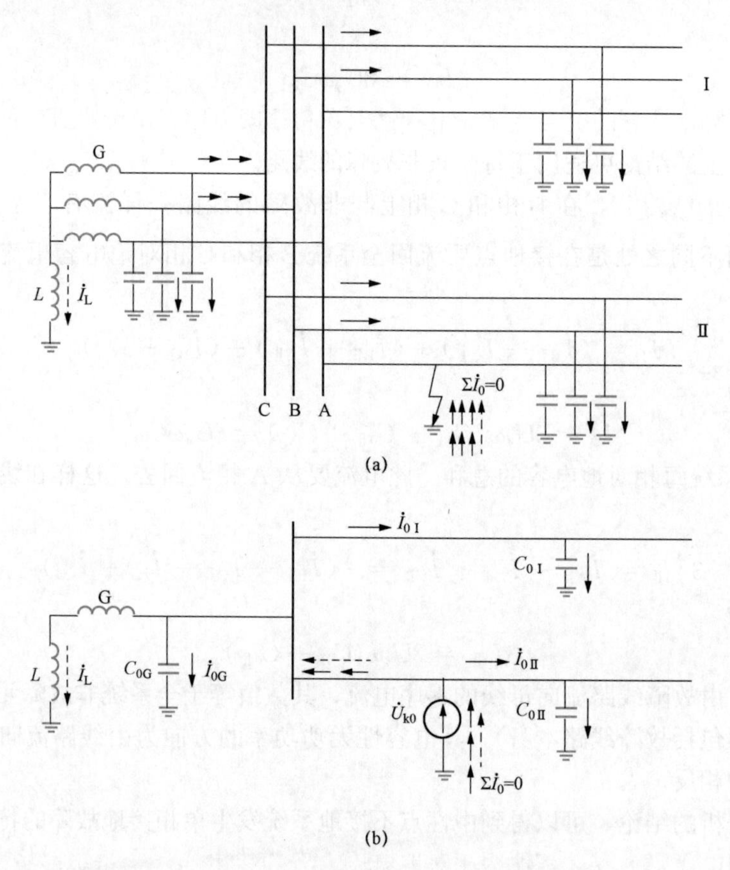

图 5-9　中性点经消弧线圈接地时电容电流的分布图

(a) 电容电流分布；(b) 零序等效网络

各级电压网络中，当全系统的电容电流超过一定数值（对 3～6kV 电网超过 30A，10kV 电网超过 20A，22～66kV 电网超过 10A）时应装设消弧线圈。

当采用消弧线圈以后，单相接地时的电流分布将发生重大的变化。假定在图 5-9 所示的网络中，在电源的中性点接入了消弧线圈，当线路Ⅱ上 A 相接地以后，电容电流的大小和分布与不接消弧线圈时是一样的，不同之处是在接地点又增加了一个电感分量的电流 I_L，因此从接地点流回的总电流

$$\dot{I}_D = \dot{I}_L + \dot{I}_{C\Sigma} \tag{5-1}$$

式（5-1）中 $\dot{I}_L = \frac{-\dot{E}_A}{j\omega L}$，由于 $\dot{I}_{C\Sigma}$ 和 $\dot{I}_L$ 的相位大约相差 180°，因此 $\dot{I}_D$ 将因消弧线圈的补偿而减小。相似地，可以作出它的零序等效网络，如图 5-9（b）所示。

根据对电容电流补偿程度的不同，消弧线圈可以有完全补偿、欠补偿和过补偿 3 种补偿方式。

2. 消弧线圈的三种补偿方式

（1）完全补偿方式。当 $I_L = I_{C\Sigma}$ 时，接地点的电流近似为零。从消除故障点的电弧、

避免出现弧光过电压的角度看，这种补偿方式是最好的。但是，当电网正常运行情况下线路三相对地电容不完全相等时，电源中性点对地之间将产生一个电压偏移；此外，当断路器三相触头不同时合闸时，也会出现一个数值很大的零序电压分量。上述电压作用于串联谐振回路，回路中将产生很大的电流，该电流在消弧线圈上产生很大的电压降，造成电源中性点对地电压快速升高，设备的绝缘遭到破坏，因此完全补偿方式基本上不被采用。

（2）欠补偿方式。采用欠补偿方式时，$I_L < I_{C\Sigma}$，接地点的电流仍是容性的。当系统运行方式发生变化时，如某些线路因检修被切除或因短路跳闸，系统电容电流就会减小，有可能出现完全补偿的情况，所以欠补偿方式也不可取。欠补偿方式一般用在采用单元接线的发电机电压系统。

（3）过补偿方式。采用过补偿方式时，$I_L > I_{C\Sigma}$，采用这种补偿方式后，接地点的残余电流是感性的，这时即使系统运行方式发生变化，也不会出现串联谐振现象，因此，这种补偿方式得到广泛的应用。

3. 中性点经消弧线圈接地电网单相接地时的特点（A 类考点）

（1）故障相对地电压为零，非故障相对地电压升至线电压，电网出现零序电压，其大小等于电网正常运行时的相电压。这一特点与中性点不接地电网相同。

（2）消弧线圈两端的电压为零序电压，I_L 只经过接地故障点和故障线路的故障相构成回路，不经过非故障线路。

（3）当采用过补偿方式时，流经故障线路的零序电流等于本线路的对地电容电流和接地点残余电流之和，其方向和非故障线路零序电流一样均由母线指向线路，且相位一致，因此，无法利用方向的不同来判别故障线路和非故障线路。再者由于补偿后残余电流较小，因而也很难利用电流大小的差别来判别故障线路和非故障线路。

【例 5 - 9】 在中性点直接接地系统中，故障支路首端的零序电流是全网所有非故障支路对地电容电流之和（　　）。

A. 正确　　　　B. 错误

【例 5 - 10】 中性点不接地系统中，同一点发生两相短路和两相短路接地两种故障情况下，故障相电流的大小关系为（　　）。

A. 相等

B. 两相短路时的电流大于两相短路接地时的电流

C. 两相短路接地时的电流大于两相短路时的电流

D. 不确定

【例 5 - 11】 中性点不接地系统发生单相接地时，非故障相电压等于正常运行时相电压的（　　）。

A. 3 倍　　B. 1 倍　　C. 1.414 倍　　D. 1.732 倍

【例 5 - 12】 在小电流接地系统线路发生单相接地时，非故障线路的零序电流超前零序电压 90°，故障线路的零序电流滞后零序电压 90°（　　）。

A. 正确　　　　B. 错误

笔记

5.5 小接地电流系统的接地保护

5.5.1 中性点不接地系统的接地保护 A类考点

1. 无选择性绝缘监视装置

根据有无零序电压来判别接地故障可构成无选择性的绝缘监视装置。绝缘监视装置的接线原理如图5-10所示，在发电厂或变电站的母线上装设一台三相五柱式电压互感器，在其星形接线的二次侧接入3只电压表，用以测量各相对地电压，在开口三角侧接入过电压继电器，反映接地故障时出现的零序电压。正常运行时，电网三相电压是对称的，没有零序电压，所以3只电压表读数相等，过电压继电器不动。当任一出线发生接地故障时，接地相对地电压为零，而其他两相对地电压升高为线电压，可从3只电压表上指针显示出来。同时，在开口三角侧出现零序电压，过电压继电器动作发出接地信号。值班人员根据接地信号和电压表指示，可以判断电网的接地故障和接地相别。如要查寻故障线路，还需运行人员依次短时断开各条线路，根据零序电压信号是否消失来确定出故障线路。显然，这种装置只适用于出线较少的电网。

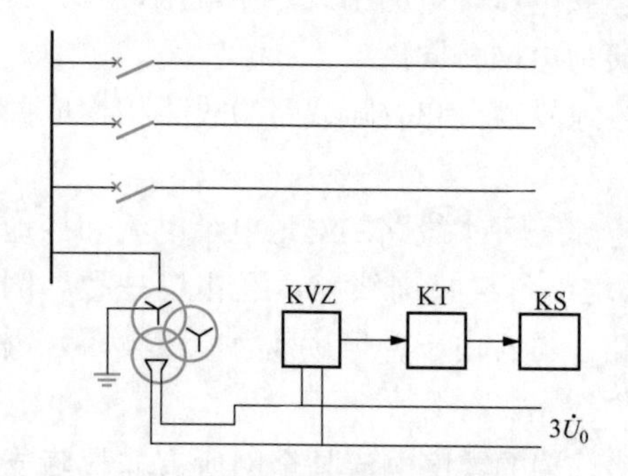

图5-10 无选择性绝缘监察装置接线图

规程规定:

2. 零序电流保护

利用故障线路零序电流大于非故障线路零序电流的特点，可构成有选择性的零序电流保护。对在同一母线上出线较多的电网，故障线路的零序电流比非故障线路的零序电流大得多，保护动作将更灵敏。根据需要保护可动作于信号，也可动作于跳闸。这种保护一般使用在有条件安装零序电流互感器的电缆线路或经电缆引出的架空线路上。

3. 零序方向保护

利用故障线路和非故障线路零序功率方向不同的特点，可构成有选择性的零序方向保护。它适用于母线上出线较少的场合。零序功率方向保护的接线原理如图 5 - 11 所示。

5.5.2　中性点经消弧线圈接地系统的接地保护

经消弧线圈接地的系统发生接地故障时，由于消弧线圈的补偿作用，接地故障特征不够明显，这给接地保护带来极大的困难。目前，这类电网一般采用无选择性的绝缘监视装置。除图 5 - 11 零序功率方向保护的接线原理之外，还可采用稳态高次谐波分量或暂态零序电流原理保护。

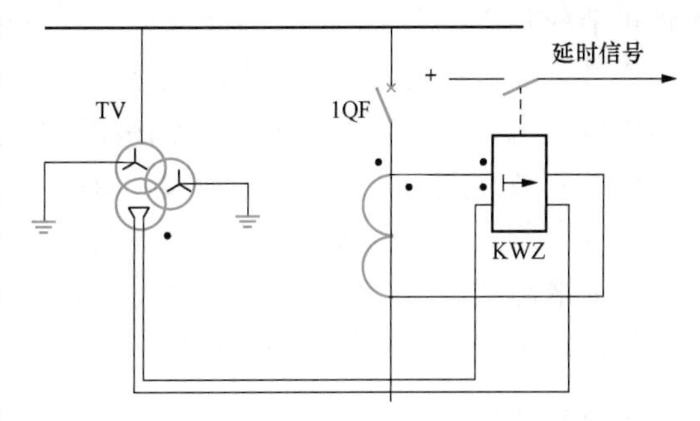

图 5 - 11　零序功率方向保护的接线原理图

对于中性点不接地或者经消弧线圈接地的系统（中性点非有效接地系统、小电流接地系统），当其发生单相接地故障时，由于接地电流小故障、特征不够明确、接地检测困难，迄今为止，没有一个适合于该中性点接地方式的、理想的有选择性的接地保护，尽管只需要给出接地告警信号而不需要跳闸。

在我国的 6～35kV 配电网中，普遍采用中性点非有效接地方式。其中，6～10kV 配电网不接地，35kV 配电网经消弧线圈接地。由于配电网电压等级较低，导线间、导线对大地的距离近，配电线路单相接地故障时有发生。

确认接地故障发生、判断哪一条配电线路发生了单相接地故障就是配电线路单相接地选线问题。它和前述接地保护不尽相同，区别在于以下两点。

（1）接地选线专门解决“配电线路”的单相接地问题，这里的配电线路既包括一般意义上的中性点非有效接地系统，也包括发生了高阻接地故障的中性点经小电阻接地系统。

（2）习惯上的保护概念是针对“被保护元件”的，使用的电气量也是“被保护元件”的电气量，而“选线”本身存在从“多于一条”配电线路中选择出接地线路的问题，要使用这些“多于一条”配电线路的电气量。因此，对于配电线路单相接地故障这个特殊问题，选线是一个扩大了的保护概念，也注定会有更多、更灵活的构成和实现方案。

1. 反应稳态 5 次谐波分量的接地保护

电力系统中出现高次谐波电压、电流的原因，主要是由于发电机转子的磁通密度不可能完全按正弦分布，所以定子电压不可能是绝对正弦波，而是有一定数量的谐波电压。另外，变压器励磁电流中也包含有高次谐波分量。一般，高次谐波分量中最大的是 5 次谐波分量。这样，当发生接地故障时，接地电容电流和消弧线圈电流中都含有 5 次谐波分量。前面所介绍的消弧线圈电感电流补偿故障点电容电流是对基波而言的，对 5 次谐波来说，由于消弧线圈的感抗增大为原来的 5 倍，因此消弧线圈向接地点提供的电感电流减小为原来的 1/5；而电网对地的容抗减小为原来的 1/5，故接地电容电流将增大为原来的 5 倍。因此，消弧线圈的 5 次谐波电感电流相对于电网的 5 次谐波接地电容电流来说是很小的，即 5 次谐波的电容电流几乎未被补偿。故此时 5 次谐波电容电流的分布规律与基波电容电流在中性点不接地电网中的分布规律相同，即故障线路首端的 5 次谐波电容电流等于非故障线路 5 次谐波电容电流之和、非故障线路首端的电容电流就是其本身的5次谐波电容电流、故障线路与非故障线路首端的5次谐波电容电流的相位相差180°。利用以上这些差别，可构成反映5次谐波分量的电流保护和方向保护。

2. 反应暂态零序电流的保护

前面所介绍的有关零序电流的特点，指的都是稳态电流值。实际上，接地电容电流的暂态值可能较稳态值大很多倍，利用它的某些特点也可构成接地保护。

中性点非直接接地系统发生单相接地后，故障相对地电压突然降低为零，并引起故障相对地电容放电，放电电流衰减快、振荡频率高达数千赫，在接地故障发生后第一个周期的第一个半波，故障点的暂态电流值最大。暂态电流最大值和稳态电容电流值之比，近似等于振荡频率与工频之比，故暂态电流最大值要比稳态电流大几倍到几十倍。故障线路首端的暂态电流比非故障线路首端的暂态电流大得多，而且它们的方向相反。利用这些特点，可以构成反应暂态电流幅值或相位的零序保护。

模拟习题

(1) 我国电力系统中性点的工作方式主要有中性点直接接地、中性点不接地和（　　）接地三种。

A. 中性点经消弧线圈　　B. 中性点经电容接地
C. 中性点经大电抗接地　　D. 中性点经间隙接地

(2) 电力系统中性点的工作方式主要有中性点直接接地、（　　）两种。

A. 中性点不接地　　B. 中性点不直接接地
C. 中性点经大电抗接地　　D. 中性点经间隙接地

(3) 一般110kV及以上电压等级的电网都采用（　　）的接地方式。

A. 中性点直接接地　　B. 中性点不直接接地
C. 中性点经消弧线圈接地　　D. 中性点经间隙接地

(4) 在（　　）接地系统中，发生单相接地短路时，故障相中流过很大的短路电流，所以又称为大接地电流系统。

A. 中性点经电容接地　　B. 中性点直接接地
C. 中性点经消弧线圈接地　　D. 中性点不直接接地

(5) 电网在正常运行时，三相电流之和、三相对地电压之和均为零，（　　）零序分量。

A. 不存在　　B. 存在很小的
C. 存在很大的　　D. 不能确定

(6) 在大电流接地系统中任意一点发生接地短路时，都将出现零序电流和零序电压，（　　）零序电压最高。

A. 保护安装处　　B. 故障点　　C. 电源处　　D. 不能确定

(7) 在大电流接地系统中任意一点发生接地短路时，都将出现零序电流和零序电压，故障点处零序电压最高，变压器中性点处零序电压为零。零序电压由故障点到中性点呈（　　）分布。

A. 线性　　B. 非线性　　C. 均匀　　D. 不能确定

(8) 大电流接地系统中，发生接地故障时零序电流的大小和分布情况，主要取决于电网中线路的零序阻抗、中性点接地变压器的零序阻抗及中性点接地变压器的（　　）有关。

A. 数量　B. 分布　C. 容量　D. 数量和分布

（9）零序电流保护是反映（　　）短路时出现的零序电流分量而动作的保护。

A. 相间　B. 对称　C. 三相　D. 接地

（10）对于电缆或电缆引出的架空线路，通常采用（　　）获得零序电流。

A. 电流互感器　B. 零序电流滤过器

C. 电流变换器　D. 零序电流互感器

（11）三段式零序电流保护中，第Ⅰ段为（　　）保护。

A. 无时限电流速断保护　B. 限时零序电流速断保护

C. 零序过电流保护　D. 无时限零序电流速断保护

（12）在小电流接地系统中，某处发生单相接地时，母线电压互感器开口三角形的电压为（　　）。

A. 故障点距母线越近，电压越高　B. 故障点距母线越近，电压越低

C. 不管距离远近，基本上电压一样高　D. 不定

真题赏析

（1）（多选）中性点经小电阻接地可降低哪几种短路类型的危害（　　）。（2020 年第二批）

A. 单相短路接地　B. 两相相间短路

C. 两相短路接地　D. 三相短路

（2）（多选）下列属于大电流系统的是（　　）。（2022 年第一批）

A. 直接接地系统　B. 大电阻接地系统

C. 小电阻接地系统　D. 消弧线圈接地系统

（3）中性点直接接地系统发生接地短路时相间短路的电流保护不会动作（　　）。（2022 年第二批）

A. 正确　B. 错误

（4）中性点经消弧线圈接地系统，常采用（　　）的方式。（2023 年第一批）

A. 过补偿　B. 欠补偿　C. 完全补偿　D. 不确定

第6章

阶段式距离保护

前述的电流电压保护，其保护区受系统运行方式变化的影响较大，在某些运行方式下速断保护的保护范围很小，甚至没有保护区。对于长距离、重负荷线路，采用过电流保护时灵敏度往往也不能满足要求，所以在35kV及以上电压的复杂网络中，它们都很难满足选择性、灵敏性及快速切除故障的要求。为此，就必须采用性能更加完善的保护装置，而距离保护就是适应这种要求的一种保护。

6.1 距离保护的基本原理

6.1.1 距离保护的基本工作原理 A类考点

输电线路正常运行时，其输送的电流是负荷电流，变电站的母线电压一般是额定电压，这时线路始端电压与电流的比值基本上是负荷阻抗，其值较大。当线路上发生短路时，电流增大为短路电流，母线电压降低为残余电压，此时线路始端电压与电流的比值等于线路始端到短路点的阻抗，该阻抗称为短路阻抗，其值较负荷阻抗的值要小。距离保护如图6-1所示，就是利用阻抗继电器作为测量元件，测量保护安装处到短路点的距离（即阻抗 Z_k），并根据该距离的远近自动确定动作时限的一种保护。

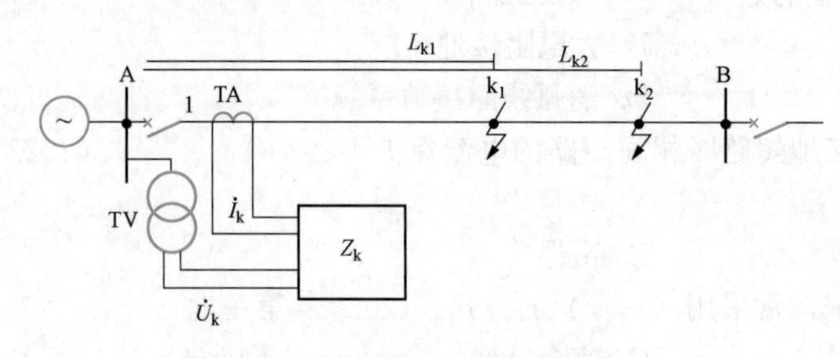

图6-1 距离保护原理示意图

由于 Z_k 值只随短路点距线路始端的远近而变，故距离保护的保护区不受或基本上不受系统运行方式变化的影响。当短路点近时，其测量阻抗小，动作时限短；当短路点远时，其测量阻抗大，动作时限自动加长。距离保护的保护区与测量元件的动作阻抗 Z_k 相对应。当线路上发生短路时，如果测量元件测得的阻抗小于动作阻抗，则保护动作；否则保护不动作。因此，距离保护又称为低阻抗保护。

笔记

6.1.2　距离保护时限特性　B 类考点

距离保护动作时间 t 与保护安装处至短路点之间距离 Z 的关系称为距离保护的时限特性。距离保护广泛采用三段式阶梯形时限特性，如图 6-2 所示，分别称为距离Ⅰ、Ⅱ、Ⅲ段，与三段式电流保护相类似。

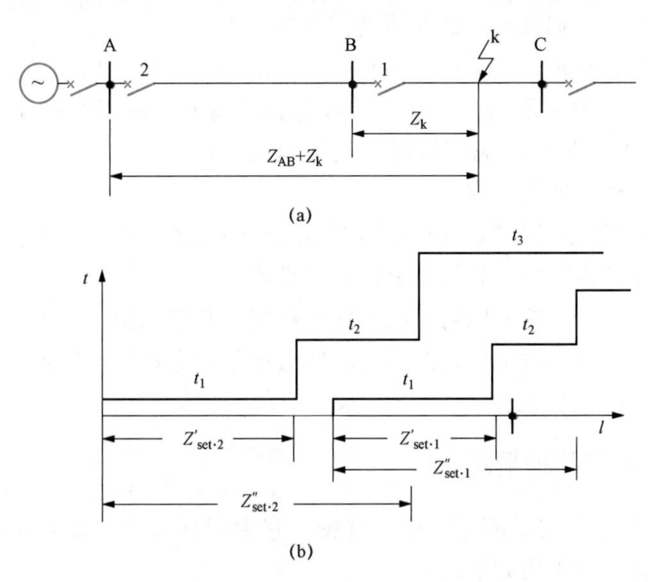

图 6-2　距离保护的作用原理

（a）网络接线；（b）时限特性

距离保护的第Ⅰ段是瞬时动作的，t_1 是保护装置本身的固有动作时间。以保护 2 为例，其第Ⅰ段本应保护线路 AB 的全长，即希望其保护范围为全长的 100%，然而实际上不可能，因为当线路 BC 出口处短路时，保护 2 第Ⅰ段不应动作，为此其动作阻抗的整定值 $Z'_{act\cdot 2}$ 必须躲过这一点短路时所测量到的阻抗 Z_{AB}，即 $Z'_{act\cdot 2} < Z_{AB}$。考虑到阻抗继电器和电流、电压互感器的误差和保护装置本身的误差，需引入可靠系数 K_{rel}（一般根据各种误差的大小，取为 0.8～0.85 或 0.9），于是保护 2 的Ⅰ段整定值为

$$Z'_{act\cdot 2} = (0.8 \sim 0.9) Z_{AB}$$

同理，对保护 1 的第Ⅰ段整定值应为

$$Z'_{act\cdot 1} = (0.8 \sim 0.9) Z_{BC}$$

规程规定：

如此整定后，距离Ⅰ段就只能保护本线路全长的 80%～90%，这是一个严重的缺点。

为了切除本线路末端10%～20%范围以内的故障，就需设置距离保护第Ⅱ段。

距离保护Ⅱ段整定值的选择与限时电流速断相似，即应使其不超出下一条线路距离保护Ⅰ段的保护范围，同时带有高出一个 Δt 的时限，以保证其选择性。例如，在图6-2（a）单侧电源网络中，当保护1第Ⅰ段末端短路时，保护2的测量阻抗

$$Z_2 = Z_{AB} + Z'_{act\cdot1}$$

引入可靠系数 K_{rel} ，则保护2的Ⅱ段动作阻抗

$$Z''_{act\cdot2} = K_{rel}(Z_{AB} + Z'_{act\cdot1}) = 0.8[Z_{AB} + (0.8 \sim 0.9)Z_{BC}]$$

距离保护Ⅰ段与Ⅱ段的联合工作构成本线路的主保护。距离保护Ⅰ段和Ⅱ段可靠系数 K_{rel} 应根据保护装置的类型，考虑到线路的具体情况，按GB/T 14285—2006《继电保护和安全自动装置技术规程》规定选取。

为了作为下级相邻线路保护装置和断路器拒动时的后备保护，同时也作为本线路距离保护Ⅰ、Ⅱ段的后备保护，还应该装设距离保护第Ⅲ段。

对距离保护Ⅲ段整定值的考虑与过电流保护相似，其起动阻抗要按躲开正常运行时的最小负荷阻抗来选择，而动作时限整定的原则应使其比距离保护Ⅲ段保护范围内下级各线路保护的最大动作时限高出一个 Δt 。

6.1.3 距离保护的原理框图

如图6-3所示为三段式距离保护原理框图，它由起动元件、距离元件及时间元件三部分组成。各部分的组成与作用如下。

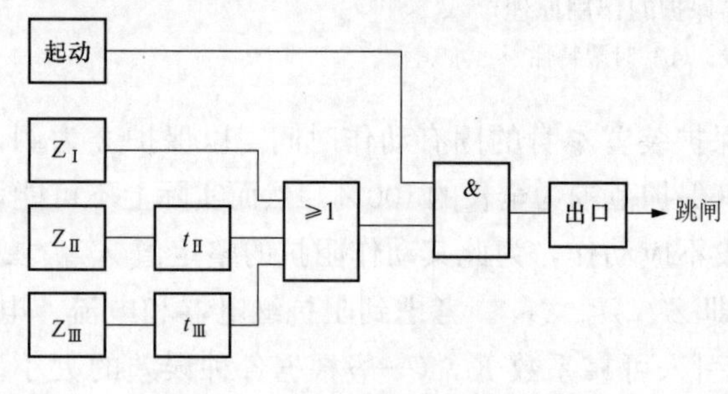

图6-3 三段式距离保护原理框图

1. 起动元件

起动元件的主要作用是在发生故障的瞬间起动整套保护，并和距离元件动作后组成“与门”，起动出口回路动作于跳闸。因为在无故障时起动元件不起动保护，不会由于干扰或装置中元件损坏而使保护误动作，从而提高了保护装置的可靠性。起动元件可由过电流继电器、低阻抗继电器或反应于负序和零序电流及相电流突变量或相电流差突变量等的继电器构成。具体选用哪一种，应由被保护线路的具体情况确定。以往距离保护的起动元件常采用电流继电器或阻抗继电器。目前，为了提高起动元件的灵敏性及防止保护误动作，大多数采用反应负序电流、负序电流与零序电流组成的复合电流或其增量的电流继电器作为起动元件。正常运行时，整套保护处于未起动状态，即使距离元件动作也不会产生误跳闸。

2. 距离元件

距离保护Ⅰ段和Ⅱ段由阻抗继电器 $Z_{Ⅰ}$ 、$Z_{Ⅱ}$ 组成，而Ⅲ段由测量阻抗继电器 $Z_{Ⅲ}$ 组成。测量元件的主要作用实际上是测量短路点到保护安装地点之间的阻抗（一般情况下在不考虑线路分布电容时正比于距离），用以判断故障处于哪一段的保护范围。或间接反应于短路点到保护安装地点之间的距离，一般 $Z_{Ⅰ}$ 、$Z_{Ⅱ}$ 采用方向阻抗继电器（或方向阻抗元件，下同），$Z_{Ⅲ}$ 采用具有偏移特性的阻抗继电器。

3. 时间元件

时间元件的主要作用是按照故障点到保护安装地点的远近，根据预定的时限特性确定动作的时限，以保证保护动作的选择性，一般采用时间继电器（或时间元件，下同），在微机保护中则用计数器实现。

如图6-3所示，当发生故障时起动元件动作，如果故障位于第Ⅰ段范围内，则Z_{I}动作，并与起动元件的输出信号通过与门后，瞬时作用于出口回路，动作于跳闸。如果故障位于距离保护Ⅰ段保护范围外和Ⅱ段保护范围内，则Z_{I}不动而Z_{II}动作，随即起动Ⅱ段的时间元件t_{II}，待t_{II}延时到达后，也通过与门起动出口回路动作于跳闸。如果故障位于距离保护Ⅲ段保护范围以内，则Z_{III}动作起动t_{III}，在t_{III}的延时之内，假定故障未被其他的保护动作切除，则在t_{III}延时到达后仍通过与门和出口回路动作于跳闸，起到后备保护的作用。

【例6-1】 距离保护Ⅰ段的保护范围，描述正确的是（　　）。

A. 被保护线路全长　　B. 被保护线路全长的20%～50%

C. 被保护线路全长的50%　　D. 被保护线路全长的80%～85%

【例6-2】 当输电线路距离保护的测量值大于保护动作值时，保护装置就动作。（　　）

A. 正确　　B. 错误

【例6-3】 （多选）下列关于继电保护的说法中，不正确的是（　　）。

A. 即使整定计算用的网络参数极其准确，整定中也必须计及可靠系数

B. 继电保护的定值一般给出的是标幺值

C. 降低返回系数可以提高过电流保护的动作灵敏度

D. 距离保护不受故障类型和运行方式的影响

【例6-4】 （多选）距离保护相对于电流保护的特点是（　　）。（2020年第二批）

A. 接线复杂　　B. 可靠性高

C. 不受运行方式的影响　　D. 不受电压断线影响

6.2 阻抗继电器

距离保护的基本任务是短路时准确测量出短路点到保护安装点的距离（阻抗），按照预定的保护动作范围和动作特性判断短路点是否在其动作范围内，决定是否应该跳闸和确定跳闸时间。模拟式距离保护将前两项任务结合在一起完成，由此发展成一整套距离保护技术，但微机保护有计算、方程式求解、存储、比较、逻辑判断等功能，因而将前两项任务分别独立完成更为简单、灵活和精确。

距离继电器是距离保护装置的核心元件，其主要作用是直接或间接测量短路点到保护安装地点之间的阻抗，并与整定阻抗值进行比较，以确定保护是否应该动作，故又称阻抗继电器。除了按人工智能原理的神经网络构成的以外，距离继电器按其构成方式可分为单相补偿式（第Ⅰ类）和多相补偿式（第Ⅱ类）两种。

单相补偿式距离继电器是指加入继电器的只有一个电压$\dot{U}_{k}$（可以是相电压或线电压）和

一个电流 $\dot{I}_k$（可以是相电流或两相电流之差）的阻抗继电器，$\dot{U}_k$ 和 $\dot{I}_k$ 的比值称为继电器的测量阻抗 Z_k，即

$$Z_k=\frac{\dot{U}_k}{\dot{I}_k}$$

由于 Z_k 可以写成 $R+jX$ 的复数形式，因此可利用复数平面来分析这种继电器的动作特性，并用一定的几何图形把它表示出来，如图 6-4 所示。

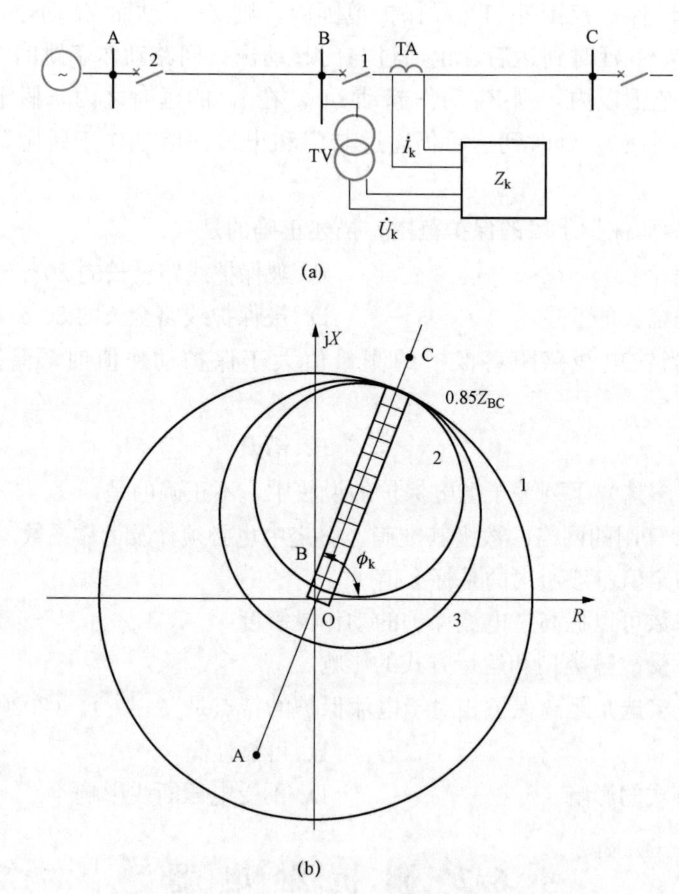

图 6-4　用复数平面分析距离继电器的特性

(a) 网络接线；(b) 被保护线路的测量阻抗及动作特性

注意：关于距离继电器的“测量阻抗”“整定阻抗”“动作特性”和“接线方式”等的概念是距离保护的基础，目前无论距离保护用什么装置（机电式、晶体管式、集成电路式或微机式）实现，除了人工智能式以外，其基本原理都是建立在这些基本概念之上的。

阻抗继电器可按以下不同方法分类：

(1) 根据其构造原理的不同，分为感应型、整流型、晶体管型、集成电路型和微机型。

(2) 根据其比较原理的不同，分为幅值比较式和相位比较式。

(3) 根据其输入量的不同，分为单相式阻抗继电器或称第Ⅰ类阻抗继电器、多相式（多相补偿式）阻抗继电器或称第Ⅱ类阻抗继电器。

以下介绍单相式阻抗继电器。

6.2.1　构成阻抗继电器的基本原理　A 类考点

以图 6-4（a）中线路 BC 的保护 1 为例，将距离继电器的测量阻抗画在复数阻抗平面上，如图 6-4（b）所示。线路的始端 B 位于坐标的原点，正方向短路的测量阻抗在第一象限，反方向短路的测量阻抗则在第三象限，正方向短路测量阻抗与 R 轴之间的角度为线路 BC 的阻抗角 ϕ_{k} 。对保护 1 的距离Ⅰ段，一次整定阻抗一般整定为 $Z'_{act\cdot1}=0.85Z_{BC}$ ，距离继电器的动作特性就应包括 $0.85Z_{BC}$ 以内的阻抗，可用图 6-4（b）中阴影线包括的范围表示。

由于距离继电器都是接于电流互感器和电压互感器的二次侧，因此其测量阻抗与系统一次侧的阻抗之间存在如下关系

$$Z_{k2}=\frac{\dot{U}_{k2}}{\dot{I}_{k2}}=\frac{\dot{U}_{k1}/n_{TV}}{\dot{I}_{k1}/n_{TA}}=\frac{\dot{U}_{k1}}{\dot{I}_{k1}}\times\frac{n_{TA}}{n_{TV}}=Z_{k1}\frac{n_{TA}}{n_{TV}} \tag{6-1}$$

如果保护装置的一次侧整定阻抗经计算以后为 Z_{k1} ，则按式（6-1），其二次侧的整定阻抗应为

$$Z_{k2}=Z_{k1}\frac{n_{TA}}{n_{TV}}$$

为了减少过渡电阻及互感器误差的影响，尽量简化继电器的接线，并便于制造和调试，通常把距离继电器的动作特性扩大为一个圆或其他封闭曲线。图 6-4（b）所示为各种圆特性的阻抗继电器，其中 1 为全阻抗继电器的动作特性，2 为方向阻抗继电器的动作特性，3 为偏移特性的阻抗继电器的动作特性。此外，尚有动作特性为透镜形、多边形、苹果形的继电器等。在微机距离保护中可实现任何形状的动作特性。

6.2.2　阻抗继电器的动作特性　B 类考点

1. 全阻抗继电器

全阻抗继电器的特性是以 B 点（继电器安装点）为圆心，以整定阻抗为半径所作的圆，如图 6-5 所示。

当测量阻抗 Z_{k} 位于圆内时继电器动作，即圆内为动作区，圆外为不动作区。当测量阻抗正好位于圆周上时继电器刚好动作，对应此时的阻抗就是继电器的动作阻抗或起动阻抗 $Z_{k\cdot act}$ 。由于这种特性是以原点为圆心所作的圆，因此，不论加入继电器的电压与电流之间的角度 ϕ 为多大（由 0°～180°变化），继电器的动作阻抗在数值上都等于整定阻抗，即 $|Z_{k\cdot act}|=|Z_{set}|$ 。具有这种动作特性的继电器称为全阻抗继电器，其没有方向性。这种继电器及其他特性的继电器都可以采用两个电压幅值比较或两个电压相位比较的方式构成。

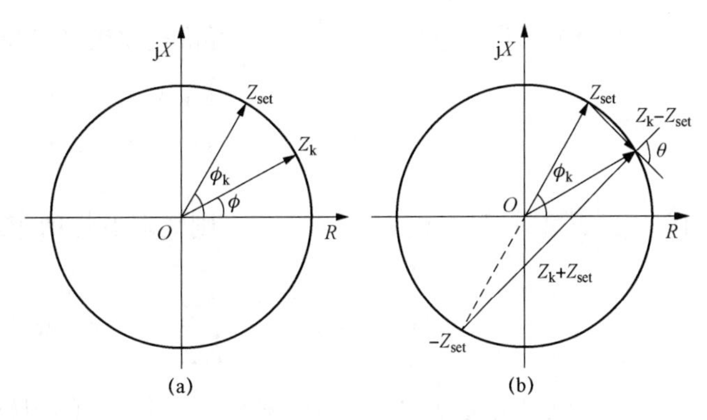

图 6-5　全阻抗继电器的动作特性

（a）幅值比较式；（b）相位比较式

（1）幅值比较式全阻抗继电器的动作特性如图 6-5（a）所示。当测量阻抗 Z_{k} 位于圆内

时，继电器能够动作，其动作条件可用阻抗的幅值来表示，即

$$|Z_k| \leqslant |Z_{set}| \tag{6-2}$$

式（6-2）两端乘以电流 $\dot{I}_k$，因 $\dot{U}_k = \dot{I}_k Z_k$，所以式（6-2）变为

$$|\dot{U}_k| \leqslant |\dot{I}_k Z_{set}| \tag{6-3}$$

式（6-3）可看作两个电压幅值的比较，其中 $\dot{I}_k Z_{set}$ 表示电流在某一个恒定阻抗上的电压降，可利用电抗互感器或其他补偿装置获得。

（2）相位比较式全阻抗继电器的动作特性如图 6-5（b）所示。当测量阻抗 Z_k 位于圆周上时，相量 $Z_k + Z_{set}$ 超前于 $Z_k - Z_{set}$ 的角度 $\theta = 90°$；而当 Z_k 位于圆内时，$\theta > 90°$；Z_k 位于圆外时，$\theta < 90°$。

因此继电器的动作条件即可表示为

$$270° \geqslant \arg\frac{Z_k + Z_{set}}{Z_k - Z_{set}} \geqslant 90°$$

$$90° \geqslant \arg\frac{Z_{set} - Z_k}{Z_{set} + Z_k} \geqslant -90°$$

其中，$\theta \leqslant 270°$ 对应 Z_k 超前 Z_{set} 的情况，此时 θ 为负值，具体如图 6-6（c）所示。

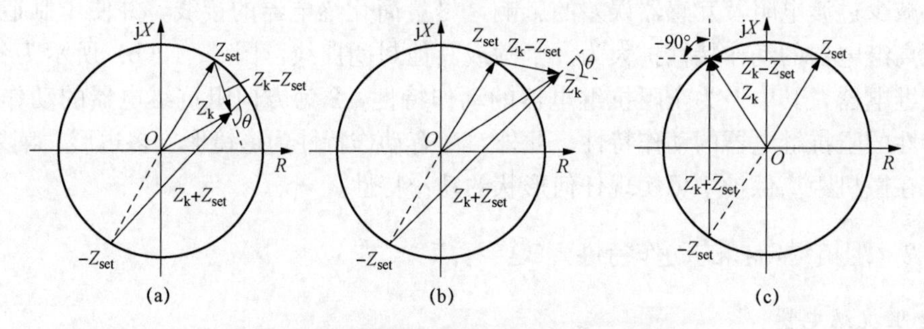

图 6-6 全阻抗继电器相位比较式动作特性

（a）Z_k位于圆内；（b）Z_k位于圆外；（c）Z_k 超前 Z_{set}

将两个相量都乘以电流 $\dot{I}_k$，即可得到比较其相位的两个电压为

$$\dot{U}_P = \dot{U}_k + \dot{I}_k Z_{set}$$

$$\dot{U}' = \dot{U}_k - \dot{I}_k Z_{set}$$

以 $\arg\frac{\dot{U}_P}{\dot{U}'}$表示 $\dot{U}_P$ 超前 $\dot{U}'$的角度，则继电器的动作条件又可写成

$$270° \geqslant \arg\frac{\dot{U}_k + \dot{I}_k Z_{set}}{\dot{U}_k - \dot{I}_k Z_{set}} \geqslant 90° \text{ 或 } 270° \geqslant \arg\frac{\dot{U}_P}{\dot{U}'} \geqslant 90° \tag{6-4}$$

此时继电器能够动作的条件只与 $\dot{U}_P$ 和 $\dot{U}'$的相位差有关，而与其大小无关。式（6-4）可以看成继电器的作用是以电压 $\dot{U}_P$ 为参考相量来测定故障时电压相量 $\dot{U}'$的相位。一般称 $\dot{U}_P$ 为极化电压。$\dot{U}'$为补偿后的电压，简称补偿电压。上述动作条件，也常常表示为

$$90° \geqslant \arg\frac{\dot{U}_k + \dot{I}_k Z_{set}}{\dot{I}_k Z_{set} - \dot{U}_k} \geqslant -90°$$

（3）由平行四边形和菱形的定则可知，如用比较幅值的两个相量组成平行四边形，则相应的进行相位比较的两个相量就是该平行四边形的两条对角线。图 6 - 7 给出了 3 种情况下的幅值和相位关系。

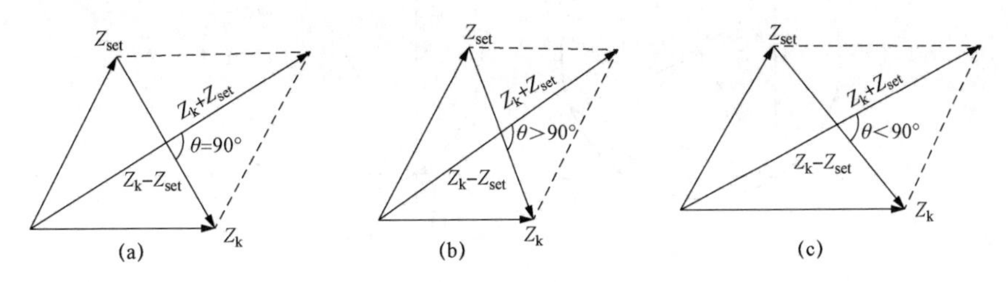

图 6 - 7　幅值比较式与相位比较式的关系

（a）$|Z_k|=|Z_{set}|$ 时；（b）$|Z_k|<|Z_{set}|$ 时；（c）$|Z_k|>|Z_{set}|$ 时

当 $|Z_k|=|Z_{set}|$ 时，如图 6 - 7（a）所示，由于这两个相量组成的平行四边形是一个菱形，因此其两条对角线 Z_k+Z_{set} 和 Z_k-Z_{set} 互相垂直，$\theta=90°$，正是继电器刚好起动的条件。

当 $|Z_k|<|Z_{set}|$ 时，如图 6 - 7（b）所示，Z_k+Z_{set} 超前 Z_k-Z_{set} 的角度 $\theta>90°$，继电器能够动作。

当 $|Z_k|>|Z_{set}|$ 时，如图 6 - 7（c）所示，Z_k+Z_{set} 超前 Z_k-Z_{set} 的角度 $\theta<90°$，继电器不动作。

设以 $\dot{A}$ 和 $\dot{B}$ 表示比较幅值的两个电压，且当 $|\dot{A}|\geqslant|\dot{B}|$ 时继电器动作，又以 $\dot{C}$ 和 $\dot{D}$ 表示比较相位的两个电压，当 $270°\geqslant\arg\dfrac{\dot{C}}{\dot{D}}\geqslant90°$ 时继电器动作。它们之间的关系如下：

$$\dot{C}=\dot{B}+\dot{A}$$
$$\dot{D}=\dot{B}-\dot{A}$$

由上述分析可见，幅值比较原理与相位比较原理之间具有互换性。因此不论实际的继电器是由哪一种方式构成，都可以根据需要而采用任一种比较方式来分析其动作性能。

注意：对于短路暂态过程中出现的非周期分量和谐波分量，以上转换关系显然是不成立的，因此不同比较方式构成的继电器受暂态过程的影响不同。

2. 方向阻抗继电器

方向阻抗继电器的动作特性是以整定阻抗为直径而通过坐标原点的一个圆，如图 6 - 8 所示，圆内为动作区，圆外为不动作区。当加入继电器的 U_k 和 I_k 之间的相位差 ϕ 为不同数值时，这种继电器的动作阻抗也将随之发生改变。当 ϕ 等于 Z_{set} 的阻抗角时，继电器的动作阻抗达到最大，等于圆的直径，此时阻抗继电器的保护范围最大，工作最灵敏。因此，这个角度称为继电器的最大灵敏角，用 $\phi_{sen\cdot max}$ 表示。

当保护范围内部发生故障时，$\phi=\phi_k$（为被保护线路的阻抗角），因此应该调整继电器的最大灵敏角，使 $\phi_{sen\cdot max}=\phi_k$，以便继电器工作在最灵敏的条件下。

当反方向发生短路时测量阻抗位于第三象限，继电器不能动作，因此它本身就具有方向性，故称为方向阻抗继电器。方向阻抗继电器也可由幅值比较或相位比较的方式构成。

（1）用幅值比较方式分析，如图 6 - 8（a）所示，继电器能够动作（即测量阻抗 Z_k 位于

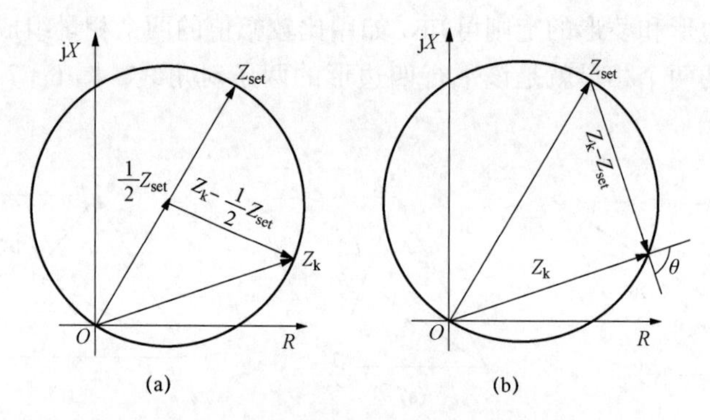

图 6-8　方向阻抗继电器的动作特性

(a) 幅值比较式；(b) 相位比较式

圆内）的条件是

$$\left|Z_k-\frac{1}{2}Z_{set}\right| \leqslant \left|\frac{1}{2}Z_{set}\right| \tag{6-5}$$

式 (6-5) 两端均乘以 $\dot{I}_k$，得

$$\left|\dot{U}_k-\frac{1}{2}\dot{I}_kZ_{set}\right| \leqslant \left|\frac{1}{2}\dot{I}_kZ_{set}\right|$$

(2) 用相位比较方式分析，如图 6-8 (b) 所示，当 Z_k 位于圆周上时，阻抗 Z_k 超前 Z_k-Z_{set} 的角度 $\theta=90°$，与全阻抗继电器的分析相似，$270° \geqslant \theta \geqslant 90°$ 是继电器能够动作的条件。

所以方向阻抗继电器的相位比较式动作条件为

$$270° \geqslant \arg\frac{Z_k}{Z_k-Z_{set}} \geqslant 90°$$

$$90° \geqslant \arg\frac{Z_{set}-Z_k}{Z_k} \geqslant -90°$$

将 Z_k 和 Z_k-Z_{set} 乘以 $\dot{I}_k$，得方向阻抗继电器的相位比较式动作条件为

$$270° \geqslant \arg\frac{\dot{U}_k}{\dot{U}_k-\dot{I}_kZ_{set}} \geqslant 90°$$

$$90° \geqslant \arg\frac{\dot{I}_k\dot{Z}_{set}-U_k}{\dot{U}_k} \geqslant -90°$$

3. 偏移特性阻抗继电器

偏移特性阻抗继电器是指其圆特性与方向阻抗继电器比较向第三象限有所偏移。当正方向的整定阻抗为 Z_{set} 时，同时向反方向偏移一个 αZ_{set}，其中 $0<\alpha<1$。其动作特性如图 6-9 所示，圆内为动作区，圆外为不动作区。由图 6-9 可见，圆的直径为 $|1+\alpha Z_{set}|$，圆心的坐标为 $Z_0=\frac{1}{2}(Z_{set}-\alpha Z_{set})$，圆的半径为 $|Z_{set}-Z_0|=\frac{1}{2}|Z_{set}+\alpha Z_{set}|$。

这种继电器的动作特性介于方向阻抗继电器和全阻抗继电器之间。例如，当采用 $\alpha=0$ 时即为方向阻抗继电器；而当 $\alpha=1$ 时，则为全阻抗继电器。其动作阻抗 $Z_{k\cdot act}$ 既与 ϕ 有关，又没有完全的方向性，称其为具有偏移特性的阻抗继电器。实用上，通常采用 $\alpha=0.1\sim$

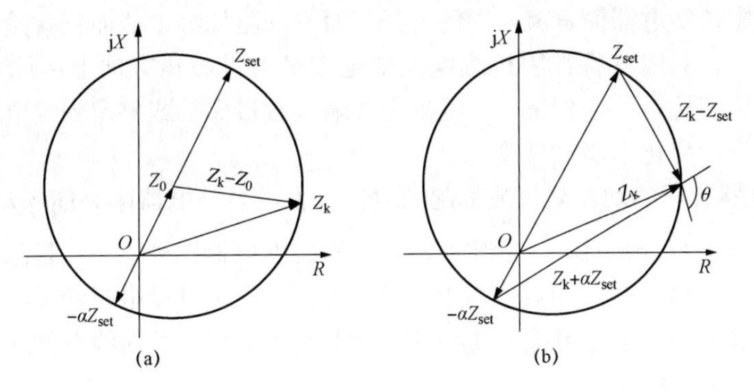

图 6-9　偏移特性的阻抗继电器动作特性

(a) 幅值比较式；(b) 相位比较式

0.2，以便消除在保护安装处附近短路时方向阻抗继电器的死区。现对其构成方式分析如下。

(1) 用幅值比较方式分析，如图 6-9 (a) 所示，继电器能够动作（即测量阻抗 Z_k 位于圆内）的条件是

$$|Z_k-Z_0|\leqslant|Z_{set}-Z_0|$$

即

$$\left|Z_k-\frac{1}{2}(1-\alpha)Z_{set}\right|\leqslant\left|\frac{1}{2}(1+\alpha)Z_{set}\right|$$

两端均乘以 $\dot{I}_k$，得

$$\left|\dot{U}_k-\frac{1}{2}\dot{I}_k(1-\alpha)Z_{set}\right|\leqslant\left|\frac{1}{2}\dot{I}_k(1+\alpha)Z_{set}\right|$$

(2) 用相位比较方式分析，如图 6-9 (b) 所示，当 Z_k 位于圆周上时，相量 $Z_k+\alpha Z_{set}$ 超前 Z_k-Z_{set} 的角度为 $\theta=90°$，与全阻抗继电器的分析相似，$270°\geqslant\theta\geqslant90°$ 是继电器能够动作的条件。

所以偏移特性阻抗继电器的相位比较式动作条件为

$$270°\leqslant\arg\frac{Z_k+\alpha Z_{set}}{Z_k-Z_{set}}\leqslant90°$$

$$90°\leqslant\arg\frac{Z_{set}-Z_k}{Z_k+\alpha Z_{set}}\leqslant-90°$$

将 $Z_k+\alpha Z_{set}$ 和 Z_k-Z_{set} 乘以 $\dot{I}_k$，得方向阻抗继电器的相位比较式动作条件为

$$90°\leqslant\arg\frac{\dot{U}_k+\alpha\dot{I}_kZ_{set}}{\dot{U}_k-\dot{I}_kZ_{set}}\leqslant270°$$

$$-90°\leqslant\arg\frac{\dot{I}_kZ_{set}-\dot{U}_k}{\dot{U}_k+\alpha\dot{I}_kZ_{set}}\leqslant90°$$

总结：3 个阻抗的含义和区别如下。

Z_k 是继电器的测量阻抗或称短路阻抗，有的书上也写成 Z_m，由加入继电器中的电压 $\dot{U}_k$ 与电流 $\dot{I}_k$ 的比值确定，Z_k 的阻抗角就是 $\dot{U}_k$ 和 $\dot{I}_k$ 的相位差角 ϕ。

Z_{set} 是继电器的整定阻抗，一般取继电器安装点到预定的保护范围末端的线路阻抗作为

整定阻抗。对全阻抗继电器而言就是圆的半径，对方向阻抗继电器而言就是在最大灵敏角方向上的圆的直径，而对偏移特性阻抗继电器则是在最大灵敏角方向上由原点到圆周上的相量。继电器的整定阻抗是一个相量，一经确定并输入微机保护或整定到继电器中，除非系统结构或运行方式发生变化不能轻易改变。

$Z_{k\cdot act}$ 是继电器实际的动作阻抗或称起动阻抗，表示当继电器刚好能起动时的测量阻抗，即加入继电器中电压 $\dot{U}_k$ 与电流 $\dot{I}_k$ 的比值。除全阻抗继电器以外，$Z_{k\cdot act}$ 是随着 ϕ 的不同而改变的，当 $\phi=\phi_{sen\cdot max}$ 时，$Z_{k\cdot act}$ 的数值最大，等于 Z_{set} 。由于过渡电阻和系统振荡等因素的影响，动作阻抗一般不等于整定阻抗，在特性圆周上或四边形特性曲线上任一点都代表一个动作阻抗。

注意：电流保护只反应通过继电器电流的幅值或有效值。继电器的起动电流或动作电流是能使继电器可靠动作的最小电流幅值或有效值，如不考虑各种误差的影响，则其值必然等于继电器的整定电流，无须特别区分出动作电流和整定电流。

4. 功率方向继电器

功率方向继电器的动作特性当用极坐标表示时，是垂直于最灵敏线的一条直线，如图6-10所示。如果用复阻抗平面分析其动作特性，也可把它看成是方向阻抗继电器的一个特例，即当整定阻抗趋于无限大时，原来的特性圆就趋于和直径垂直的圆的一条切线，即直线 AA' 。因此，如果从阻抗继电器的观点来理解功率方向继电器，那就意味着只要是正方向的短路（此时电压和电流的比值反映着一个位于第一象限的阻抗），而不管测量阻抗的数值有多大，继电器都能够起动，也就是正方向的保护范围理论上是无限大的。而真正的方向阻抗继电器除了必须是正方向短路以外，还必须是测量阻抗小于一定的数值才能动作，这就是两者的区别。

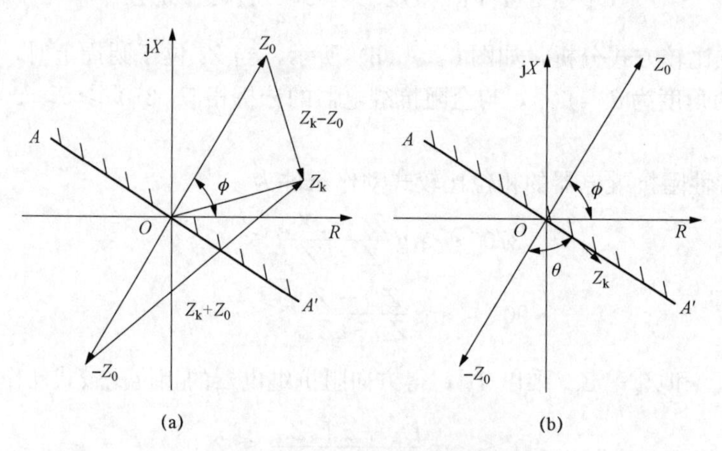

图6-10 功率方向继电器的动作特性

(a) 幅值比较式；(b) 相位比较式

如图6-10（a）所示，当用幅值比较的方式来分析功率方向继电器的动作特性时，在最大灵敏角的方向上任取两个相量 Z_0 和 $-Z_0$ 。当测量阻抗 Z_k 位于直线 AA' 以上时，它到 Z_0 的距离（即相量幅值 $|Z_k-Z_0|$ ）必然小于到 $-Z_0$ 的距离（即相量幅值 $|Z_k+Z_0|$ ），而当正好位于直线上时，则到两者的距离相等。因此继电器能够动作的条件即可表示为

$$|Z_k-Z_0|\leqslant|Z_k+Z_0|$$

两端乘以 $\dot{I}_k$，得

$$|\dot{U}_k - \dot{I}_k Z_0| \leqslant |\dot{U}_k + \dot{I}_k Z_0|$$

如用相位比较方式来分析功率方向继电器的特性，则如图 6-10（b）所示。只要 Z_k 超前 $-Z_0$ 的角度 θ 位于 $90° \leqslant \theta \leqslant 270°$，就是能够动作的条件。

$$90° \leqslant \arg \frac{Z_k}{-Z_0} \leqslant 270°$$

将 Z_k 和 $-Z_0$ 都乘以电流 $\dot{I}_k$ 即得到相位比较式的表达为

$$90° \leqslant \arg \frac{\dot{U}_k}{-\dot{I}_k Z_0} \leqslant 270°$$

5. 具有直线特性的继电器

如图 6-11 所示，当要求阻抗继电器的动作特性为任意一条直线时，由原点 O 作动作特性边界线的垂线，其相量表示为 Z_{set}，测量阻抗 Z_k 位于直线的左侧为动作区，右侧为不动作区。

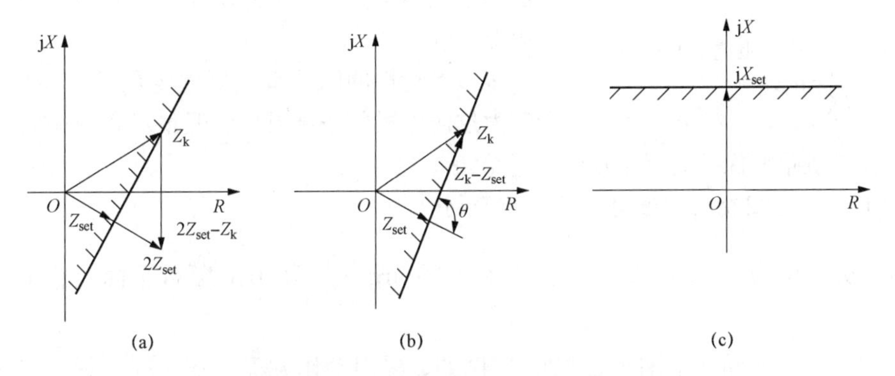

图 6-11　阻抗继电器的直线动作特性

（a）幅值比较式；（b）相位比较式；（c）电抗型继电器的直线动作特性

如图 6-11（a）所示，当用幅值比较方式分析继电器的动作特性时，继电器能够动作的条件可表示为

$$|Z_k| \leqslant |2Z_{set} - Z_k| \tag{6-6}$$

式（6-6）两端都乘以电流 $\dot{I}_k$，得

$$|\dot{U}_k| \leqslant |2\dot{I}_k Z_{set} - \dot{U}_k|$$

如图 6-11（b）所示，当用相位比较方式分析继电器的动作特性时，Z_k 落于特性直线上时继电器刚能起动，则继电器能动作的条件（Z_k 在特性直线左侧）是相量 $Z_k - Z_{set}$ 超前 Z_{set} 的角度为 $90° \leqslant \theta \leqslant 270°$，则相位比较式的动作方程为

$$90° \leqslant \arg \frac{Z_k - Z_{set}}{Z_{set}} \leqslant 270°$$

$Z_k - Z_{set}$ 和 Z_{set} 都乘以 $\dot{I}_k$，得

$$90° \leqslant \arg \frac{\dot{U}_k - \dot{I}_k Z_{set}}{\dot{I}_k Z_{set}} \leqslant 270°$$

在以上关系中，如果取 $Z_{set} = jX_{set}$，则动作特性如图 6-11（c）所示，即为电抗型继电

器，此时只要测量阻抗 Z_k 的电抗部分小于 X_{set} 就可以动作，而与电阻部分的大小无关，电抗型继电器动作方程与直线式的相同，它是一种特殊的直线特性继电器。

6. 具有多边形特性的阻抗继电器

继电器的动作特性在复数阻抗平面上可以是各种形状的多边形，多边形以内为继电器的动作区，多边形以外为不动作区，如图 6-12 所示。这种继电器的特性曲线通常是由一组折线和两个直线来合成的，有时也可由两组折线来合成。

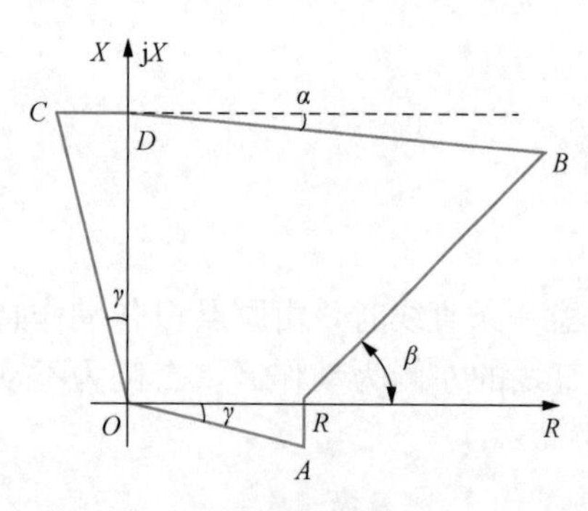

图 6-12 多边形阻抗继电器的动作特性

图 6-12 中的折线 AOC 广泛用于动作范围小于 180° 的功率方向继电器，图中多边形的 CD 为水平线，直线 DB 是一个电抗型继电器的动作特性，通常使其直线向右下倾 5° ~ 8° 以防区外经过渡电阻短路时出现的稳态超越而引起误动作。图 6-12 中的直线 BR 属电阻型继电器特性，它与 R 轴的夹角 β 通常取为 70°，AR 为连接 A 点和 R 点，平行于竖轴的直线，将上述几个特性的继电器组成与门电路输出，即可获得图 6-12 的多边形特性。

多边形特性的阻抗继电器整定灵活，BR 线可按承受较大过渡电阻的条件或按躲开最小负荷阻抗的要求灵活整定，在微机距离保护装置中得到广泛应用。

7. 动作角度范围变化对继电器特性的影响

在以上分析中均采用动作的角度范围为 $90° \leqslant \arg \dfrac{\dot{U}_P}{\dot{U}'} \leqslant 270°$ 在复数平面上获得的是圆或直线的特性。如果使动作范围小于 180°，例如，采用动作方程 $120° \leqslant \arg \dfrac{\dot{U}_P}{\dot{U}'} \leqslant 270°$ 则圆特性的方向阻抗继电器将变成透镜形特性的阻抗继电器，如图 6-13（a）所示，是由两个圆周角等于 120°的圆弧组成的。而直线特性的功率方向继电器的动作范围则变为一个小于 180° 的折线，如图 6-13（b）所示。如果圆特性的角度范围大于 180°，例如，采用动作方程 $60° \leqslant \arg \dfrac{\dot{U}_P}{\dot{U}'} \leqslant 300°$ 则可得到苹果形特性，如图 6-13（c）所示，是由两个圆周角为 60°的圆弧组成的。

8. 继电器的极化电压 $\dot{U}_P$ 和补偿电压 $\dot{U}'$ 的意义和作用（B 类考点）

由以上分析可见，各种圆或直线特性的继电器都可用极化电压 $\dot{U}_P$ 与补偿电压 $\dot{U}'$ 进行比相而构成，其中，补偿电压 $\dot{U}' = \dot{U}_k - \dot{I}_k Z_{set}$。

除了发生区内故障外，在发生正常运行、正向区外故障、反方向故障时，补偿电压 $\dot{U}'$ 实际上都是保护范围末端（Z_{set} 处）的真实电压。因为在保护安装处的电压为 $\dot{U}_k$，通过电抗互感器 TX 等元件或静态电路模拟了电流在 Z_{set} 上的电压降，因此 $\dot{U}' = \dot{U}_k - \dot{I}_k Z_{set}$，即为补偿到 Z_{set} 处的电压，这也是称为补偿电压的原因。如图 6-14 所示，当区内发生故障时，$\dot{U}_k = \dot{I}_k Z_k$，而 $Z_k < Z_{set}$，$\dot{U}' = \dot{I}_k (Z_k - Z_{set})$，其相位与正常运行时相比较变化了约

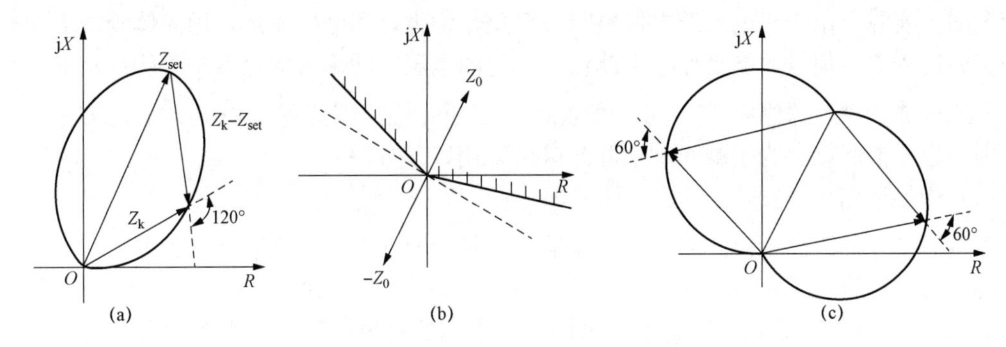

图 6-13　动作角度范围变化对阻抗继电器特性的影响

(a) 透镜形特性；(b) 折线形特性；(c) 苹果形特性

180°，不再是保护范围末端的真实电压。在内部发生短路时 $\dot{U}'$ 的相位变化约 180°，正是由于这个特点才使得可以利用 $\dot{U}'$ 构成各种特性的距离继电器。$\dot{U}'$ 的相位变化是以 $\dot{U}_P$ 为参考而衡量的，$\dot{U}_P$ 称为极化电压。

根据这一原理，可以在保护安装处通过电流补偿的方法来获得正常运行或区外短路时电网中任意地点的电压。

注意：只当一次系统中电流流经被补偿阻抗的全部时，这种补偿后得到的电压才是该补偿点真实的电压。

总结：因为 $\dot{U}'=\dot{I}_k(Z_k-Z_{set})$，$\dot{U}_k=\dot{I}_kZ_k$。

（1）当保护范围外部发生故障时，$Z_k>Z_{set}$，$\dot{U}'$ 与 $\dot{U}_k$ 同相位。

（2）当保护范围末端发生故障时，$Z_k=Z_{set}$，继电器应处于临界动作状态。

（3）当保护范围内部发生故障时，$Z_k<Z_{set}$，$\dot{U}'$ 与 $\dot{U}_k$ 相位差 180°。

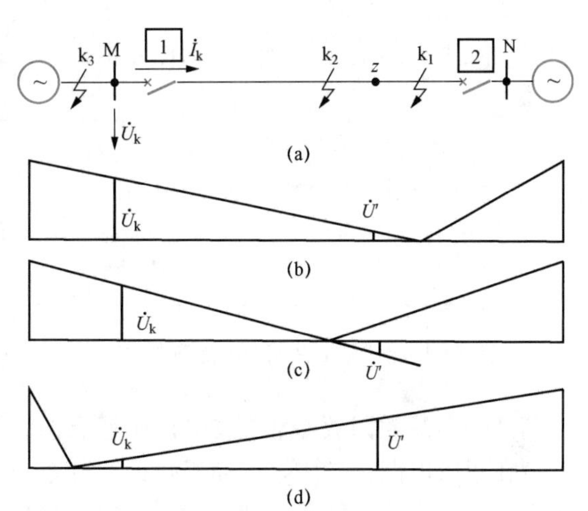

图 6-14　补偿电压法原理示意图

(a) 网络接线；(b) 区外 k_1 点短路时电压分布；(c) 正向 k_2 点短路时电压分布；(d) 反向 k_3 点短路时电压分布

6.2.3　方向阻抗继电器的特性分析　A 类考点

由于方向阻抗继电器在距离保护中应用极为广泛，因此需作进一步分析。由此得出的结论，一般也适用于其他特性的继电器。

1. 方向性继电器的死区及消除死区的方法

当在保护安装地点正方向出口处发生相间短路时，故障环路的残余电压将降到零。例如，在发生三相短路时，$\dot{U}_{AB}=\dot{U}_{BC}=\dot{U}_{CA}=0$，在发生 AB 两相短路时，$\dot{U}_{AB}=0$ 等。此时，任何具有方向性的继电器将因加入的电压为零而不能动作，从而出现保护装置的“死区”。

例如，对按幅值比较方式构成的继电器有 $\dot{U}_k=0$ 的情况时，则被比较的两个电压就变为相等的，实际上由于机电式继电器具有弹簧反作用力矩和摩擦力矩，用晶体管放大器也需要一定的输入电压信号才能动作，因此没有一定的电压和功率，继电器是不能起动的。相位比较方式构成的继电器当有 $\dot{U}_{k}=0$ 的情况时，因极化电压变为零从而失去了比较相位的依据，因而也不能起动。为了减小和消除死区可采用以下方法。

(1) 记忆回路。

对瞬时动作的距离Ⅰ段方向阻抗继电器，在极化电压 $\dot{U}_{P}$ 的回路中广泛采用了“记忆回路”的接线，即将电压回路作成对 $50H_{Z}$工频交流串联谐振的回路。图 6-15 所示是常用的接线，根据继电器构成原理的不同也可以采用其他形式的接线。对于微机保护可利用计算机的记忆和存储功能实现记忆功能。“记忆回路”的作用主要在于：当外加电压突然由正常运行时的数值降低到零时，该回路的电流不是突然消失而是按 50Hz 工频振荡，经几个周期后逐渐衰减到零，由于这个电流和故障以前的电压 $\dot{U}_{P}$ 基本上为同相位，同时在衰减的过程中维持相位不变，相当于“记住”了故障以前电压的相位，故称为“记忆回路”。“记忆回路”中电流的变化曲线如图 6-16 所示。利用这个电流或这个电流在电阻 R 的电压降 $\dot{U}_{R}$ ，即可进行幅值或相位的比较。如果是正方向出口处发生短路就可以消除死区而动作，如果是反方向出口处发生短路就可以仍然不动作而保证其方向性。

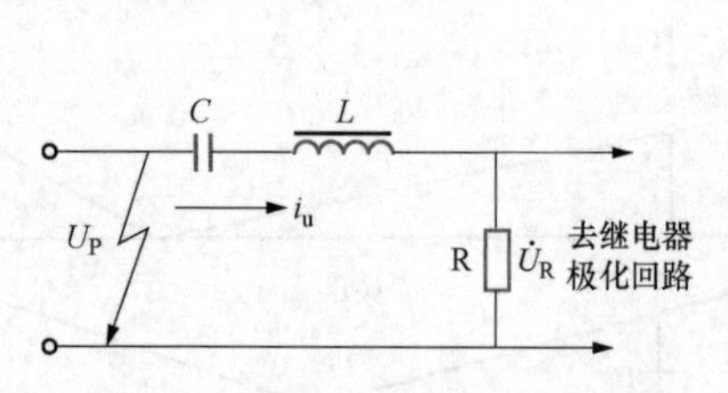

图 6-15 “记忆回路”的原理接线图

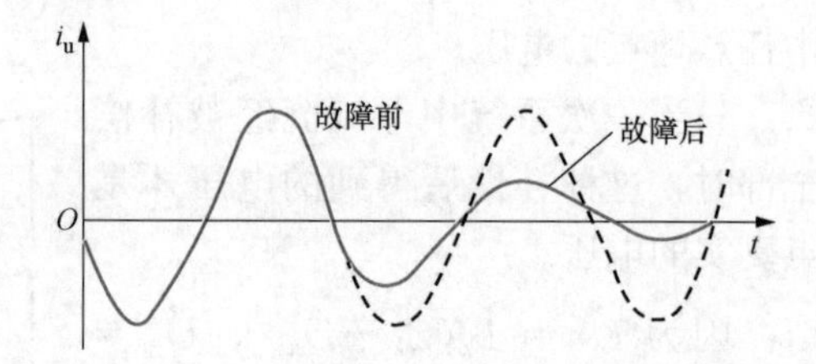

图 6-16 “记忆回路”中电流的变化曲线

(2) 高品质因数 Q 值的 50Hz 带通有源滤波器。

在集成电路保护中，可使极化回路的电压经一高 Q 值的 50Hz 带通有源滤波器之后再形成方波，接入比相回路。利用滤波器响应特性的时间延迟（Q 值越高，延迟时间越长），起到上述“记忆回路”的作用。由于方波形成回路的灵敏度很高，一般采用 $Q=5$ 左右，即可达到记忆 4～5 个波长的要求，保证继电器的可靠动作。

(3) 引入非故障相电压。

在各种两相短路时，只有故障相间的电压降低至零，而非故障相间的电压仍然很高。因此，在继电器的接线方式上可以考虑直接利用或部分利用非故障相的电压来消除两相短路时的死区，例如，功率方向继电器所广泛采用的“90°接线方式”，以及在方向阻抗继电器的极化回路中附加引入第三相电压的方法都是这样做的。

注意：这种方法对消除三相短路时的死区是无能为力的，因为此时 3 个相电压和相间电压均为零。

2. 阻抗继电器的精确工作电流

上面分析阻抗继电器的动作特性时，都是从理想的条件出发，即认为模拟式继电器的比相回路（或幅值比较回路中的执行元件）的灵敏度很高，因此继电器的动作特性只与加入继电器的电压和电流的比值（即测量阻抗）有关，而与电流的大小无关。但实际上动作条件为

（以全阻抗继电器为例）

$$|K_{\mathrm{I}}\dot{I}_{\mathrm{k}}|-|K_{\mathrm{U}}\dot{U}_{\mathrm{k}}|\geqslant U_0$$

如果忽略上式中的 U_0 可以得到

$$Z_{\mathrm{k\cdot act}}=\frac{\dot{U}_{\mathrm{k}}}{\dot{I}_{\mathrm{k}}}=\frac{K_{\mathrm{I}}}{K_{\mathrm{U}}}=Z_{\mathrm{k\cdot set}}$$

式中：$Z_{\mathrm{k\cdot act}}$ 为动作阻抗；$Z_{\mathrm{k\cdot set}}$ 为整定阻抗，当不忽略 U_0 时

$$Z_{\mathrm{k\cdot act}}=\frac{K_{\mathrm{I}}}{K_{\mathrm{U}}}-\frac{U_0}{K_{\mathrm{U}}I_{\mathrm{k}}}=Z_{\mathrm{k\cdot set}}-\frac{U_0}{K_{\mathrm{U}}I_{\mathrm{k}}}$$

可见实际动作阻抗小于整定阻抗。

考虑 U_0 的影响后，绘出 $Z_{\mathrm{k\cdot act}}=f(I_{\mathrm{k}})$ 的关系曲线，如图 6 - 17 所示。由图 6 - 17 可见，当加入继电器的电流较小时，继电器的起动阻抗将下降，使阻抗继电器的实际保护范围缩短，这将影响到与上级相邻线路阻抗元件的配合，甚至引起非选择性动作。为了把起动阻抗的误差限制在一定的范围内，规定了最小精确工作电流 I_{pw} 这一指标。

最小精确工作电流 I_{pw} 就是指当加入继电器的电流 $I_{\mathrm{k}}=I_{\mathrm{pw}}$ 时的起动阻抗 $Z_{\mathrm{k\cdot act}}=0.9Z_{\mathrm{k\cdot set}}$，即动作阻抗比整定阻抗值缩小了 10%。因此，当 $I_{\mathrm{k}}>I_{\mathrm{pw}}$ 时就可以保证起动阻抗的误差在 10% 以内，而这个误差在选择可靠系数时就已经被考虑进去了。

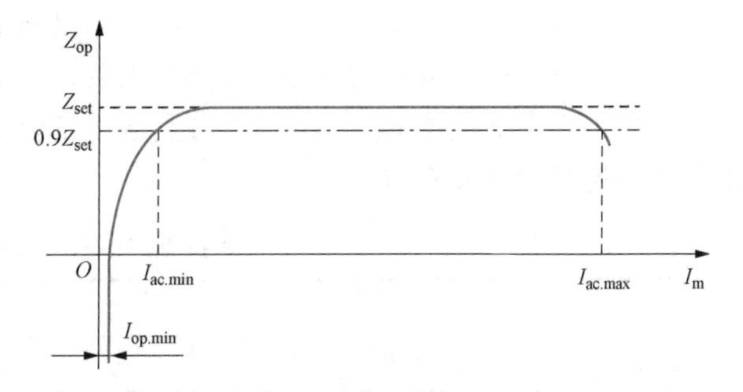

图 6 - 17　起动阻抗随测量电流变化的曲线

最小精确工作电流与整定阻抗的乘积称为阻抗继电器的最小精确工作电压。

只有实际的测量电流在最小和最大精确工作电流之间、测量电压在最小精确工作电压以上时，三段式距离保护才能准确地配合工作，其误差已被考虑在可靠系数中。最小精确工作电流是距离保护测量元件的一个重要参数，越小越好。

测量元件精确工作电流的校验，一般是指对最小精确工作电流的校验。要求在保护区内发生短路时，通入继电器的最小电流不小于最小精确工作电流，并留有一定的裕度，裕度系数不小于 1.5～2。

在出口短路时的测量阻抗很小，动作阻抗的变化一般不会影响保护的正确动作，因此最大精确工作电流一般不必校验。在阻抗继电器应用于较短线路的情况下，由于线路末端短路时测量电压可能较低，需对最小精确工作电压进行校验。线路较长时，一般不用校验精确工作电压。

对于微机保护，由于不存在执行元件需要一定的起动功率和比较回路需要一定的门槛电压等问题，因而理论上没有精确工作电流问题。但是由于 A/D 转换的截断误差和最末 1、2 位数码受干扰影响的不确定性，在电流、电压数值很小时转换误差较大，使得计算的测量阻抗的误差较大。对于近处短路，电压较小、电流较大，由于此时短路阻抗远小于整定阻抗，电压数值上产生的误差不会影响保护的正确动作。而在保护范围末端发生短路时，处于临界动作状态，测量阻抗应等于整定阻抗，测量阻抗计算的精度决定了保护装置的精度。在此情况下电压数值大，转换误差小，而电流数值小，转换误差大，测量阻抗计算的精度取决于电

流 A/D 转换的精度，因而也有一个使测量阻抗计算误差小于10%的最小电流，可以认为这是微机阻抗继电器的精确工作电流。所不同的是，由于电流小而造成的误差可正可负，既可使保护范围缩短，也可使保护范围伸长。

当加入继电器的电流足够大以后，U_0 的影响就可以忽略；此时，$Z_{k\cdot act}=Z_{k\cdot set}$，继电器的动作特性才与电流无关。但当短路电流很大时，如果出现了电抗互感器 TX 或中间变流器 TAM 的饱和，则继电器的起动阻抗又将随着 I_k 的继续增大而减小，这也是不能允许的。

6.2.4 距离继电器的接线方式 A类考点

1. 对接线方式的基本要求

接线方式就是给距离继电器接入电压和电流的方式。根据距离保护的工作原理，加入继电器的电压 U_k 和电流 I_k 应满足以下要求：

(1) 继电器的测量阻抗应正比于短路点到保护安装地点之间的距离，对长距离特高压输电线路，应采取相应措施消除分布电容的影响以满足这一要求。

(2) 继电器的测量阻抗应与故障类型无关，也就是保护范围不随故障类型而变化。

当采用3个继电器 K_1、K_2、K_3 分别接于三相时，常用的几种接线方式的名称及相应的电压和电流组合见表6-1。

表6-1　阻抗继电器各种接线方式

接线方式	继电器					
	K_1		K_2		K_3	
	$\dot{U}_k$	$\dot{I}_k$	$\dot{U}_k$	$\dot{I}_k$	$\dot{U}_k$	$\dot{I}_k$
0°接线	$\dot{U}_{AB}$	$\dot{I}_A-\dot{I}_B$	$\dot{U}_{BC}$	$\dot{I}_B-\dot{I}_C$	$\dot{U}_{CA}$	$\dot{I}_C-\dot{I}_A$
30°接线	$\dot{U}_{AB}$	$\dot{I}_A$	$\dot{U}_{BC}$	$\dot{I}_B$	$\dot{U}_{CA}$	$\dot{I}_C$
-30°接线	$\dot{U}_{AB}$	$-\dot{I}_B$	$\dot{U}_{BC}$	$-\dot{I}_C$	$\dot{U}_{CA}$	$-\dot{I}_A$
带零序补偿的接线	$\dot{U}_A$	$\dot{I}_A+K\times3\dot{I}_0$	$\dot{U}_B$	$\dot{I}_B+K\times3\dot{I}_0$	$\dot{U}_C$	$\dot{I}_C+K\times3\dot{I}_0$

表中的 K 称为补偿系数，$K=\dfrac{Z_0-Z_1}{3Z_1}$。

2. 残压公式

设故障点的三相电压为 U_{KA}、U_{KB}、U_{KC}，母线上的三相电压为 U_A、U_B、U_C 则

$$\dot{I}_A=\dot{I}_{A1}+\dot{I}_{A2}+\dot{I}_{A0}$$
$$\dot{U}_A=\dot{U}_{A1}+\dot{U}_{A2}+\dot{U}_{A0}$$
$$\dot{U}_{KA}=\dot{U}_{KA1}+\dot{U}_{KA2}+\dot{U}_{KA0}$$

保护安装处A相的电压为

$$\dot{U}_A=\dot{U}_{A1}+\dot{U}_{A2}+\dot{U}_{A0}=\dot{U}_{KA1}+\dot{I}_{A1}Z_1L+\dot{U}_{KA2}+\dot{I}_{A2}Z_2L+\dot{U}_{KA0}+\dot{I}_{A0}Z_0L$$

一般情况下 $Z_1=Z_2$，所以

$$\begin{aligned}\dot{U}_{A}&=\dot{U}_{A1}+\dot{U}_{A2}+\dot{U}_{A0}=\dot{U}_{KA1}+\dot{I}_{A1}Z_1L+\dot{U}_{KA2}+\dot{I}_{A2}Z_1L+\dot{U}_{KA0}+\dot{I}_{A0}Z_0L\\&=\dot{U}_{KA}+\dot{I}_{A1}Z_1L+\dot{I}_{A2}Z_1L+\dot{I}_{A0}Z_0L\\&=\dot{U}_{KA}+\dot{I}_{A1}Z_1L+\dot{I}_{A2}Z_1L+\dot{I}_{A0}Z_0L+\dot{I}_{A0}Z_1L-\dot{I}_{A0}Z_1L\\&=\dot{U}_{KA}+Z_1L(\dot{I}_{A1}+\dot{I}_{A2}+\dot{I}_{A0})+\dot{I}_{A0}Z_0L-\dot{I}_{A0}Z_1L\\&=\dot{U}_{KA}+Z_1L\dot{I}_{A}+Z_1L\left(\dot{I}_{A0}\frac{Z_0}{Z_1}-\dot{I}_{A0}\right)\\&=\dot{U}_{KA}+Z_1L\dot{I}_{A}+Z_1L\dot{I}_{A0}\left(\frac{Z_0}{Z_1}-1\right)\\&=\dot{U}_{KA}+Z_1L\dot{I}_{A}+Z_1L\dot{I}_{A0}\frac{Z_0-Z_1}{Z_1}\\&=\dot{U}_{KA}+Z_1L\left(\dot{I}_{A}+\dot{I}_{A0}\frac{Z_0-Z_1}{Z_1}\right)\\&=\dot{U}_{KA}+Z_1L\left(\dot{I}_{A}+3\dot{I}_{A0}\frac{Z_0-Z_1}{3Z_1}\right)\end{aligned}\tag{6-7}$$

设零序补偿系数 $K=\dfrac{Z_0-Z_1}{3Z_1}$，则式（6-7）变为

$$\dot{U}_{A}=\dot{U}_{KA}+Z_1L(\dot{I}_{A}+3\dot{I}_{A0}K)$$

同理可以求出 U_B 、U_C

$$\dot{U}_{B}=\dot{U}_{KB}+Z_1L(\dot{I}_{B}+3\dot{I}_{B0}K)$$
$$\dot{U}_{C}=\dot{U}_{KC}+Z_1L(\dot{I}_{C}+3\dot{I}_{C0}K)$$

3. 反应相间短路的距离继电器的 0° 接线方式

反应相间短路的距离继电器的 0° 接线方式是在距离保护中广泛采用的接线方式，根据表 6-1 所示的关系分析各种相间短路时继电器的测量阻抗。为了简便起见，此处用电力系统一次侧的电压、电流和阻抗进行分析。推导一次侧测量阻抗的表达式。

（1）三相短路。如图 6-18 所示，三相短路时三相是对称的，3 个继电器 $K_1\sim K_3$ 的工作情况完全相同，因此可以以继电器 K_1 为例进行分析。设短路点至保护安装地点之间的距离 L 线路每公里的正序阻抗为 Z_1 ，则保护安装处的电压为

$$\dot{U}_{AB}=\dot{U}_{A}-\dot{U}_{B}=\dot{U}_{KA}+Z_1L(\dot{I}_{A}+3\dot{I}_{A0}K)-\dot{U}_{KB}-Z_1L(\dot{I}_{B}+3\dot{I}_{B0}K)\tag{6-8}$$

因为发生的三相短路，所以没有零序电流，$\dot{I}_{A0}=0$、$\dot{I}_{B0}=0$、$\dot{I}_{C0}=0$ ；因为是三相短路，所以短路点的三相电压相等，$\dot{U}_{KA}=\dot{U}_{KB}=\dot{U}_{KC}$ ，式（6-2）可以变成

$$\dot{U}_{AB}=Z_1L\dot{I}_{A}-Z_1L\dot{I}_{B}=Z_1L(\dot{I}_{A}-\dot{I}_{B})$$

三相短路时继电器 K1 的测量阻抗

$$Z_{K1}^{(3)}=\frac{\dot{U}_{AB}}{\dot{I}_{A}-\dot{I}_{B}}=Z_1L$$

在三相短路时，3 个继电器的测量阻抗都等于短路点到保护安装地点之间的阻抗，3 个继电器都能正确测量短路点的距离。

（2）两相短路。如图 6-19 所示，设以 AB 相间短路为例，则故障环路的电压 $\dot{U}_{AB}$ 为

$$\dot{U}_{AB}=\dot{U}_A-\dot{U}_B=\dot{U}_{KA}+Z_1L(\dot{I}_A+3\dot{I}_{A0}K)-\dot{U}_{KB}-Z_1L(\dot{I}_B+3\dot{I}_{B0}K) \quad (6-9)$$

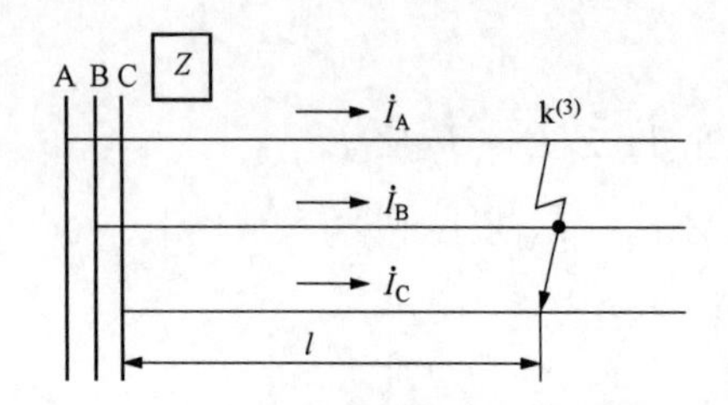

图 6-18　三相短路时测量阻抗的分析

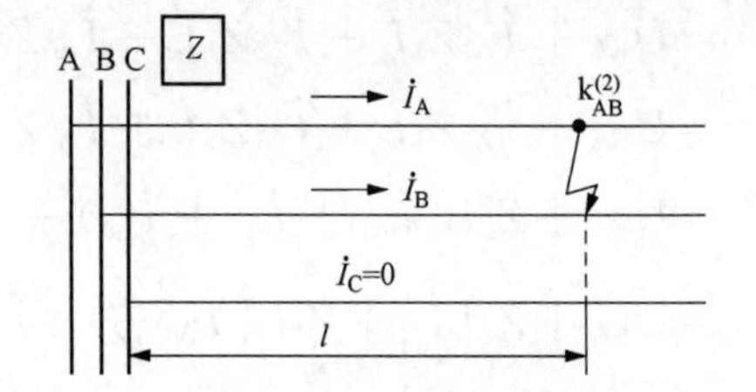

图 6-19　AB 两相短路时测量阻抗的分析

因为发生的是 AB 两相短路，所以没有零序电流，$\dot{I}_{A0}=0$、$\dot{I}_{B0}=0$、$\dot{I}_{C0}=0$；因为发生的是 AB 两相短路，所以短路点的电压 $\dot{U}_{KA}=\dot{U}_{KB}$，式（6-9）变为

$$\dot{U}_{AB}=Z_1L\dot{I}_A-Z_1L\dot{I}_B=Z_1L(\dot{I}_A-\dot{I}_B)$$

则继电器 K_1 的测量阻抗

$$Z_{K1}^{(2)}=\frac{\dot{U}_{AB}}{\dot{I}_A-\dot{I}_B}=Z_1L \quad (6-10)$$

和三相短路时的测量阻抗相同，所以 K_1 能正确动作。在 AB 两相短路的情况下，对继电器 K_2 和 K_3 而言，由于所加电压为非故障相间电压，其数值比 $\dot{U}_{AB}$ 高，而电流又只有一个故障相的电流，其数值比 $\dot{I}_A-\dot{I}_B$ 小。因此，测量阻抗必然大于式（6-10）的数值，也就是说，它们测量到的阻抗大于保护安装地点到短路点的阻抗，不会发生动作。

由此可见，在 AB 两相短路时只有 K_1 能准确地测量短路阻抗而动作。同理，分析 BC 和 CA 两相短路可知，相应地只有 K_2 和 K_3 能准确地测量到短路点的阻抗而发生动作。这就是要用 3 个距离继电器分别接于不同相间的原因。

注意：由于 3 个继电器的触点是并联的，因此 3 个继电器中有一个可以动作，保护就能动作。

（3）中性点直接接地系统中的两相接地短路。如图 6-20 所示，仍以 AB 相间短路为例，它与两相短路的不同之处是由于有一部分电流从地中流回，故障点的相电压相等而且为零；零序电流 $\dot{I}_{A0}=\dot{I}_{B0}$。

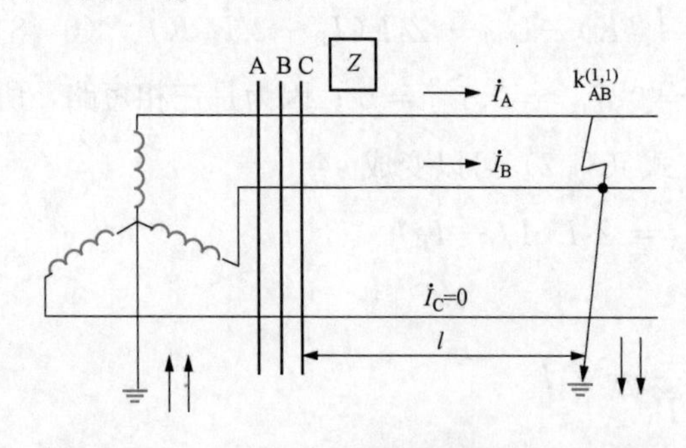

图 6-20　AB 两相接地短路时测量阻抗的分析

所以 $\dot{U}_{AB}=Z_1L\dot{I}_A-Z_1L\dot{I}_B=Z_1L(\dot{I}_A-\dot{I}_B)$。

则继电器 K_1 的测量阻抗

$$Z_{k1}^{(1,1)}=\frac{\dot{U}_{AB}}{\dot{I}_A-\dot{I}_B}=Z_1L$$

由此可见，当发生 AB 两相接地短路时 K_1 的测量阻抗与三相短路时相同，保护能够正确动作。

对相间短路距离继电器的 30° 接线方式，分析方法相同。

4. 接地短路距离继电器的接线方式

在中性点直接接地的电网中，当零序电流保护不能满足灵敏度和快速性要求时应采用接地距离保护，它的主要任务是正确反应电网中的单相接地短路，所以对距离继电器的接线方式需要作进一步的讨论。

在单相接地时只有故障相的电压降低，电流增大，由于零序互感的作用非故障相电流也可能略有变化，这决定于短路点两侧零序阻抗与正序阻抗之比的差别，但任何相间电压都是很高的，原则上应该将故障相的电压和电流加入继电器中，一般情况下，反映接地故障的距离保护采用带零序补偿的接线。

(1) 中性点直接接地系统中的单相接地短路。以A相接地短路为例，因为发生的是A相接地，所以故障点A相的对地电压为零，即

$$\dot{U}_A = \dot{U}_{KA} + Z_1 L(\dot{I}_A + 3\dot{I}_{A0} K) = Z_1 L(\dot{I}_A + 3\dot{I}_{A0} K)$$

继电器 K_1 的测量阻抗

$$Z_{K1}^{(1)} = \frac{\dot{U}_A}{\dot{I}_A + 3\dot{I}_{A0} K} = \frac{Z_1 L(\dot{I}_A + 3\dot{I}_{A0} K)}{\dot{I}_A + 3\dot{I}_{A0} K} = Z_1 L$$

所以保护可以正确动作。

(2) 中性点直接接地系统中的两相接地短路。以AB相接地短路为例，因为发生的是AB相接地，所以故障点A相的对地电压为零，B相的对地电压为零，

$$\dot{U}_A = \dot{U}_{KA} + Z_1 L(\dot{I}_A + 3\dot{I}_{A0} K) = Z_1 L(\dot{I}_A + 3\dot{I}_{A0} K)$$

$$\dot{U}_B = \dot{U}_{KB} + Z_1 L(\dot{I}_B + 3\dot{I}_{B0} K) = Z_1 L(\dot{I}_B + 3\dot{I}_{B0} K)$$

继电器 K_1 的测量阻抗

$$Z_{K1}^{(1,1)} = \frac{\dot{U}_A}{\dot{I}_A + 3\dot{I}_{A0} K} = \frac{Z_1 L(\dot{I}_A + 3\dot{I}_{A0} K)}{\dot{I}_A + 3\dot{I}_{A0} K} = Z_1 L$$

继电器 K_2 的测量阻抗

$$Z_{K2}^{(1,1)} = \frac{\dot{U}_B}{\dot{I}_B + 3\dot{I}_{B0} K} = \frac{Z_1 L(\dot{I}_B + 3\dot{I}_{B0} K)}{\dot{I}_B + 3\dot{I}_{B0} K} = Z_1 L$$

所以保护可以正确动作。

(3) 三相短路。因为发生三相短路时系统对称，所以3个继电器的动作情况相同，以A相继电器为例进行分析。因为三相对称，所以短路点的电压为零，有 $\dot{U}_{KA} = \dot{U}_{KB} = \dot{U}_{KC} = 0$，即

$$\dot{U}_A = \dot{U}_{KA} + Z_1 L(\dot{I}_A + 3\dot{I}_{A0} K) = Z_1 L(\dot{I}_A + 3\dot{I}_{A0} K)$$

继电器K1的测量阻抗

$$Z_{K1}^{(3)} = \frac{\dot{U}_A}{\dot{I}_A + 3\dot{I}_{A0} K} = \frac{Z_1 L(\dot{I}_A + 3\dot{I}_{A0} K)}{\dot{I}_A + 3\dot{I}_{A0} K} = Z_1 L$$

所以保护可以正确动作。

接地阻抗继电器和相间阻抗继电器在不同类型短路时的动作情况见表6-2。接地阻抗继电器和相间阻抗继电器在不同类型短路时的正确动作回路数量见表6-3。

表 6-2　　接地阻抗继电器和相间阻抗继电器在不同类型短路时的动作情况

故障类型		接线方式					
		接地阻抗继电器接线方式			相间阻抗继电器接线方式		
		K_1	K_2	K_3	K_1	K_2	K_3
单相接地短路	A	+	−	−	−	−	−
	B	−	+	−	−	−	−
	C	−	−	+	−	−	−
两相接地短路	AB	+	+	−	+	−	−
	BC	−	+	+	−	+	−
	CA	+	−	+	−	−	+
两相短路	AB	−	−	−	+	−	−
	BC	−	−	−	−	+	−
	CA	−	−	−	−	−	+
三相短路	ABC	+	+	+	+	+	+

表 6-3　　接地阻抗继电器和相间阻抗继电器在不同类型短路时的正确动作回路数量

故障类型	接线方式	
	接地阻抗继电器接线方式	相间阻抗继电器接线方式
单相接地短路	1	0
两相接地短路	2	1
两相短路	0	1
三相短路	3	3

通过以上分析，可以得到下列结论。

（1）距离保护的0°接线可以正确反应三相短路、两相短路、两相短路接地。

（2）距离保护的带零序补偿的接线可以正确反映单相接地、两相短路接地、三相短路。

（3）用距离保护的0°接线来反映相间故障。

（4）用距离保护的带零序补偿的接线来反应接地故障。

【例 6-5】距离保护的CA相阻抗继电器采用0°接线，其输入电压为CA相线电压，则其输入电流应为（　　）。

A. AC相电流之差 $\dot{I}_A-\dot{I}_C$　　B. A相电流 $\dot{I}_A$

C. C相电流 $\dot{I}_C$　　D. CA相电流之差 $\dot{I}_C-\dot{I}_A$

【例 6-6】接地距离保护测量组件一般采用（　　）接线方法。

A. −30°　　B. 0°

C. 零序电流补偿的0°　　D. 90°

【例 6-7】某线路距离保护Ⅰ段二次整定值为1Ω，由于该线路所用的电流互感器变比由原来的400/5改为600/5，则其距离Ⅰ段二次整定值应调整为（　　）Ω。

A. 2/3　　B. 1.5　　C. 1.2　　D. 1.4

【例 6-8】 运行中的阻抗继电器，下列参数中确定不变的是（　　）。

A. 测量阻抗　　B. 整定阻抗　　C. 短路阻抗　　D. 动作阻抗

【例 6-9】 中性点直接接地系统配备完善的接地距离和相间距离保护，当发生两相接地短路故障时，可以正确反应故障点到保护安装处测量阻抗的故障回路有（　　）。

A. 3　　B. 4　　C. 6　　D. 1

【例 6-10】 在分析阻抗继电器的特性时，（　　）可以看成是从保护安装处推算至保护范围末端的虚拟残余电压。

A. 测量电压　　B. 极化电压　　C. 参考电压　　D. 补偿电压

【例 6-11】（多选）方向阻抗继电器（　　）。（2021 年第二批）

A. 该元件具有方向性　　B. 可以用于三段做后备保护

C. 可以用于二段做主保护　　D. 不能用于一段

【例 6-12】 关于最小精确工作电流，不正确的是（　　）。（2022 年第一批）

A. 有最大精工电流和最小精工电流两个概念

B. 最小精工电压是最小精工电流与整定阻抗的乘积

C. 加入继电器的电流与最小精工电流的比值应大于 1.5

D. 是加入使继电器在 $0.9Z_{set}$ 动作的电流

6.3　影响距离保护正确动作的因素及防止方法　A 类考点

影响距离保护正确动作的因素比较多，其中主要有短路点过渡电阻、保护安装处与短路点之间的分支线、互感器误差、保护装置电压回路断线、电力系统振荡等。对于电流、电压互感器变比和角度误差的影响，通常计算阻抗继电器动作阻抗时，在可靠系数中给予考虑。

6.3.1　短路点过渡电阻对距离保护的影响

1. 短路点过渡电阻的性质

前面对阻抗继电器测量阻抗的分析都是按金属性短路来考虑的，实际上短路点往往存在过渡电阻，过渡电阻将使测量阻抗增大，造成保护装置不正确工作。过渡电阻 R 是指短路电流从一相到另一相或从一相导线流入大地的途径中所经过物质的电阻。相间短路时的 R 主要由电弧电阻构成，其特点是随时间而变化（主要对距离Ⅱ段有影响）；接地短路时的 R 主要是铁塔的接地电阻。

国外进行的一系列实验证明，当故障电流相当大时（数百安以上），电弧上的电压梯度几乎与电流无关，可取为每米弧长上 1.4～1.5kV（最大值）。根据这些数据可知，电弧实际上呈现的有效电阻

$$R_t \approx 1050\frac{L_t}{I_t}$$

式中　I_t——电弧电流的有效值；

L_t——电弧长度。

一般情况下，短路初始瞬间，电弧电流最大，弧长最短，弧阻 R_t 最小。几个周期后，

在风吹、空气对流和电动力等作用下，电弧逐渐伸长，弧阻 R_t 有急速增大之势。

在相间发生短路时，过渡电阻主要由电弧电阻构成，其值可按上述经验公式估计。在导线对铁塔放电的接地短路时，铁塔及其接地电阻构成过渡电阻的主要部分。铁塔的接地电阻与大地导电率有关。对于跨越山区的高压线路，铁塔的接地电阻可达数十欧。此外，当导线通过树枝或其他物体对地短路时过渡电阻更高，难以准确计算。目前，接地短路的最大过渡电阻，我国对 500kV 线路按 200 Ω 估计，对 220kV 线路则按 100 Ω 估计。

规程规定:

2. 单侧电源线路上过渡电阻的影响

如图 6-21 所示，短路点的过渡电阻 R_t 总是使继电器的测量阻抗增大，使保护范围缩短。然而，由于过渡电阻对不同安装地点的保护影响不同，因而在某种情况下，可能导致保护无选择性动作。例如，当线路 BC 的始端经 R_t 短路，则保护 1 的测量阻抗为 $Z_{k\cdot1}=R_t$，而保护 2 的测量阻抗 $Z_{k\cdot2}=Z_{AB}+R_t$。

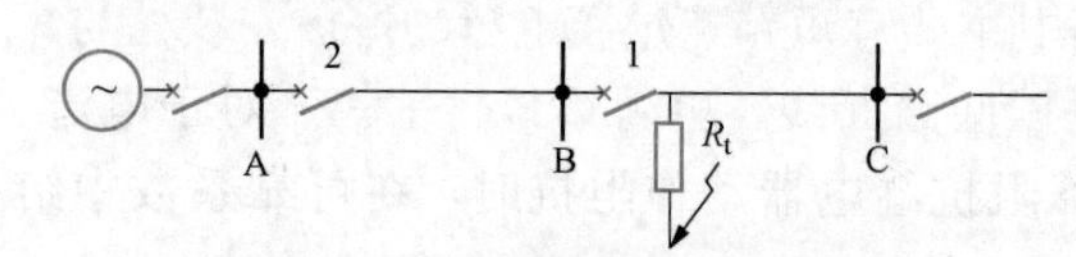

图 6-21　单侧电源线路过渡电阻的影响

由图 6-22 可见，由于 $Z_{k\cdot2}$ 是 Z_{AB} 与 R_t 的相量和，因此其数值比无 R_t 时略微增大，也就是说，测量阻抗受 R_t 的影响较小。

这样当 R_t 较大时，就可能出现 $Z_{k\cdot1}$ 已超出保护 1 第Ⅰ段整定的特性圆范围，而 $Z_{k\cdot2}$ 仍位于保护 2 第Ⅱ段整定的特性圆范围以内的情况。此时两个保护将同时以第Ⅱ段时限动作，从而失去了选择性。但是当保护 1 第Ⅰ段的极化电压有记忆回路时，则利用它的动态特性仍可保证动作的选择性。

由以上分析可见，保护装置距短路点越近时，受过渡电阻的影响越大；同时保护装置的整定值越小，则相对地受过渡电阻的影响也越大。

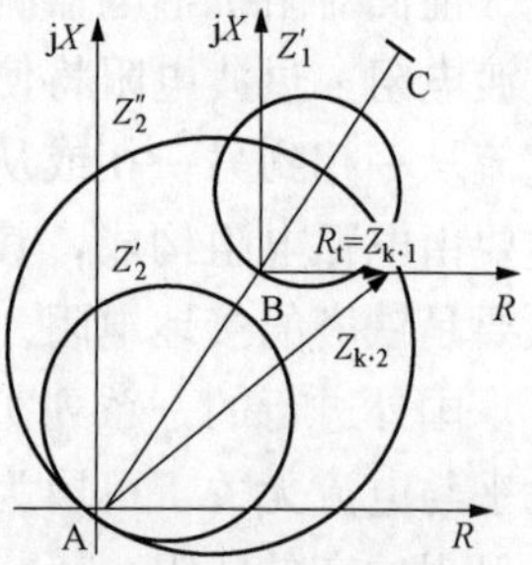

3. 双侧电源线路上过渡电阻的影响

图 6-23 所示的双侧电源线路上，短路点的过渡电阻还可能使某些保护的测量阻抗减小。

图 6-22　单侧电源线路过渡电阻对不同安装地点距离保护的影响

如在线路 BC 的始端经过渡电阻 R_t 三相短路时，$\dot{I}'_k$、$\dot{I}''_k$ 分别为两侧电源供给的短路电流，则流经 R_t 的电流为 $\dot{I}_k=\dot{I}'_k+\dot{I}''_k$，此时变电站 A 和 B 母线上的残余电压

$$\dot{U}_B = \dot{I}_k R_t$$
$$\dot{U}_A = \dot{I}_k R_t + \dot{I}'_k Z_{AB}$$

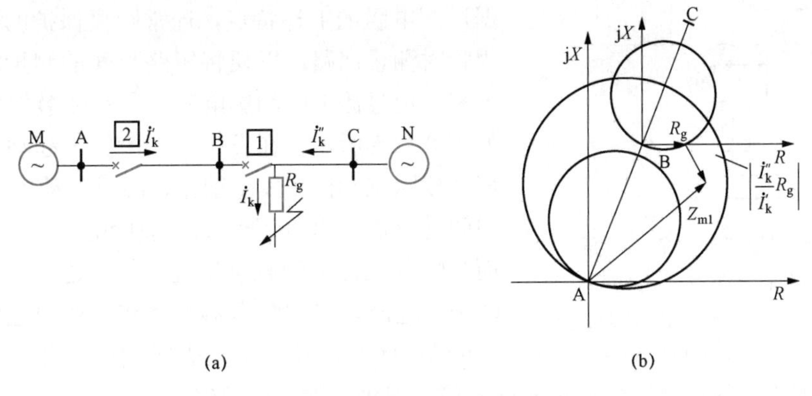

图 6-23　双侧电源过渡电阻的影响
(a) 系统示意图；(b) 对不同安装地点的距离保护的影响

则保护 1 和保护 2 的测量阻抗

$$Z_{k\cdot1} = \frac{\dot{U}_B}{\dot{I}'_k} = \frac{\dot{I}_k R_t}{\dot{I}'_k} = \frac{I_k}{I'_k} R_t e^{j\alpha}$$

$$Z_{k\cdot2} = \frac{\dot{U}_A}{\dot{I}'_k} = \frac{\dot{I}_k R_t + \dot{I}'_k Z_{AB}}{\dot{I}'_k} = Z_{AB} + \frac{I_k}{I'_k} R_t e^{j\alpha}$$

其中，α 为 $\dot{I}_k$ 超前 $\dot{I}'_k$ 的角度。

当 α 为正时，测量阻抗的电抗部分增大；而当 α 为负时，测量阻抗的电抗部分减小。在后一种情况下，也可能引起某些保护的无选择性动作，这称为稳态超越。

4. 过渡电阻对不同动作特性阻抗元件的影响

在图 6-24 (a) 所示的网络中，假定保护 2 的距离Ⅰ段采用不同特性的阻抗元件，它们的整定值选择得都一样，为 0.85 Z_{AB}。如果在距离Ⅰ段保护范围内阻抗为 Z_k 处经过渡电阻 R_t 短路，则保护 2 的测量阻抗为 $Z_{k\cdot2} = Z_k + R_t$。由图 6-24 (b) 可见，当过渡电阻达到 R_{t1} 时，具有透镜型特性的阻抗继电器开始拒动；达到 R_{t2} 时，方向阻抗继电器开始拒动；而达到 R_{t3} 时，则全阻抗继电器开始拒动。可见阻抗继电器的动作特性在 R 轴正方向所占的面积越大，其受过渡电阻的影响越小。

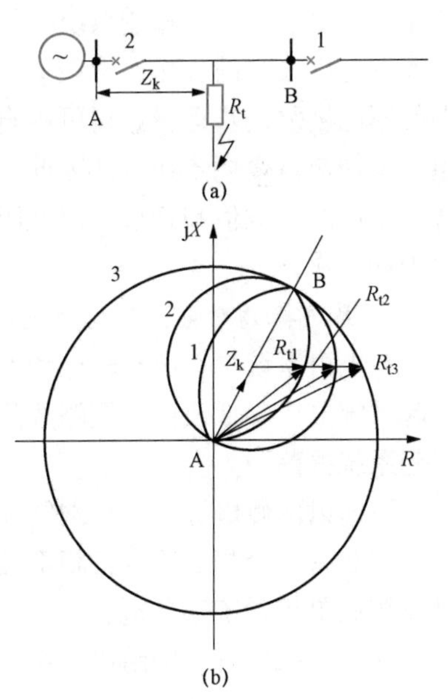

图 6-24　过渡电阻对不同动作特性阻抗元件影响的比较
(a) 网络接线；(b) 对影响的比较

目前，防止和减小过渡电阻影响的方法有以下几种。

(1) 根据图 6-24 分析所得的结论，采用能容许较大的过渡电阻而不致拒动的阻抗继电器，可防止过渡电阻对继电器工作的影响。

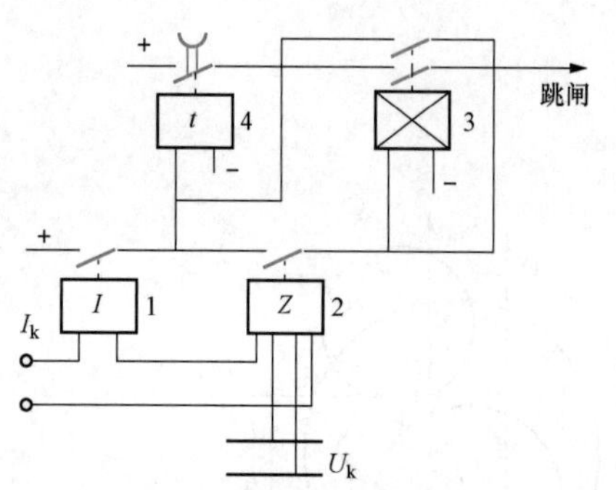

图 6-25　瞬时测量回路的接线原理图
1—保护装置的起动元件；2—保护Ⅱ段的阻抗元件；3—瞬时测量用中间继电器；4—保护Ⅱ段的时间元件

（2）利用瞬时测量回路来固定阻抗继电器的动作。相间短路时，过渡电阻主要是电弧电阻，其数值在短路瞬间最小，经过0.1～0.15s后就迅速增大。根据过渡电阻的上述特点，通常距离保护的第Ⅱ段可采用瞬时测量回路，以便将短路瞬间的测量阻抗值固定下来，使过渡电阻的影响降至最小。装置的接线原理如图 6-25 所示。在发生短路瞬间，起动元件 1 和距离Ⅱ段阻抗元件 2 发生动作，因而起动中间继电器 3。中间继电器 3 起动后即通过起动元件 1 的触点自保持，而与阻抗元件 2 的触点位置无关，这样当Ⅱ段的整定时限到达时，时间继电器 4 动作，即通过中间继电器 3 的已经闭合的动合触点去跳闸。在此期间，即使由于电弧电阻增大而使第Ⅱ段的阻抗元件返回，保护也能正确动作。

注意：这种方法只能用于反应相间短路的阻抗继电器。在接地短路情况下，电弧电阻只占过渡电阻的很小一部分，这种方法不会起很大的作用。在多段串联线路上，如果要采用瞬时测量技术，各段都要采用。否则，在某些情况下可能引起保护越级跳闸。在微机保护中只要用短路瞬间的数据即等于采用了瞬时测量。

6.3.2　电力系统振荡对距离保护的影响及振荡闭锁回路

当系统由于线路传输功率超过静稳极限，或由于大型发电机失去励磁等原因引起静稳定破坏，或由于系统故障或系统操作等原因造成暂态稳定破坏时，都会造成并列运行的电力系统或发电机失去同步而产生振荡。通常，在系统振荡若干个周期后，可自行恢复同步运行，即使不能恢复同步运行，还可由自动解列装置按预定要求将系统解列，或切除部分负荷（机组）来加速恢复同步运行。因此，系统振荡时不需要保护动作。但振荡时，系统中的电流和各点电压的有效值和相位，以及阻抗继电器的测量阻抗都将发生周期性的变化，这可能导致保护误动作。

1. 系统振荡时电流、电压的分布与变化

在电力系统中，由于输电线路输送功率过大而超过静稳定极限，或由于无功功率不足而引起系统电压降低或由于短路故障切除缓慢或由于采用非同期自动重合闸不成功时，都可能引起系统振荡。

下面以两侧电源辐射形网络［见图 6-26（a）］为例，说明系统振荡时各种电气量的变化。如在系统全相运行（三相都处于运行状态）时发生系统振荡，由于三相总是对称的，故可以按照单相系统来分析。

在图 6-26（a）中给出了系统和线路的参数，以及电动势、电流的假定正方向。如以电动势 $\dot{E}_M$ 为参考，使其相位角为零，则 $\dot{E}_M = E_M$ 。在系统振荡时，可认为 N 侧系统等值电动势 $\dot{E}_N$ 围绕 $\dot{E}_M$ 旋转或摆动（正常运行时，$\dot{E}_N$ 、$\dot{E}_M$ 是相对静止的）。因为 $\dot{E}_N$ 落后于 $\dot{E}_M$ 的角度 δ 在 $0^\circ \sim 360^\circ$ 变化，所以

$$\dot{E}_N = E_M e^{-j\delta}$$

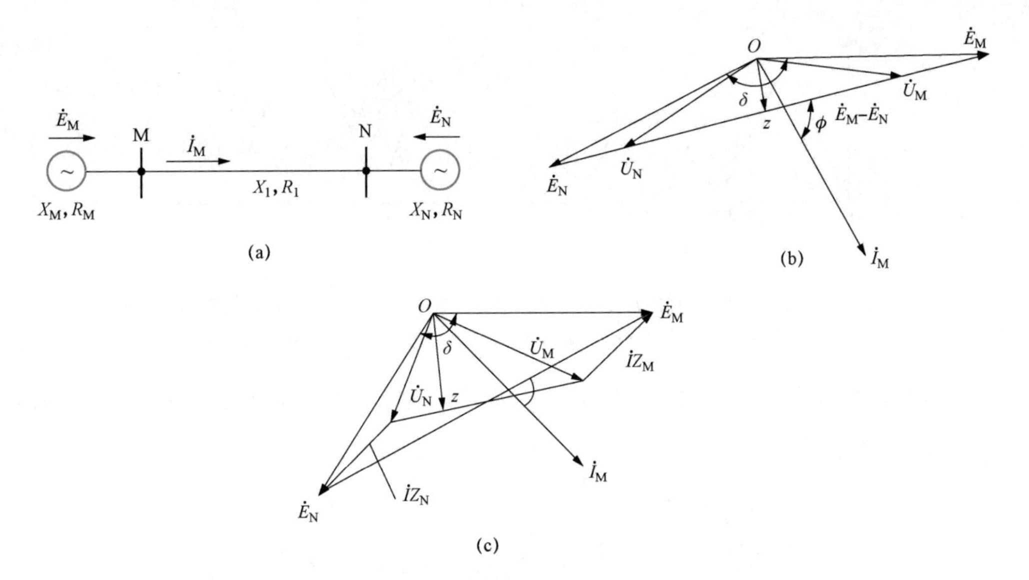

图 6-26 两侧电源辐射型网络中系统振荡

(a) 系统接线；(b) 系统阻抗角和线路阻抗角相等时的相量图；(c) 阻抗角不等时的相量图

在任意一个δ角度时，两侧电源的电动势差可表示为

$$\Delta\dot{E}=\dot{E}_M-\dot{E}_N=E_M\left(1-\frac{E_N}{E_M}e^{-j\delta}\right)=E_M(1-he^{-j\delta})=E_M\sqrt{1+h^2-2h\cos\delta}e^{j\theta}$$

其中

$$h=\frac{E_N}{E_M};\theta=\arg\frac{\Delta\dot{E}}{\dot{E}_M}=\arctan\frac{h\sin\delta}{1-h\cos\delta}$$

当$h=1$时，可得

$$\Delta E=2E_M\sin\frac{\delta}{2}$$

由此电动势差产生的从M侧流向N侧的电流（又称为振荡电流）$\dot{I}_M$为

$$\dot{I}_M=\frac{\Delta\dot{E}}{Z_M+Z_L+Z_N}=\frac{E_M(1-he^{-j\delta})}{Z_\Sigma}$$

此电流落后于$\Delta\dot{E}$的角度为系统总阻抗Z_Σ的阻抗角ϕ，

$$\phi=\arctan\frac{X_M+X_L+X_N}{R_M+R_L+R_N}=\frac{X_\Sigma}{R_\Sigma}$$

因此振荡电流一般可表示为

$$\dot{I}_M=\frac{\Delta\dot{E}}{Z_\Sigma}=\frac{E_M}{Z_\Sigma}\sqrt{1+h^2-2h\cos\delta}e^{j(\theta-\phi)}$$

当$h=1$时，可得

$$I_M=\frac{2E_M}{Z_\Sigma}\sin\frac{\delta}{2}$$

由此可知，振荡电流的幅值与相位都与振荡角度δ有关。只有当δ恒定不变时，振荡电流才是纯正弦函数。图6-27（a）给出了振荡电流幅值随δ变化的曲线。

下面再来分析系统中各点电压的变化。

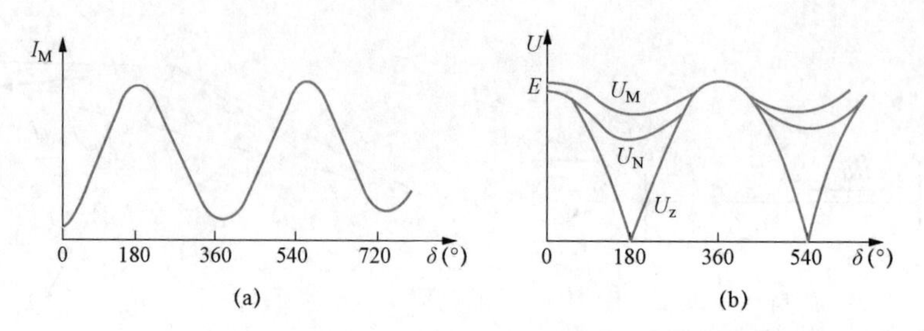

图 6-27 电力系统振荡时电压、电流变化的典型曲线（全系统阻抗角相等，$h=1$）

(a) 振荡电流幅值随 δ 的变化；(b) M、N、Z 点电压幅值随 δ 的变化

在振荡时，系统中性点电位仍保持为零，故线路两侧母线的电压 U_M 、U_N 及两侧母线的电压差 $\dot{U}_{MN}$ 分别为

$$\dot{U}_M = \dot{E}_M - \dot{I}_M Z_M$$

$$\dot{U}_N = \dot{E}_N + \dot{I}_M Z_N = \dot{E}_M - \dot{I}_M (Z_M + Z_L)$$

$$\dot{U}_{MN} = \dot{U}_M - \dot{U}_N = \dot{I}_M Z_L$$

当全系统的阻抗角相等且 $h=1$ 时，按照上述关系式可画出相量图如图 6-26（b）所示。由于系统阻抗角等于线路阻抗角，也等于总阻抗的阻抗角，因此 U_M 和 U_N 的端点必然落在直线 $\dot{E}_M - \dot{E}_N$ 上。如果输电线路是均匀的，则输电线路上各点电压相量的端点沿着直线 $\dot{U}_M - \dot{U}_N$ 移动。从原点与此直线上任意一点连线所作成的相量即代表输电线路上该点的电压。从原点作直线 $\dot{U}_M - \dot{U}_N$ 的垂线所得的相量最短，垂足 Z 点所代表的输电线路上那一点在振荡角度 δ 下的电压最低，该点称为系统在振荡角度为 δ 时的电气中心或称振荡中心。此时电气中心不随 δ 的改变而移动，始终位于系统纵向总阻抗 $Z_M + Z_L + Z_N$ 的中点，电气中心的名称即由此而来。当 $\delta = 180°$ 时，振荡中心的电压将降至零。从电压、电流的数值看，这和在此点发生三相短路无异。但是系统振荡属于不正常运行状态而非故障，继电保护装置不应动作切除振荡中心所在的线路。因此，继电保护装置必须具备区别三相短路和系统振荡的能力，才能保证在系统振荡状态下的正确工作。

图 6-26（c）为系统阻抗角与线路阻抗角不相等的情况。在此情况下，电压相量 U_M 和 U_N 的端点不会落在直线 $\dot{E}_M - \dot{E}_N$ 上。如果线路阻抗是均匀的，则线路上任一点的电压相量的端点将落在代表线路电压降落的直线 $\dot{U}_M - \dot{U}_N$ 上。从原点作直线 $\dot{U}_M - \dot{U}_N$ 的垂线即可找到振荡中心的位置及振荡中心的电压。不难看出，在此情况下振荡中心的位置将随着 δ 的变化而变化。

图 6-27（b）为 M、N 和 Z 点电压幅值随 δ 变化的典型曲线。

2. 电力系统振荡对距离保护的影响

如图 6-28 所示，设距离保护安装在变电站 M，振荡电流

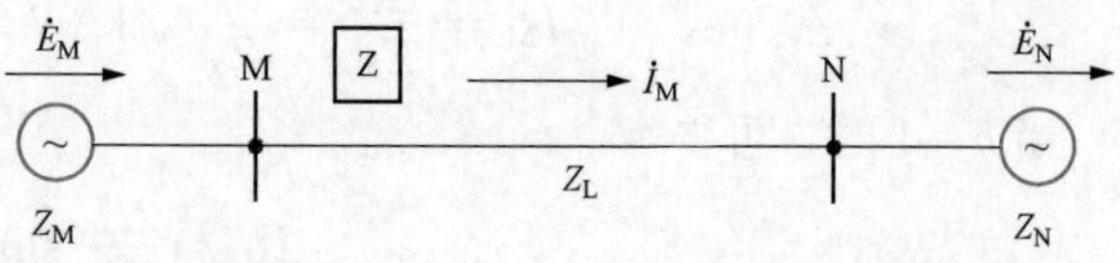

图 6-28 分析系统振荡用的系统接线图

$$\dot{I}_M = \frac{\dot{E}_M - \dot{E}_N}{Z_M + Z_L + Z_N} = \frac{\dot{E}_M - \dot{E}_N}{Z_\Sigma}$$

M 点母线电压为

$$\dot{U}_M = \dot{E}_M - \dot{I}_M Z_M$$

M 点阻抗继电器的测量阻抗为

$$Z_{k\cdot M} = \frac{\dot{U}_M}{\dot{I}_M} = \frac{\dot{E}_M - \dot{I}_M Z_M}{\dot{I}_M} = \frac{\dot{E}_M}{\dot{I}_M} - Z_M = \frac{\dot{E}_M}{\dot{E}_M - \dot{E}_N} Z_\Sigma - Z_M = \frac{1}{1-h\mathrm{e}^{-\mathrm{j}\delta}} Z_\Sigma - Z_M$$

假定 $h=1$，系统和线路的阻抗角相同，则继电器测量阻抗随 δ 的变化关系为

$$Z_{k\cdot M} = \frac{1}{1-\mathrm{e}^{-\mathrm{j}\delta}} Z_\Sigma - Z_M = \frac{1}{2} Z_\Sigma \left(1 - \mathrm{j}\arctan\frac{\delta}{2}\right) - Z_M = \left(\frac{1}{2} Z_\Sigma - Z_M\right) - \mathrm{j}\,\frac{1}{2} Z_\Sigma \arctan\frac{\delta}{2} \tag{6 - 11}$$

根据式（6 - 11）可以画出图 6 - 29。

由图 6 - 29 可见，$\delta = 0°$ 时，$Z_{k\cdot M} = \infty$；当 $\delta = 180°$ 时，$Z_{k\cdot M} = \frac{1}{2} Z_\Sigma - Z_M$，及等于保护安装地点到振荡中心的阻抗。此分析结果表明，当 δ 发生改变时，测量阻抗不仅数值在变化，而且阻抗角也在发生变化，其变化的范围在（$\phi_k - 90°$）～（$\phi_k + 90°$）。

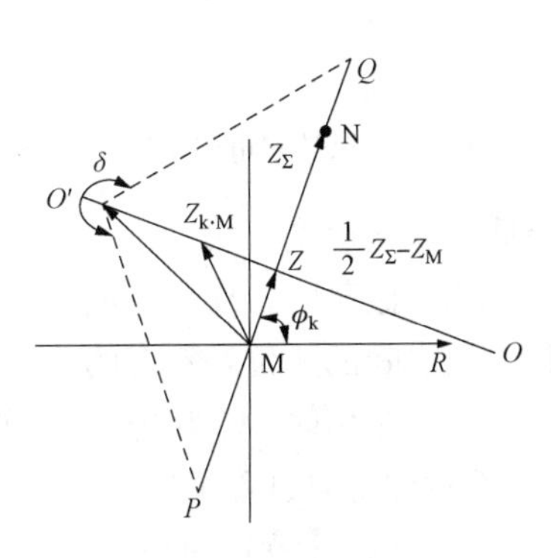

图 6 - 29　系统振荡时测量阻抗的变化

当两侧系统的电动势 $E_M \neq E_N$ 即 $h \neq 1$ 时，继电器测量阻抗的变化将具有更复杂的形式，此复杂函数的轨迹应是位于直线 OO' 某一侧的一个圆，如图 6 - 30 所示。当 $h<1$ 时，为位于 OO' 上面的圆周 1；而当 $h>1$ 时，则为下面的圆周 2。在这种情况下，当 $\delta = 0°$ 时，由于两侧电动势不相等而产生一个环流，因此测量阻抗不等于 ∞，而是一个位于圆周上的有限数值。

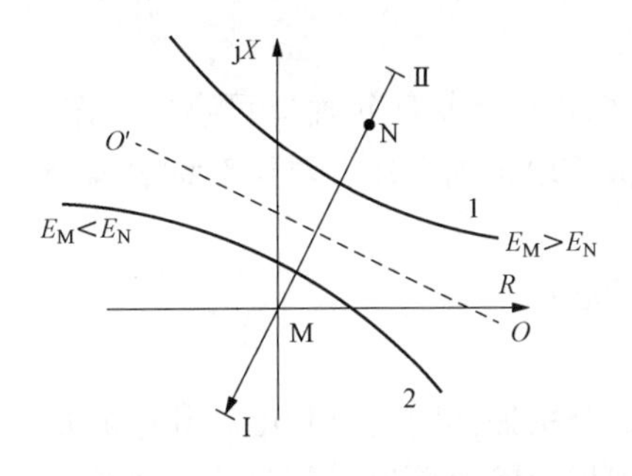

图 6 - 30　$h \neq 1$ 时测量阻抗的变化

引用以上推导结果，可以分析系统振荡时距离保护所受到的影响。如图 6 - 31 所示，其中曲线 1 为方向透镜型特性阻抗继电器特性，曲线 2 为方向阻抗继电器特性，曲线 3 为全阻抗继电器特性。当系统振荡时，测量阻抗沿 OO' 变化，找出各种动作特性与直线 OO' 的交点，则在这两个交点的范围以内继电器的测量阻抗均位于动作特性圆内，因此继电器就要起动，也就是说，在这段范围内距离保护受振荡的影响可能误动作。由图 6 - 31可见，在同样整定值的条件下，全阻抗继电器受振荡的影响最大，而透镜型特性阻抗继电器所受的影响最小。一般而言，继电器的动作特性在阻抗平面上沿 OO' 方向所占的面积越大，受振荡的影响就越大。距离保护受振荡的影响还与保护的安装地点有关。当保护安装地点越靠近于振荡中心时，受到的影响就越大，而振荡中心在保护范围以外或位于保护的反方向时，在振荡的影响下距离保护不会误动作。

注意：当保护的动作带有较大的延时（如 ≥ 1.5s）时，如距离Ⅲ段，可利用延时躲开振荡的影响。

3. 振荡闭锁回路

对于在系统振荡时可能误动作的保护装置，应该装设专门的振荡闭锁回路，以防止系统

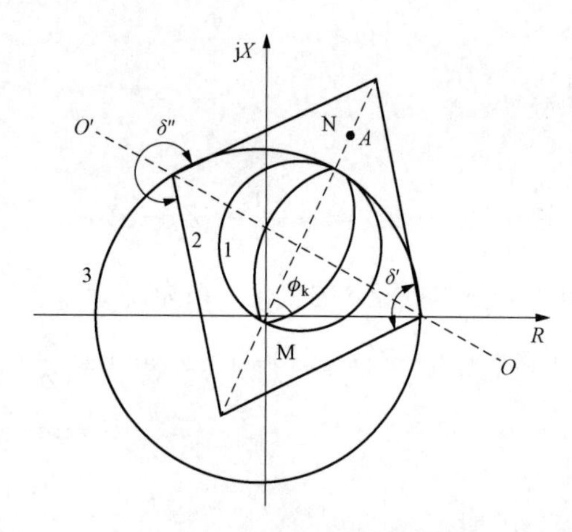

图 6-31　系统振荡时 M 处保护测量阻抗的变化图

振荡时误动作。当系统振荡使两侧电动势之间的角度摆到 $\delta=180^{\circ}$ 时，保护所受到的影响与在系统振荡中心处三相短路时的效果是一样的，因此，就必须要求振荡闭锁回路能够有效地区分系统振荡和发生三相短路这两种不同的情况。

电力系统发生振荡和短路时的主要区别如下：

（1）振荡时，电流和各点电压的幅值均作周期性变化，在 $\delta=180^{\circ}$ 时出现较严重的现象；而短路后，短路电流和各点电压的值，当不计其衰减时是不变的。

（2）振荡时电流和各点电压幅值的变化速度较慢；而短路时电流是突然增大的，电压也突然降低，变化速度很快。

（3）振荡时，任一点电流与电压之间的相位关系都随 δ 的变化而变化；而短路后，电流和电压之间的相位是不变的。

（4）振荡时，三相完全对称，电力系统中没有负序分量出现；而当短路时，总要长期（在不对称短路过程中）或瞬间（在三相短路开始时）出现负序分量。

根据以上区别，振荡闭锁回路从原理上可分为两种：一种是利用负序分量的出现与否来实现，另一种是利用电流、电压或测量阻抗变化速度的不同来实现。

构成振荡闭锁回路时应满足以下基本要求：

（1）系统发生振荡而没有故障时，应可靠地将保护闭锁，且振荡不停息，闭锁不应解除。

（2）系统发生各种类型的故障（包括转换性故障），保护应不被闭锁而能可靠地动作。

（3）在振荡的过程中发生不对称故障时，保护应能快速地正确动作。对于对称故障则允许保护带延时动作。

（4）先故障而后又发生振荡时，保护不致无选择性的动作。

实现振荡闭锁回路的方法：

（1）利用短路时出现的负序和零序分量开放保护。在系统振荡时，三相电压和电流是对称的，没有负序和零序分量；在相间不接地短路时将出现稳定的负序电压和电流；在接地短路时，还会出现零序分量。在三相短路时，理论上没有负序分量，但在短路初始瞬间的暂态过程中，在模拟式负序和零序过滤器的输出端也会出现短暂的负序和零序分量。在微机保护中可在数字式滤波器中将任一相的电流电压数据在故障后的几毫秒内取为零，也可在三相短路时获得短暂的负序或零序分量。对于超高压和特高压线路，由于相间距离大，不可能三相绝对同时短路（手合于接地线未拆除的故障除外），因此也可出现短暂的负序或零序分量。用此原理实行振荡闭锁时，距离保护Ⅰ、Ⅱ段（可由保护运行人员规定被闭锁的保护段）正常时被闭锁回路（在微机保护中可用标志字）闭锁，在发生短路时出现负序和零序或只出现负序即将闭锁解除一段时间，如果短路在保护范围内，在此时间内保护来得及动作。在此时间过后仍将保护闭锁，直到系统振荡消失为止。快速保护段在正常情况下是被闭锁的，振荡闭锁起动元件动作时将保护开放一定的时间。因此，振荡闭锁元件实际上是保护的开放元件或起动元件。当灵敏度要求相同时也可将两者合起来。为了提高接地短路时此保护开放元件的灵敏度，最好用负序分量和零序分量幅值之和实现振荡闭锁的起动。

（2）利用短路时负序和零序分量的突变量起动振荡闭锁回路。它与利用负序和零序电压或电流起动振荡闭锁的原理相同，但因不需要躲过正常运行时的稳态不平衡负序和零序分量，故可获得更高的灵敏度。

（3）反应测量阻抗变化速度的振荡闭锁回路。如图 6-32 所示，在三段式距离保护中，当其Ⅰ、Ⅱ段采用方向阻抗继电器，其Ⅲ段采用偏移特性阻抗继电器时，根据其定值的配合，必然存在着 $Z_{\mathrm{I}} < Z_{\mathrm{II}} < Z_{\mathrm{III}}$ 的关系。可利用振荡时各段动作时间不同的特点构成振荡闭锁回路。

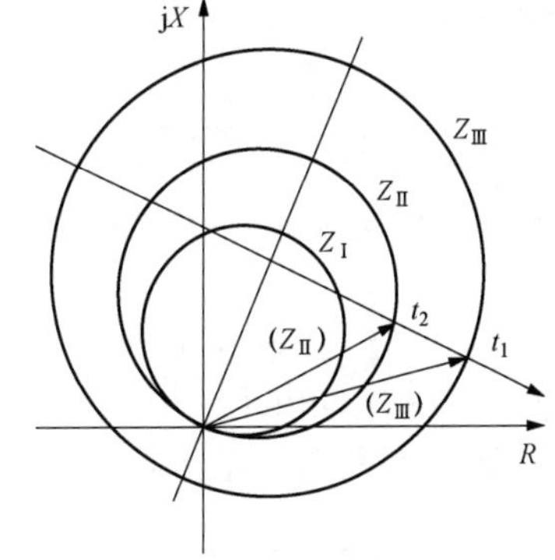

图 6-32　三段式距离保护的动作特性

当系统发生振荡且振荡中心位于保护范围以内时，由于测量阻抗从负荷阻抗逐渐减小，因此 Z_{III} 元件先起动，Z_{II} 元件再起动，Z_{I} 最后起动。而当保护范围内部发生故障时，由于测量阻抗突然减小，因此，Z_{I}、Z_{II}、Z_{III} 元件将同时起动。基于上述区别，可以实现振荡闭锁回路。

规程规定：

6.3.3　电压回路断线对距离保护的影响

当电压互感器二次回路断线时，距离保护将失去电压，在负荷电流的作用下，阻抗继电器的测量阻抗变为零，因此可能发生误动作。对此，在距离保护中应采取防止误动作的闭锁装置。

对断线闭锁装置的主要要求：当电压回路发生各种可能使保护误动作的故障情况时应能可靠地将保护闭锁，而当被保护线路发生故障时不因故障电压的畸变错误地将保护闭锁，以保证保护可靠动作，为此应使闭锁装置能够有效地区分以上两种情况下的电压变化。运行经验证明，最好的区分方法就是看电流回路是否也同时发生变化。

当距离保护的振荡闭锁回路采用负序电流和零序电流（或它们的增量）起动时，即可利用它们兼作断线闭锁之用，因为正常情况下发生电压回路断线时，电流不会变化，保护不会起动。这是十分简单和可靠的方法，因而获得了广泛的应用。

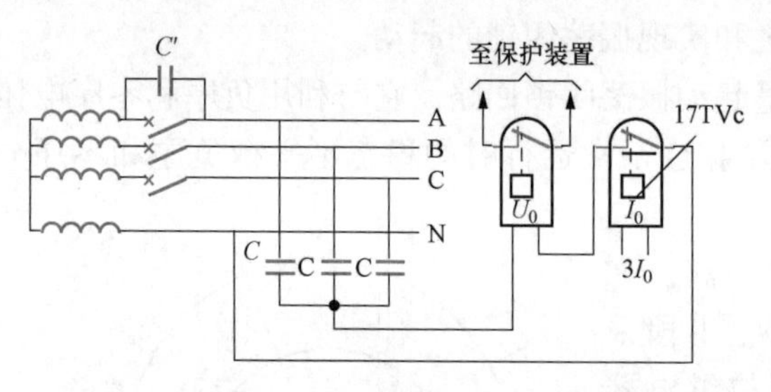

图 6-33　电压回路断线信号装置原理接线图

为了避免在断线的情况下又发生外部故障，造成距离保护无选择性地动作，一般还需要装设断线信号装置，以便值班人员能及时发现并处理之。在模拟式保护中，断线信号装置大都是反应于断线后所出现的零序电压。最早的电压二次回路用熔断器保护，其断线闭锁装置的原理接线如图 6-33 所示。

在微机保护中可按照同样原理比较用三相电压之和自产的 $3\dot{U}_0$ 和电压互感器 TV 开口三角绕组侧的 $3\dot{U}_0$ 来判别电压互感器 TV 是否断线，并用三相电压均小于一低电压（一般定为 8V），而三相电流对称且小于最小短路电流的方法来判别电压互感器 TV 三相是否断线。

6.3.4　分支电流对距离保护的影响

1. 助增分支电路的影响

图 6-34（a）所示的系统中，在 BC 线路上的 k 点发生短路时，短路电流 $I_{kBC}=I_{kAB}+I_B$ 这种因分支电源的影响而使故障线路电流增大的现象称为助增。由于助增电流 I_B 的作用，$K_{bra}>1$，与无助增电流作用时相比，测量阻抗增大。其结果是使距离保护的动作范围减小，灵敏度降低并可能产生拒动。

2. 外汲分支电路的影响

图 6-34（b）所示系统中的 k 点发生短路时，由于平行线路的分流作用，故障线路 BC 中的短路电流 I_{kBC} 将小于线路 AB 中的电流。这种由于分支电路的影响而使故障线路中电流减小的现象称为外汲。

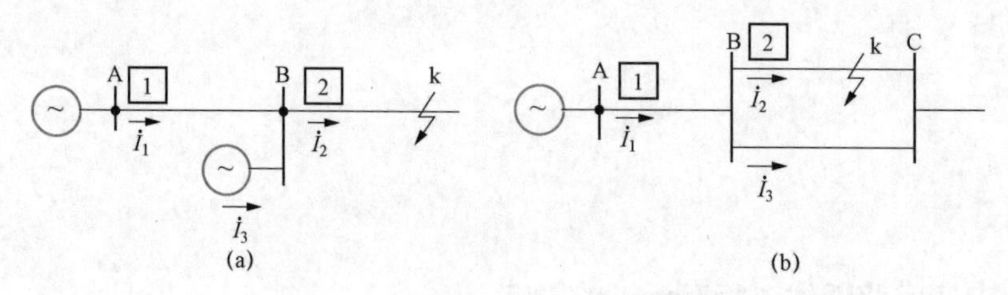

图 6-34　分支电流对距离保护的影响

（a）助增分支电路；（b）外汲分支电路

由于外汲电流的作用，$K_{bra}<1$，与无外汲电流作用时相比，测量阻抗减小。其结果是使距离保护的动作范围增大，灵敏度提高并可能产生误动作。

分支系数：$K_b=\dfrac{I_2}{I_1}$。

测量阻抗：$Z_m=\dfrac{U_A}{I_1}=\dfrac{I_1Z_{AB}+I_2Z_k}{I_1}=Z_{AB}+\dfrac{I_2}{I_1}Z_k=Z_{AB}+K_bZ_k$。

6.3.5 其他影响距离保护正确工作的因素

除了上述4种影响因素外，还有几种因素也能影响距离保护的正确工作，如短路电流中的暂态分量、电流互感器的过渡过程、电容式电压互感器的过渡过程、输电线路的非全相运行等。

1. 短路电流中暂态分量对距离保护正确工作的影响

电力系统中有集中式感性阻抗（如发电机、变压器、电抗器）、集中式电容（如串联补偿电容）和线路分布式感性阻抗、分布电容（特别是对于高压输电线路），在突然短路时可产生各种随时间衰减的自由分量，它们将影响距离保护的正确工作。

2. 电流互感器过渡过程对距离保护的影响

距离保护中的阻抗继电器通过电流互感器和电压互感器测量线路故障点的距离，因此电流互感器和电压互感器的精度直接影响距离保护的距离测量精度，尤其是在短路时电流大幅度增大并含有偏于时间轴一侧的非周期分量，可使电流互感器铁芯饱和，使精度进一步降低，由此造成的电流传变的幅度误差和相位误差都将影响距离保护的工作。因此，对于距离保护必须选用高精度和良好饱和特性的电流互感器。此外，在距离保护整定计算中要考虑电流互感器和电压互感器在线路发生短路时的传变误差。

3. 电容式电压互感器过渡过程对距离保护的影响

在中等电压等级的电网中，一般多采用电磁式电压互感器。这种电磁式电压互感器的时间常数很小，电力系统发生短路而使一次电压突然降到零时，在电压互感器电感中储藏的能量将迅速释放，因而产生的电压自由分量衰减很快。所以对于电磁式电压互感器的过渡过程，在一般情况下无须特别注意。但在特高压系统中，由于技术和经济方面的因素，目前已广泛采用电容式电压互感器或称电容分压器（简称CVT或CPD）。

4. 输电线路非全相运行对距离保护正确工作的影响

输电线路一相发生断线时，或在单相自动重合闸周期中，均会出现短时间两相运行状态。在有些特殊情况下，为了保证向用户连续供电，允许输电线路长期（数小时）两相运行。在两相运行状态下继电保护装置不应该动作，但在此状态下又发生短路故障时，则应由继电保护装置动作，切除尚在运行中的两相。但是，两相运行给各种继电保护装置都带来不利的影响，因此必须计算两相运行状态下的电压和电流以校验各种继电保护装置的动作行为。分析表明，在两相运行状态下系统振荡时，反应相间短路和反应接地短路的阻抗继电器都可能误动作，而在两相运行状态下再发生短路时又可能拒动。因此，对于距离保护在非全相运行状态下的动作行为必须进行计算和校验。如果在此状态下距离保护不能正确工作，则应在进入非全相状态时使距离保护退出运行。

【例6-13】 电力系统发生振荡时，受影响最大的是（　　）。

A. 方向阻抗继电器　　B. 偏移阻抗继电器

C. 橄榄型阻抗继电器　　D. 全阻抗继电器

【例6-14】 单侧电源线路保护不用配置振荡闭锁元件。（　　）

A. 正确　　B. 错误

【例6-15】 电力系统发生振荡属于（　　）。

A. 故障状态　　B. 异常状态　　C. 正常状态　　D. 紧急状态

【例 6-16】（多选）影响距离保护正确工作的因素主要有（　　）。

A. 故障点过渡电阻　　B. 电力系统振荡
C. 保护安装处和故障点间分支线　　D. 系统运行方式

【例 6-17】 系统发生振荡时，电压（　　）叫振荡中心，它在系统综合阻抗的（　　）处。

A. 最高点，1/2　　B. 最低点 1/2
C. 最高点，末端　　D. 最低点，末端

【例 6-18】 区内故障时，系统振荡，也应该进行闭锁保护。（　　）

A. 正确　　B. 错误

【例 6-19】（多选）过渡电阻对距离保护的影响与（　　）有关。

A. 故障类型　　B. 短路点的位置
C. 整定阻抗的大小　　D. 动作特性的形状

【例 6-20】（多选）振荡与短路的区别，说法正确的是（　　）。

A. 振荡时，三相对称，没有负、零序分量；短路时，一定有负序和零序分量
B. 振荡时，电气量的变化速度比较慢；短路时，电气量先发生突变，而后固定不变
C. 振荡时，电气量发生周期性变化；短路时，电气量不发生周期性变化
D. 振荡时，差动保护会动作

【例 6-21】 电力系统发生振荡时，输电网各点电压和电流（　　）。

A. 保持不变　　B. 只是电压变大
C. 只是电流变大　　D. 均作往复性摆动

【例 6-22】（多选）可以实现距离保护振荡闭锁的原理有（　　）。

A. 利用短路时出现的负序和零序分量开放保护
B. 利用短路时负序和零序分量的突变量来实现振荡闭锁回路
C. 利用测量阻抗变化速度不同来实现振荡闭锁回路
D. 选择故障前的记忆电压为参考电压的振荡闭锁回路

【例 6-23】 双侧电源网络中，过渡电阻可能使测量阻抗变大，从而引起保护拒动，称为稳态超越（　　）。

A. 正确　　B. 错误

【例 6-24】 系统振荡过程中，当两侧电压的夹角等于（　　）时，电压最大，电流最小。（2023 年第二批）

A. 0°　　B. 90°　　C. 180°　　D. 270°

【例 6-25】 反映相间故障的阻抗继电器的接线方式，下列说法正确的是（　　）。（2022 年第二批）

A. 相电压两相电流差　　B. 两相电压差两相电流差
C. 两相电压差相电流　　D. 相电压相电流

【例 6-26】 所有距离保护都受振荡的影响。（　　）（2023 年第二批）

A. 正确　　B. 错误

【例 6-27】（多选）以下保护中不受振荡影响的保护有（　　）。（2023 年第二批）

A. 电流差动保护　　B. 突变量保护
C. 阻抗保护　　D. 负序电流保护

6.4 距离保护的整定计算及对距离保护的评价　A 类考点

6.4.1 距离保护的整定计算原则

在距离保护的整定计算中，除了特高压输电线路外都可设短路点距离与线路阻抗成正比，并假定保护装置具有阶梯式的时限特性，且认为保护具有方向性。以图 6 - 35 为例来说明保护 2 的各段距离保护的整定计算。

1. 距离保护第Ⅰ段的整定

（1）动作阻抗。距离Ⅰ段应在保证选择性的前提下，使保护范围尽可能大，但是又不能保护本线路的全长（原因与阶段式电流保护相同），所以，距离保护的Ⅰ段一般按躲开下一条线路出口处短路的原则来确定，如下式：

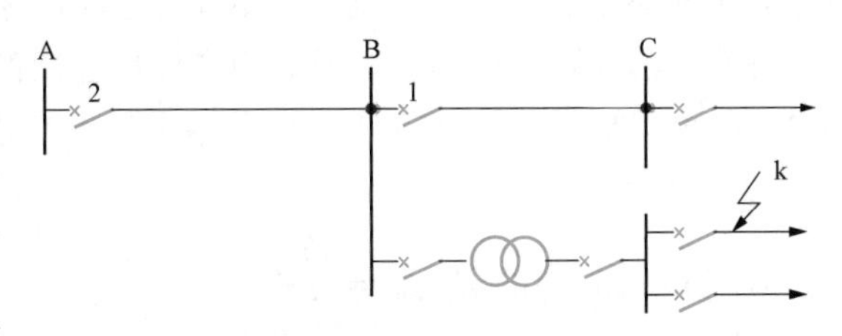

图 6 - 35　整定阻抗所用的网络接线

$$Z_{act \cdot 2}^{I} = K_{rel}^{I} Z_{AB}$$

其中，可靠系数 K_{rel}^{I} 一般取 0.8～0.85。

（2）动作时间。因为保护的Ⅰ段是瞬时动作的，所以动作时间 $t_2^{I} = 0s$，即不需要人为延时。

（3）灵敏性校验。由于距离保护的Ⅰ段不受运行方式的影响，因此距离保护Ⅰ段的保护范围是固定的，为本线路全长的可靠系数倍。

2. 距离保护第Ⅱ段的整定

（1）动作阻抗。距离保护的Ⅱ段的动作阻抗应按以下两个原则来确定。

a. 与相邻线路距离保护第Ⅰ段相配合，并考虑分支系数 K_{br} 的影响，可采用下式进行计算：

$$Z_{act \cdot 2}^{II} = K_{rel}^{II}(Z_{AB} + K_{br \cdot min} Z_{act \cdot 1}^{I})$$

b. 躲开线路末端变电站变压器低压侧出口处短路时的阻抗值，设变压器的阻抗为 Z_T，则动作阻抗应整定为

$$Z_{act \cdot 2}^{II} = K_{rel}^{II}(Z_{AB} + K_{br \cdot min} Z_T)$$

计算后，应取以上两式中数值较小的一个。如果灵敏度不满足要求 a 原则，也可以是与相邻线路距离保护的Ⅱ相配合，这时只需要把相应的值改成相邻线路距离Ⅱ的值即可。

（2）动作时间。由于在动作阻抗的整定时是与相邻线路的距离Ⅰ段配合，动作时间的整定也应该与相邻线路的距离Ⅰ段配合，即

$$t_2^{II} = t_1^{I} + \Delta t$$

（3）灵敏度校验。校验距离Ⅱ段在本线路末端短路时的灵敏系数。由于是反应于数值下降而动作，其灵敏系数

$$K_{sen} = \frac{\text{保护装置的动作阻抗}}{\text{保护范围内发生金属性短路时故障阻抗的最大计算值}}$$

虽然Ⅱ段的实际保护范围是本线路的全长和下一线路的一部分，但是由于我们希望的Ⅱ段的保护范围是本线路的全长，因此校验时只需要校验在本线路全长上的灵敏度即可，在校验时把短路点设置在本线路末端，即

$$K_{\text{sen}} = \frac{Z_{\text{act}\cdot 2}^{\text{II}}}{Z_{\text{AB}}}$$

一般要求 $K_{\text{sen}} \geqslant 1.25$ 。

3. 距离保护第Ⅲ段的整定

(1) 动作阻抗。距离保护的Ⅲ段的动作阻抗应按躲开最小系统阻抗的原则来整定。

$$Z_{\text{act}\cdot 2}^{\text{III}} = \frac{1}{K_{\text{rel}}^{\text{III}} K_{\text{MS}} K_{\text{re}}} Z_{L\cdot\min} \tag{6-12}$$

其中，可靠系数 $K_{\text{rel}}^{\text{III}}$ 、自起动系数 K_{MS} 、返回系数 K_{re} 均为大于 1 的值。

注意：前面距离保护的Ⅰ段、距离保护Ⅱ段的整定计算时可靠系数都是取小于 1 的值，如果在距离保护Ⅲ段的整定计算时可靠系数也取小于 1 的值，则式（6 - 12）中的可靠系数应该写到分子上。

式（6 - 12）中的 $Z_{L\cdot\min} = \dfrac{\dot{U}_{L\cdot\min}}{\dot{I}_{L\cdot\max}}$

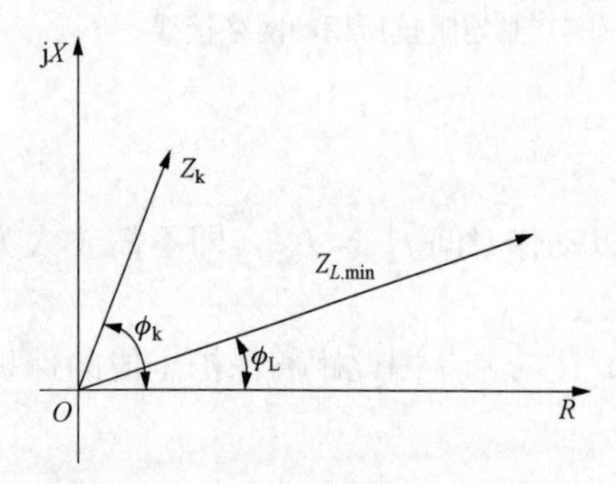

图 6 - 36　线路始端测量阻抗的相量图

以输电线路的送电端为例，继电器感受到的负荷阻抗反应在复数阻抗平面上是一个位于第一象限的测量阻抗，如图 6 - 36 所示。它与 R 轴的夹角即为负荷的功率因数角 ϕ_{L} ，一般较小。而当被保护线路短路时，继电器的测量阻抗为短路点到保护安装地点之间的短路阻抗 Z_{k} ，它与 R 轴的夹角即为线路的阻抗角 ϕ_{k} ，在高压输电线上其一般为 60°～80°，如图 6 - 36 中所示。

当距离保护第Ⅲ段采用全阻抗继电器时，由于它的起动阻抗与角度无关，因此，以式（6 - 12）的计算结果为半径作圆，此圆即为它的动作特性，如图 6 - 37 中的圆 1 所示。

如果保护第Ⅲ段采用方向阻抗继电器，在整定其动作特性圆时尚须考虑其起动阻抗随角度的变化关系，以及正常运行时负荷潮流和功率因数的变化，以确定适当的数值。例如，选择继电器的 $\phi_{\text{sen}\cdot\max} = \phi_{\text{k}}$ ，则圆的直径（即第Ⅲ段的整定阻抗）应为

$$Z_{\text{act}\cdot 2}^{\text{III}} = \frac{1}{K_{\text{rel}}^{\text{III}} K_{\text{MS}} K_{\text{re}} \cos(\phi_{\text{k}} - \phi_{\text{L}})} Z_{\text{L}\cdot\min}$$

如图 6 - 37 中的圆 2 所示。由此可见，采用方向阻抗继电器能得到较好的躲负荷性能。在长距离重负荷的输电线路上，如采用方向阻抗继电器仍然不能满足灵敏度的要求时，可考虑采用透镜型特性阻抗继电器、四边形特性阻抗继电器或者是圆和直线配合在一起的复合特性阻抗继电器，利用直线特性来可靠地躲开负荷的影响等，但是这些继电器特性复杂，用模拟式继电器时制造比较困难，但在微机保护中很容易实现。

(2) 动作时间。距离保护Ⅲ段的时间整定与阶段式电流保护Ⅲ段的时间整定相同，也是按照阶梯型原则来整定的。

(3) 灵敏度校验。距离Ⅲ段作为远后备保护时，其灵敏系数应按相邻元件末端短路的条件来校验，并考虑分支系数为最大的运行方式；当作为近后备保护时，则按本线路末端短路的条件来校验。

1) 作为本线路的近后备，有

$$K_{sen}=\frac{Z_{act\cdot 2}^{Ⅲ}}{Z_{AB}}\geqslant 1.5$$

2) 作为下一线路的远后备，有

$$K_{sen}=\frac{Z_{act\cdot 2}^{Ⅲ}}{Z_{AB}+K_{br\cdot max}Z_{BC}}\geqslant 1.2$$

结论：采用方向阻抗继电器比采用全阻抗继电器时灵敏度提高了 $\frac{1}{\cos(\phi_k-\phi_L)}$ 倍。

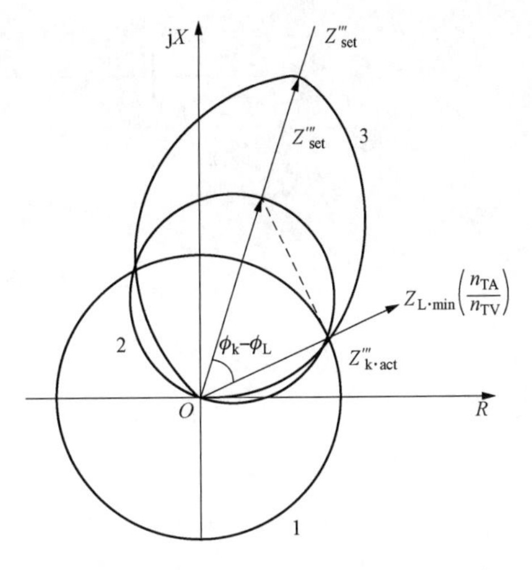

图6-37　第Ⅲ段的一次起动阻抗的整定

6.4.2　对距离保护的评价

从对继电保护所提出的基本要求来评价距离保护，可以作出如下几个主要的结论：

(1) 根据距离保护的工作原理，它可以在多电源的复杂网络中保证动作的选择性。

(2) 距离Ⅰ段是瞬时动作的，但是它只能保护线路全长80%～85%，因此，两端合起来就使得在30%～40%的线路长度内的故障不能从两端瞬时切除，在一端须经0.35～0.5s的延时才能切除，在220kV及以上电压的网络中，有时候这不能满足电力系统稳定运行的要求，因而不能作为220kV及以上电网中线路的主保护来应用。

(3) 由于阻抗继电器同时反应于电压的降低和电流的增大而动作，因此距离保护较电流、电压保护具有较高的灵敏度。此外，距离Ⅰ段的保护范围不受系统运行方式变化的影响，其他两段受到的影响也比较小，因此保护范围比较稳定。

(4) 由于在模拟式距离保护中采用了复杂的阻抗继电器和大量的辅助继电器，再加上各种必要的闭锁装置，因此接线复杂，在微机保护中程序比较复杂，可靠性比电流保护低，这也是它的主要缺点。

【例6-28】(多选) 某110kV线路配置了方向性抗阻特性的距离保护三段，已知保护安装处所能测得的最小负荷阻抗为111.8Ω，最大负荷功率因数角为30°，线路抗组角为75°，三段可靠系数取1.3，返回系数取1.1，自起动系数取2。以下整定值（一次整数值）答案中错误的选项是(　　)。

A. 39Ω　　B. 55Ω　　C. 226Ω　　D. 320Ω

【例6-29】图6-38中各线路均装设三段式距离保护，已知 $Z=0.4\Omega/km$，$K_{ML}^{1}=0.85$，$K_{ML}^{2}=0.8$。完成保护1距离Ⅰ段和Ⅱ段的整定计算。(　　)

A. 12Ω；28Ω　　B. 10.2Ω；26.464Ω

C. 10.2Ω；27.064Ω　　D. 10.2Ω；28.118Ω

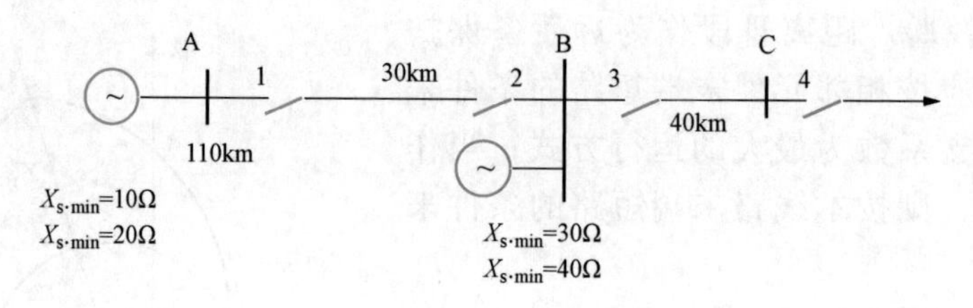

图 6-38 [例 6-29] 电路图

笔记

【例 6-30】 如图 6-39 所示的网络，线路上均装设了距离保护Ⅰ段和距离保护Ⅱ段，且采用 0°接线的方向阻抗继电器。已知线路单位阻抗为 $Z_1=0.4e^{j60^{\circ}}\Omega/\text{km}$，可靠系数 $K_{rel}^{\text{I}}=0.85$，$K_{rel}^{\text{II}}=0.8$，则保护 1 的距离Ⅱ段的动作值为（ ）。

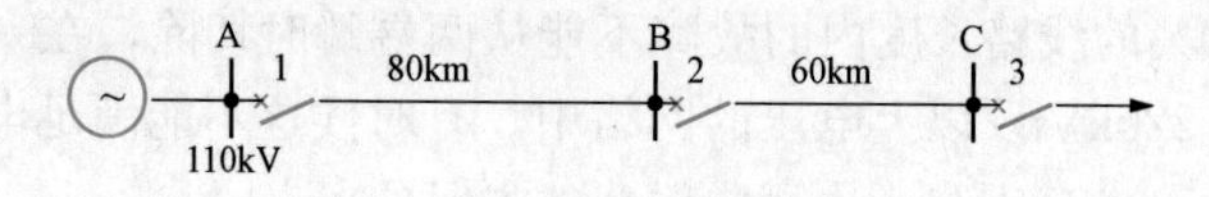

图 6-39 [例 6-30] 电路图

A. 27.2Ω B. 32Ω C. 52.4Ω D. 41.92Ω

笔记

【例 6-31】 系统接线如图 6-40 所示，求保护 1 的距离Ⅰ段和距离Ⅱ段的整定值。（ ）（2023 年第二批）

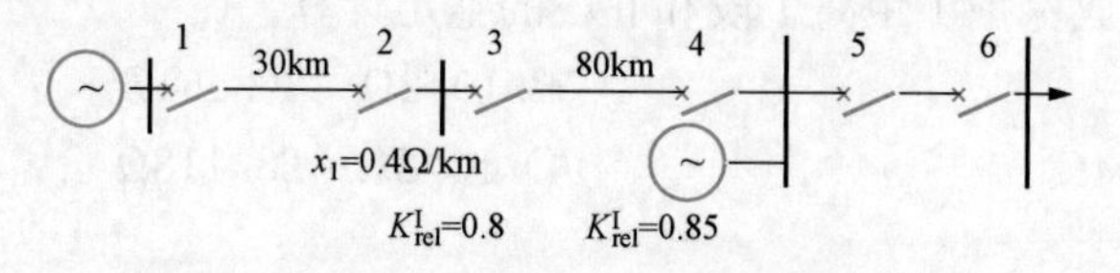

图 6-40 [例 6-31] 电路图

A. 9.6Ω；31.96Ω　　B. 10.2Ω；30.6Ω
C. 9.6Ω；30.6Ω　　D. 10.2Ω；31.96Ω

笔记

模拟习题

(1) 通常相间距离保护的Ⅰ段保护范围选择为被保护线路全长的（　　）。
A. 50%～55%　　B. 60%～65%　　C. 70%～75%　　D. 80%～85%

(2) 为了使方向阻抗继电器工作在（　　）状态下，要求继电器的最灵敏角等于被保护线路的阻抗角。
A. 最有选择性　　B. 最灵敏　　C. 最快速　　D. 最可靠

(3) 距离保护是以距离（　　）元件作为基础构成的保护装置。
A. 测量　　B. 起动　　C. 振荡闭锁　　D. 逻辑

(4) 电力系统发生振荡时，各点电压和电流（　　）。
A. 均作往复性摆动　　B. 均会发生突变
C. 在振荡的频率高时会发生突变　　D. 不变

(5) 当系统频率高于额定频率时，方向阻抗继电器的最灵敏角（　　）。
A. 变大　　B. 变小　　C. 不变　　D. 都有可能

(6) 电力系统发生振荡时，振荡中心电压的波动情况是（　　）。
A. 振幅最大　　B. 振幅最小　　C. 振幅不变　　D. 都有可能

(7) 从继电保护原理上说，受系统振荡影响的有（　　）。
A. 零序电流保护　　B. 负序电流保护
C. 相间距离保护　　D. 纵联差动保护

(8) 单侧电源供电系统短路点的过渡电阻对距离保护的影响是（　　）。
A. 使保护范围延长　　B. 使保护范围缩短
C. 保护范围不变　　D. 保护范围不确定

(9) 方向阻抗继电器中，记忆回路的作用是（　　）。
A. 提高灵敏度　　B. 消除正向出口三相短路的死区
C. 防止反向出口短路时动作　　D. 提高选择性

(10) 根据阻抗继电器比较原理的不同，分为幅值比较式和（　　）。
A. 相位比较式　　B. 电流比较式
C. 电压比较式　　D. 频率比较式

(11) 相对来说，过渡电阻对近短路点的保护影响（　　）。

A. 较大　　B. 较小　　C. 没有　　D. 不能确定

(12) 对于距离保护，被保护的线路越短，其受过渡电阻的影响（　　）。

A. 越小　　B. 越大　　C. 没有　　D. 不能确定

(13) 助增电流的存在，使距离保护的测量阻抗（　　）。

A. 增大　　B. 减小　　C. 不变　　D. 不能确定

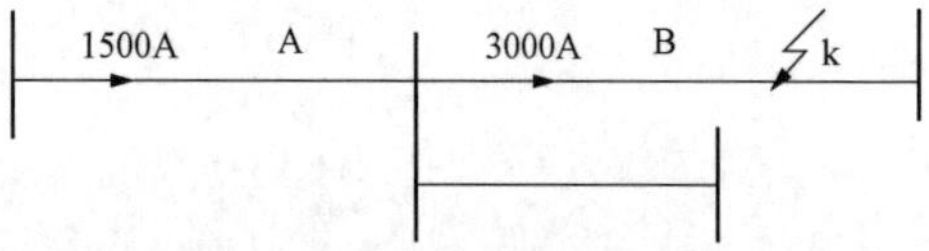

1500A　A　3000A　B　k

图 6-41　题（14）电路图

(14) 电网中相邻 A、B 两条线路，正序阻抗均为 $60\angle 75^\circ$，在 B 线中点三相短路时流过 A、B 线路同相的短路电流如图 6-41 所示，则 A 线相间阻抗继电器的测量阻抗一次值为（　　）。

A. 75Ω　　B. 120Ω　　C. 90Ω　　D. 100Ω

(15) 为使接地距离保护的测量阻抗能正确反映故障点到保护安装处的距离，应引入补偿系数 $K=\dfrac{Z_0-Z_1}{3Z_0}$。（　　）

A. 正确　　B. 错误

真题赏析

(1) 在单侧电源供电的输电线路上，短路点的过渡电阻会使得阻抗继电器的测量阻抗（　　）。(2019 年第一批)

A. 不变　　B. 与继电器类型有关

C. 增大　　D. 减小

(2) 在采用方向阻抗继电器的距离保护中，（　　）。(2019 年第一批)

A. 测量阻抗大于整定阻抗就动作　　B. 动作阻抗可能大于整定阻抗

C. 测量阻抗小于动作阻抗就动作　　D. 动作阻抗一定等于整定阻抗

(3)（多选）下列哪些因素可能会影响距离保护的正确动作?（　　）(2019 年第一批)

A. 电力系统振荡　　B. 短路电流中的暂态分量

C. 短路点过渡电阻　　D. 阻抗继电器类型

(4) 反应相间距离保护的接线方式为（　　）。(2019 年第二批)

A. 90°接线　　B. 零序补偿接线

C. 三角形接线　　D. 零度接线

(5) 受振荡影响最大的是（　　）。(2019 年第二批)

A. 全阻抗继电器　　B. 方向阻抗继电器

C. 偏移特性阻抗继电器　　D. 透镜型特性阻抗继电器

(6) 由于故障起始阶段电流、电压中非周期分量和高频分量的影响，引起距离保护测量阻抗减小导致距离保护区外故障时误动作的现象称为（　　）。(2019 年第二批)

A. 相继动作　　B. 潜动　　C. 暂态超越　　D. 稳态超越

(7) 中性点直接接地系统，配备完善的接地距离和相间距离保护，当发生单相金属性接地故障时，可以正确反应故障点到保护安装处的阻抗的回路有（　　）个。(2019 年第二批)

A. 4　　B. 6　　C. 1　　D. 3

(8) 距离保护在整定距离Ⅱ段起动阻抗时要采用最小分支系数，在校验距离Ⅲ段作为远

后备的灵敏系数时，采用最大分支系数。（ ）（2019年第二批）

A. 正确　　B. 错误

（9）在电力系统振荡时，距离保护Ⅲ段不采用振荡闭锁的原因是（ ）。（2019年第二批）

A. 一般情况下，在距离Ⅲ段动作之前距离Ⅰ段和距离Ⅱ段已经动作跳闸轮不到距离Ⅲ段动作

B. 距离Ⅲ段动作特性不受系统振荡影响

C. 振荡中心所在线路的距离Ⅲ段动作时间一般较长，可以躲过振荡影响

D. 距离Ⅲ段通常采用故障分量距离保护，不受系统振荡影响

（10）助增电流对距离保护的影响（ ）。（2021年第一批）

A. 使测量阻抗增大，使保护范围减小

B. 使测量阻抗减小，保护范围减小

C. 使测量阻抗增大，保护范围增大

D. 使测量阻抗减小，保护范围增大

（11）距离一段的整定计算，可靠系数0.85，整定阻抗Z，被保护线路的阻抗是（ ）。（2021年第二批）

A. $0.85Z$　　B. $0.8Z$　　C. $1.18Z$　　D. $1.25Z$

（12）线路距离保护，二次定值为1Ω，电流互感器的变比由600/5变为1200/5，其二次整定值应变为（ ）。（2022年第一批）

A. 0.5　　B. 1　　C. 2　　D. 4

（13）从实际应用的角度出发，下列关于继电保护动作特性的说法正确的是（ ）。（2023年第一批）

A. 距离Ⅰ段和Ⅱ段采用方向阻抗圆特性，距离Ⅲ段采用全阻抗圆特性

B. 距离Ⅰ段和Ⅱ段采用全抗圆特性，距离Ⅲ段采用方向阻抗圆特性

C. 距离Ⅰ段、Ⅱ段和Ⅲ段都采用全阻抗圆特性

D. 距离Ⅰ段、Ⅱ段和Ⅲ段都采用方向阻抗圆特性

（14）（多选）助增分支对距离保护的影响（ ）。（2023年第二批）

A. 保护范围扩大　　B. 保护范围缩小

C. 保护拒动　　D. 保护误动作

第7章

全线速动保护

输电线路的纵联保护就是用某种通信通道（简称通道）将输电线路两端或各端（对于多端线路）的保护装置纵向连接起来，将各端的电气量（电流、功率的方向等）传送到对端并加以比较，以判断故障是在本线路范围内还是在本线路范围之外，从而决定是否切断被保护线路。

输电线路的纵联保护随着所采用的通道、信号功能及其传输方式的不同，装置的原理、结构、性能和适用范围等方面都有很大的差别。因此纵联保护有很多不同的类型。

国际大电网会议（CIGRE）继电保护工作组根据输电线路纵联保护构成的基本原理，在广泛的意义上将纵联保护分为单元式保护和非单元式保护两大类。单元式保护是将输电线路看作一个被保护单元，如同变压器和发电机一样。这种保护方式是从输电线路的每一端采集电气量的测量值，通过通信通道传送到其他各端。在各端将这些测量值进行直接比较，以决定保护装置是否应该动作跳闸。根据这一定义，比较电流相位的相位差动保护、比较电流波形（幅值和相位）的电流差动保护都属于这一类；非单元式保护也是在输电线路各端对某种或某几种电气量进行测量，但并不将测量值直接传送到其他各端直接进行比较，而是传送根据这些测量值得到的对故障性质（如故障方向、故障位置等）的某种判断结果。属于这类保护的有方向比较式纵联保护、距离纵联保护等。这种分类方法具有高度的概括性，但不能反映各种纵联保护性能具体的区别和优缺点。这种分类主要在欧洲得到了普遍的应用，在北美、俄罗斯、我国应用较少。根据我国的习惯，我们认为按照所应用的通信通道所传送信号的性质和所应用的保护原理分类，能比较具体地反映各类纵联保护的原理差别和优缺点，便于设计和运行人员选择和掌握。

任何纵联保护都是依靠通信通道传送的某种信号来判断故障的位置是否在被保护线路内，因此信号的性质和功能在很大程度上决定了保护的性能。信号按其性质可分为三种，即闭锁信号、允许信号和跳闸信号。这 3 种信号可用任一种通信通道产生和传送。

以两端线路为例，闭锁信号就是指收不到这种信号是保护动作跳闸的必要条件。即当发生外部故障时，由判定为外部故障的一端保护装置发出闭锁信号，将两端的保护闭锁；而当发生内部故障时两端都不发，因而也收不到闭锁信号，保护即可动作于跳闸。

允许信号是指收到这种信号是保护动作跳闸的必要条件。因此，当内部故障时，两端保护应同时向对端发出允许信号，使保护装置能够动作于跳闸；而当发生外部故障时，则因接近故障点端判出故障在反方向而不发允许信号，对端保护不能跳闸，本端则因判断出故障在反方向也不能跳闸。

跳闸信号是指收到这种信号是保护动作于跳闸的充分条件。实现这种保护时，实际上是利用装设在每一端的瞬时电流速断、距离Ⅰ段或零序电流瞬时速断等保护，当其保护范围发生内部故障而动作于跳闸的同时，还向对端发出跳闸信号，可以不经过对端其他控制元件。

一般纵联保护可以按照所利用通道类型或保护动作原理进行分类。

纵联保护按照所利用信息通道的不同类型可以分为 4 种，有时纵联保护也按此命名。它们是导引线纵联保护（简称导引线保护）、电力线载波纵联保护（简称载波保护）、微波纵联保护（简称微波保护）、光纤纵联保护（简称光纤保护）。

按照输电线路两端（或多端）所用的保护动作原理分类，又可分为纵联差动保护（全电流差动保护和相位比较式差动保护）、方向比较式纵联保护和距离纵联保护3类。

7.1　线路的纵联差动保护

7.1.1　基本工作原理　A类考点

纵联差动保护在电力系统中应用非常广泛，不仅在输电线路，在发电机、变压器、母线、电动机等元件上，均可采用其作为主保护。该保护通过比较被保护元件各侧的电流大小及相位而构成。输电线路的纵联差动保护即通过比较被保护线路始端和末端的电流大小及相位而构成。

利用敷设在输电线路两端变电端之间的二次电缆传递被保护线路各侧信息的通信方式称为导引线通信，以导引线为通道的纵联保护称为导引线纵联保护。导引线纵联保护常采用电流差动原理，其接线可分为环流式和均压式两种，如图7-1所示。

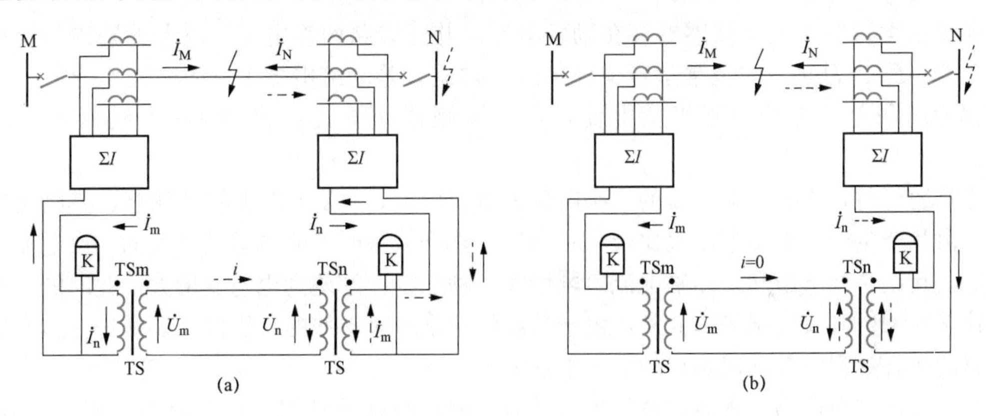

图7-1　输电线路纵联差动保护的原理接线

(a) 环流法接线；(b) 均压法接线

两种接线方式中，环流法接线较常用，环流法接线如图7-2所示，在线路两端各装设一组型号、性能和变比完全相同的电流互感器，其二次侧按环流法连接，即若两侧电流互感器的一次侧同极性端均在靠近母线侧时，将它们二次侧的同极性端相连，再将差动继电器KD并联接入。两侧差动用电流互感器之间的输电线路全长即为纵联差动保护的保护区。通常，把通过差动电流的KD回路简称为差动回路。

由以上分析可知，纵联差动保护在发生区外故障时不会动作，因此不需要和相邻保护在动作值和动作时限上进行配合，从而可以实现全线路瞬时切除故障，即全线速动。但同时它也不能作为后备保护。

影响输电线路纵联差动保护正确工作的主要因素有以下几点。

(1) 电流互感器的误差和不平衡电流。

(2) 输电线路的分布电容电流。

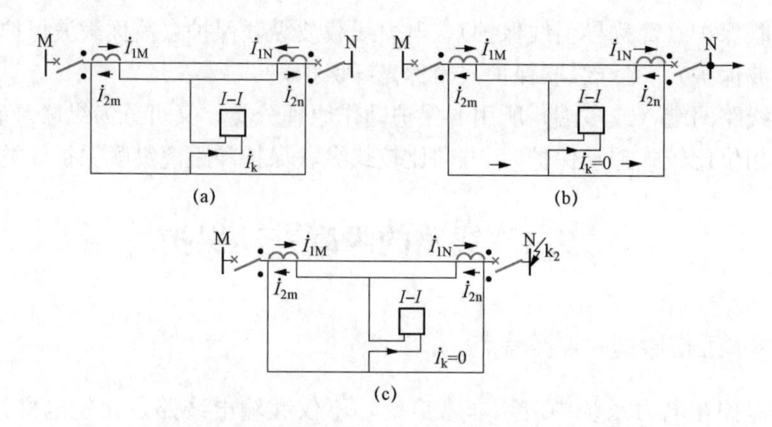

图 7-2　输电线路环流式接线纵联差动保护原理图

(a) 内部故障情况；(b) 正常运行情况；(c) 外部故障情况

(3) 通道传输电流数据（模拟量或数字量）的误差。

(4) 通道的工作方式和可靠性。

这些影响因素中，电流互感器的误差和不平衡电流是较重要的，也是对各种通道的纵联差动保护都有影响的因素。

在实际运行中，电流互感器存在励磁电流，并且线路两侧电流互感器的励磁特性也不可能完全一致，因此，在正常运行或外部故障时流入差动继电器 KD 的电流不为零，这个电流称为纵联差动保护的不平衡电流，它是两侧差动电流互感器 TA 的励磁电流的相量差。

正常运行时，流过差动 TA 的一次电流为负荷电流，TA 工作在线性状态，其励磁电流较小，由此产生的不平衡电流也比较小；当发生外部故障时，流过差动 TA 的一次电流为短路电流，其铁芯严重饱和，励磁电流急剧增大，励磁特性的差别也急剧增大，此时的不平衡电流比正常运行时要大很多。此外，由于差动保护是瞬时动作的，因此，还需进一步考虑外部短路的暂态过程中差动回路出现的不平衡电流。

综上所述，在线路正常运行及发生区外故障时，纵联差动保护中总有不平衡电流流过，且区外故障的暂态过程中，其值可能很大。为了避免在不平衡电流的作用下差动保护误动作，需要提高差动保护的整定值，以躲过发生区外故障时的最大不平衡电流。但这样将降低保护的灵敏度。因此，必须采取措施尽可能地减小不平衡电流及其影响。例如，可采用专用的 D 级差动电流互感器，采用带速饱和变流器或带制动特性的差动继电器等。

7.1.2　对纵联差动保护的评价　C 类考点

虽然纵联差动保护能实现全线速动，并且具有灵敏度较高、不受过负荷及系统振荡的影响等优点，但在输电线路上应用时，仍存在不少问题。首先是需要装设和被保护线路一样长的辅助导线，增加了投资成本。同时，为了监视辅助导线是否完好，需要装设专门的监视装置，以防止当辅助导线发生断线或短路时引起纵联差动保护的误动或拒动。此外，还需要配置线路本身及相邻元件的后备保护。上述问题的存在，限制了纵联差动保护在输电线路上的应用，一般只有在长度不超过 15～20km 的短线路上，当采用其他保护不能满足要求时，才考虑采用纵联差动保护。对于中、长距离的输电线路，当其需要全线速动保护时，可考虑采用其他形式的差动保护，如高频保护等。

规程规定：

规程规定：

【例7-1】 纵联差动保护可作220kV线路全长的（　　）。

A. 限时速断保护　　B. 辅助保护

C. 主保护　　D. 后备保护

【例7-2】 输电线路（　　）可以实现全线速动。

A. 电流保护　　B. 零序电流保护

C. 距离保护　　D. 纵联差动保护

【例7-3】 线路纵联差动保护也可以做相邻线路的后备保护。（　　）

A. 正确　　B. 错误

【例7-4】 纵联差动保护具有输电线路内部故障时动作的绝对选择性。（　　）

A. 正确　　B. 错误

【例7-5】 某220kV输电线路装设高频保护，其保护范围为（　　）。

A. 两侧母线之间　　B. 两侧独立电流互感器之间

C. 两侧收发信机之间　　D. 两侧阻波器之间

【例7-6】 可以无时限切除保护元件全长范围内各种类型故障的是（　　）。

A. 纵联电流差动保护　　B. 距离保护

C. 零序保护　　D. 电流速断保护

【例 7-7】 外部短路时，流入差动继电器的电流，在理想情况下为（　　）。(2021 年第二批)

A. 0　　B. 不是 0

C. 短路电流　　D. 正常的负荷电流

【例 7-8】 差动保护不仅可以做主保护，而且可以做相邻线路的后备保护（　　）。(2022 年第二批)

A. 正确　　B. 错误

7.2 平行线路的差动保护

为了提高供电可靠性或提高线路输送容量，在电力系统中常采用平行线路供电方式。平行线路，是指参数基本相同且经常并列运行的双回或多回输电线路。对于每回线路两侧都装设有断路器的平行线路，当任一回线路发生故障时，保护应有选择地只切除故障线路，使另一回线路继续运行，从而保证不间断供电。

横联差动方向保护，简称横差方向保护，是基于比较同一侧两回线路中电流的大小和方向而构成的一种保护。为了便于说明其工作原理，现以单侧电源供电的平行线路为例，如图 7-3 所示。图中，假设电流互感器的型号和变比完全相同，两回线路同名相的电流互感器二次绕组按环流法连接，两端各装设一套横差方向保护，连接于两回线路的电流之差上。

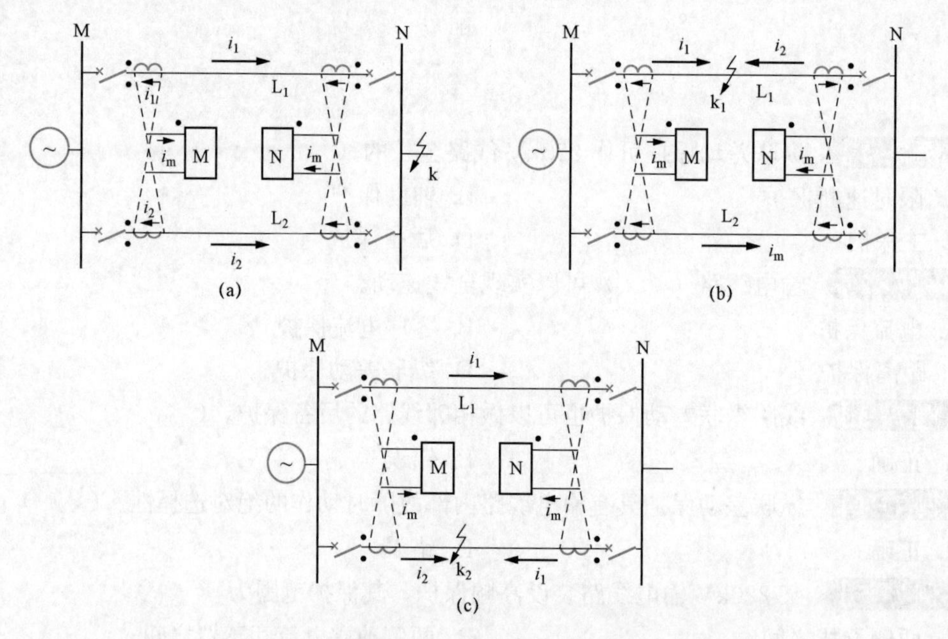

图 7-3　横联差动方向保护工作原理说明

(a) 正常运行时；(b) L_1 上 k_1 点发生短路；(c) L_2 上 k_2 点发生短路

7.3 纵联保护的通信通道

7.3.1 导引线通道 A类考点

这是最早的纵联保护所使用的通信通道，是和被保护线路平行敷设的金属导线（导引线），用以传送被保护线路各端电气量测量值和有关信号。这种通道一般由2根金属线构成，也可由3根金属线构成，实际上是用铠装通信电缆的几根芯线，将铠装外皮在两端接地，以减小电磁干扰的影响和输电线路或雷电感应引起的过电压。为减小电磁干扰，最好用良好的导电材料（铝或铜）做成屏蔽层的屏蔽电缆，屏蔽层在电缆两端接地。如果在接地时发生故障时，输电线路两端的地电位差很大，可能产生很大的电流流过屏蔽层并将其烧坏，甚至会烧坏电缆铠装。因此在两端地电位差较大时，可一端接地或采取有效措施降低地电位差，例如，可用与屏蔽层并联接地的裸导引线等。

导引线本身也是具有分布参数的输电线，纵向电阻和电抗增大了电流互感器和辅助电流互感器的负担，影响电流的准确传变。横向分布电导和电容产生的有功漏电流和电容电流影响差动保护的正确工作，在有些情况下需要专门的补偿措施。为防止输电线路和雷电感应的过电压使保护装置损坏，还需要有过电压保护措施。此外，专门敷设导引线或租用电话线都需要较高的投资成本。由于这些技术上和经济上的因素，导引线保护只用于很短的重要输电线路，一般不超过15～20km。

7.3.2 输电线路载波（高频）通道 A类考点

输电线路的载波保护在我国常称为高频保护，是利用高压输电线路用载波的方法传送30～500kHz的高频信号以实现纵联保护。高频通道可用一相导线和大地构成，称为“相—地”通道，也可用两相导线构成，称为“相—相”通道。

利用“导线—大地”作为高频通道是比较经济的方案，因为它只需要在线路一相上装设构成通道的设备，称为高频加工设备，在我国得到了广泛的应用。它的缺点是高频信号的能量衰耗和受到的干扰都比较大。

1. 载波通道构成原理

输电线路高频保护所用的载波通道的简单构成原理如图7-4所示，现将其主要元件及作用分述如下。

（1）阻波器。阻波器是由一个电感线圈与电容器并联组成的回路。当并联谐振时，它所呈现的阻抗最大。利用这一特性做成的阻波器需使其谐振频率等于所用的载波频率。这样，高频信号就被限制在被保护输电线路的范围内，而不能穿越到相邻线路上去。但对50Hz的工频电流而言，阻波器基本上仅呈现电感线圈的阻抗，数值很小，并不影响其传输。

（2）结合电容器。结合电容器与连接滤波器共同配合将载波信号传送至输电线路，同时使高频收、发信机与工频高压线路绝缘。由于结合电容器对于工频电流呈现极大的阻抗，因此它所导致的工频泄漏电流极小。

（3）连接滤波器。连接滤波器由一个可调节的空心变压器及连接至高频电缆一侧的电容器组成。结合电容器与连接滤波器共同组成一个四端网络式的带通滤波器，使所需频带的高

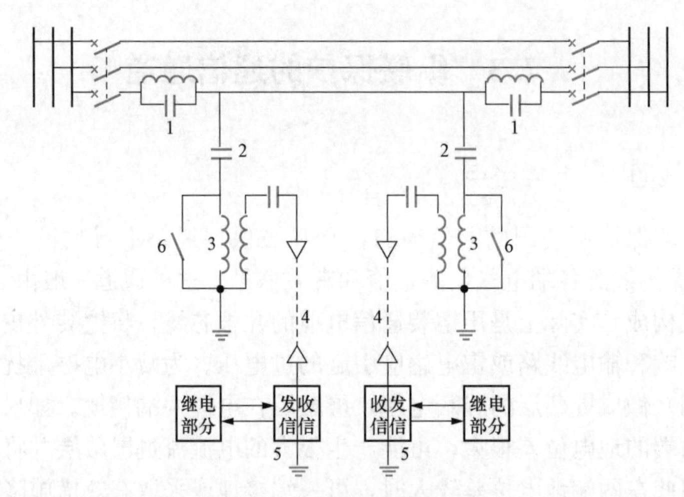

图 7-4　载波通道构成原理

1—阻波器；2—结合电容器；3—连接滤波器；4—高频电缆；
5—高频收/发信机；6—接地开关

频电流能够通过。

带通滤波器从线路一侧看入的阻抗与输电线路的波阻抗匹配，而从电缆一侧看入的阻抗，应与高频电缆的波阻抗相匹配。这样，就可以避免高频信号的电磁波在传送过程中发生反射，从而减小高频能量的附加衰耗。同时空心变压器的使用进一步使收、发信机与输电线路的高压部分相隔离、提高了安全性。

并联在连接滤波器两侧的接地开关 6，是当检修连接滤波器时作为结合电容器的下面一极接地之用。

(4) 高频收、发信机。发信机部分由继电保护部分控制，通常都是在电力系统发生故障、保护部分起动之后才发出信号，但有时也可采用长期发信，故障时停信或改变信号频率的方式。由发信机发出的信号，通过高频通道送到对端的收信机中，也可为自已的收信机所接收。高频收信机接收由本端和对端所发送的高频信号，经过比较判断之后再动作于继电保护，使之跳闸或将其闭锁。

2. 电力线载波通信的特点

电力线载波通信是电力系统的一种特有的通信方式，以电力线路为信息通道，通道传输的信号频率范围一般为 30～500kHz。载频低于 30kHz 受工频干扰太大，同时信道中的连接设备的构成也比较困难；载频过高，将对中波广播等产生严重干扰，同时高频能量衰耗也将大幅度增加。电力线载波通信曾在一段时间内成为电力系统应用较广的通信手段。它具有以下优点。

(1) 无中继通信距离长。电力线载波通信距离可达几百公里，中间不需要信号的中继设备，一般的输电线路，只需要在线路两端配备载波机和高频信号耦合设备。

(2) 经济、使用方便。使用电力线载波通信的装置（继电保护、电力自动化设备等）与载波机之间的距离很近，都在同一变电站内，高频电缆短，由于不需要再架信道，节省了投资。

(3) 工程施工比较简单。输电线路建好后，装上阻波器、耦合电容器、结合滤波器，放好高频载波电缆，然后安装载波机，就可以进行调试。这些工作都在变电站内进行，基本上不需另外进行基建工程，能较快地建立起通信。在不少工期比较紧的输变电工程中，往往只有电力线载波通信才能和输变电工程同期建成，保证了输变电工程的如期投产。

由于输电线载波通信是直接通过高压输电线路传送高频载波电流的，因此高压输电线路上的干扰直接进入载波通道，高压输电线路的电晕、短路、开关操作等都会在不同程度上对载波通信造成干扰。另外，由于高频载波的通信速率小，难以满足纵联电流差动保护实时性的要求，一般用来传递状态信号，用于构成方向比较式纵联保护和电流相位比较式纵联保护。输电线载波通信还被用于对系统运行状态监视的调度自动化信息的传递、电力系统内部的载波电话等。

7.3.3 微波通道

利用频率为150MHz～20GHz的电磁波进行无线通信称为微波通信，在这样宽的频带内可以同时传送很多带宽为4kHz的音频信号，因此微波通道的通信容量很大。在输电线路两端实现了微波通道的情况下，应尽可能采用微波通道实现纵联保护。微波通道先将输电线路两端保护的测量值和有关信息调制于一音频载波信号，再将此音频载波信号调制于微波信号，然后由微波收发器发送到对端。由收发器接收到的微波信号先经过微波解调器解调出音频信号，再由音频解调器解调出保护的测量值或有关信息。微波通道独立于输电线路之外，不受输电线路故障的影响，也不受输电线路结冰的影响，没有高频信号的反射、差拍等现象，可用于各种长度的线路，相当可靠。因而用微波通道可以实现传送允许信号和直接跳闸信号的保护方式。

微波的直接传输限于视线可及的范围内，因此每隔一定的距离（一般在50km左右）就需要建立一个中继站，将微波信号整形、放大后再转发出去。为了增大视线距离，中继站一般都在山顶或高层建筑的屋顶上。因此，输电线路两端间的微波线路和输电线路路径可能相距很远。微波信号传输的路程可以远大于输电线路的长度，因此微波信号的传输可能有一定的延时，这个延时是固定不变的，可以补偿掉。但是对于环状微波通信网络，可能正常时环中的信息传输为一个方向，而在环中某环节发生故障时临时改变传送方向。在这种情况下，微波信号传送的延时是可变的，这对于某些保护工作会带来影响，必须考虑。

微波通道的缺点之一是微波信号的衰耗与天气有关，在空气中水蒸气含量过大时信号衰耗增大，称为信号的衰落，必须加以注意。

微波保护在国外应用得很多。有的特高压线路的保护要求通道双重化，在光纤通道尚未普及前即同时用载波通道和微波通道。我国电力系统微波通信非常发达，但微波保护应用得不多。这主要是由于微波通信和继电保护管理体制的差异，微波通道常常不能满足继电保护极高的可靠性要求，这种情况应该改变。

与电力线高频载波纵联保护相比，微波通信纵联保护有以下特点：

（1）有一条独立于输电线路的通信通道，输电线路上产生的干扰，如故障点电弧、断路器操作、冲击过电压、电晕等，对通信系统没有影响；通道的检修不影响输电线路的运行。

（2）扩展了通信频段，可以传递的信息容量增加、速率加快，可以传送电流波形信息实现纵联分相电流差动原理的保护。

（3）受外界干扰的影响小，工业、雷电等干扰的频谱基本上不在微波频段内，通信误码率低，可靠性高。

(4) 输电线路的任何故障都不会使通道工作破坏，因此可以传送反映内部故障信息的允许信号和跳闸信号。

微波在视线距离内传送的特点决定了在通信距离较远时，必须架设微波中继站，通道价格较高。

7.3.4 光纤通道 C类考点

1. 光纤传输光波的基本原理

光纤通道是将电信号调制在激光信号上，通过光纤来传送。光导纤维（简称光纤）是由高纯度石英做成的，可以传输激光。在激光光谱上波长在 0.85、1.3μm 和 1.5μm 左右的激光，在光纤中传输时光能衰耗较小，称为 3 个工作窗口。由于激光的频率比微波的高得多，故可传输更多的信息。单根光纤即可传送 7680 路双向电话，应用多根光纤构成的光缆可以传送更多的信号。

2. 光缆的结构

图 7-5 所示为光缆的结构。白圆圈代表光纤，图中所示为内有 6 根光纤的光缆，可以有 8 根或更多。光纤围绕一根多股钢丝绳排列，其作用是增强光缆的机械强度。此外，为了保证中继站之间的通信联系，有些情况下也为了给中继站提供电源，在光缆中常敷设一对塑料包皮的铜导线。由内到外依次是大圆圈代表塑料管→塑料护套→铝合金管→电镀的钢丝绳保护，以进一步增强其机械强度。

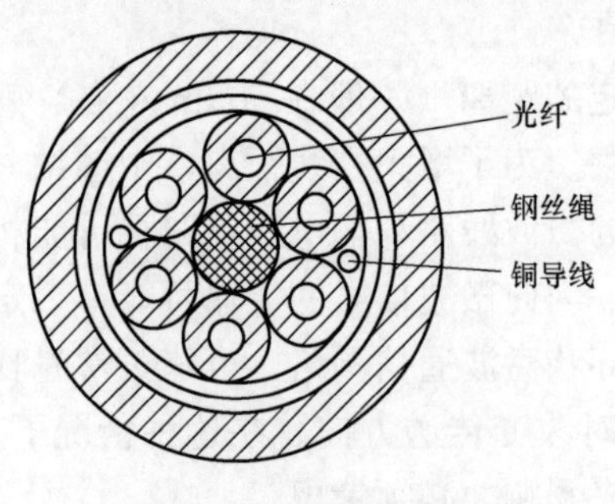

图 7-5 光缆的结构

光纤有如下 3 种基本的形式：

(1) 多模（折射率）阶跃式，简称多模阶跃式。

(2) 多模（折射率）渐变式，简称多模渐变式。

(3) 单模（折射率）阶跃式，简称单模阶跃式。

3. 光缆敷设的方法

光缆敷设的方法有以下 5 种：

(1) 包在架空地线的铝绞线内。

(2) 绕在输电线路导线上。

(3) 埋在沿线路的电缆沟中。

(4) 挂在输电线路导线或架空地线导线上。

(5) 专门敷设平行于输电线路的架空光缆线路。

上述 5 种敷设方法中，第一种方法较佳，在国内外已得到大量应用。

光纤通道用于 50～70km 以下的短距离输电线路时不需要中继站，和导引线保护一样，但没有过电压、电磁干扰等问题。目前，对光纤的降低衰耗、现场焊接、对正等技术和工具问题都已解决，故可用于任何长距离输电线路，只是与微波保护一样每经过 50～70km 需要设立一个中继站。同时，光纤通信是单方向的，发送和接收分别用一根光纤。因光纤通信容量很大，也可与其他通信部门复用。

7.3.5 继电保护通信通道的选择原则

纵联保护可以应用上述任一种通信通道，从目前情况看，对于各种线路应优先考虑采用光纤通道，尤其是在数字化变电站，以及能和电信部门合建架空地线内包含的光纤通道（Optical Fiber Composite Overhead Ground Wire，OFGW）的情况下。在以下一些具体条件下也可考虑采用其他通道。

1. 在下列条件下宜选用导引线通道

（1）有现成的金属通信线路可用。

（2）所需的金属导引线在15km以下。

（3）被保护线路为两端线路，或者每边长度不超过3.7km，总长度不超过11km的三端线路。

（4）光纤通道短期内难以获得。

2. 在下列条件下宜选用高频载波通道

（1）输电线路太长，不能用导引线通道。

（2）专用于继电保护时光纤通道投资太大。

（3）除了保护信号外，不需要其他的数据传输。

（4）需要两种不同原理的完全独立的通信通道时。

3. 在下列条件下宜选用微波通道

（1）输电线路载波频段不够分配，不能用于保护。

（2）除了保护信号外需要传送其他数据和语言。

（3）光纤通道短期内难以获得，而有现成的微波通道可供保护应用。

【例7-9】 在电力线载波通道中，（　　）和（　　）共同组成一个四端网络带通滤波器，使所选频带的高频电流能够顺利通过。

A. 阻波器；高频电缆　　B. 耦合电容器；连接滤波器

C. 高频电缆；连接滤波器　　D. 耦合电容器；阻波器

【例7-10】 我国电网常用的纵联保护是光纤通道（　　）。（2021年第一批）

A. 正确　　B. 错误

【例7-11】（多选）可以用于输电线路纵联保护的通道有（　　）。（2022年第一批）

A. 光纤通道　　B. 导引线通道

C. 载波通道　　D. 微波通道

7.4 高频保护的基本原理

7.4.1 高频保护的基本原理及分类 B类考点

高频保护又称为载波保护，其工作原理是将线路两端的电流相位或功率方向转化为30～500kHz的高频信号，利用通信设备和高频通道将其送至对端进行比较，以决定保护是否动作。从原理上看，它实际上是纵联差动保护的另一种形式，因而同样不反映保护范围以外的故障，在参数的选择上无须和相邻元件配合，而且解决了纵联差动保护必须敷设与被保护范围相同长度的辅助导线问题。

通过比较被保护线路两端电流相位所构成的保护，称为相差高频保护；通过比较被保护线路两端功率方向所构成的保护，称为高频方向保护。由于这两种保护本身没有后备作用，同时高频部分退出时保护也须相应地退出，因此，目前广泛采用的高频保护还有高频闭锁距离保护、高频闭锁零序电流方向保护等，它们分别是在前述阶段式距离保护及零序电流方向保护的基础上加上高频部分后所构成的，可克服相差高频保护和高频方向保护的缺点。

7.4.2 高频通道的工作方式 B类考点

输电线路纵联保护载波通道按其工作方式可分为以下三大类，即正常无高频电流方式、正常有高频电流方式和移频方式。根据高频保护对动作可靠性要求的不同特点，可以选用任意的工作方式，我国电力系统主要采用正常无高频电流方式。

1. 正常无高频电流方式

正常运行时，高频通道中无高频电流通过，当电力系统发生故障时，发信机由起动元件起动发信，通道中才有高频电流出现。这种方式又称为故障时发信方式。其优点是可以减少对通道中其他信号的干扰，可延长收、发信机的寿命。其缺点是要有起动元件，延长了保护的动作时间，需要定期起动发信机来检查通道是否良好。目前广泛采用这一方式。

2. 正常有高频电流方式

正常运行时发信机发信，通道中有高频电流通过，故这种方式又称为长期发信方式。优点是高频通道经常处于监视状态下，可靠性较高。保护装置中无须设置收、发信机的起动元件，使保护简化，可提高保护的灵敏度。其缺点是收、发信机的使用年限减少，通道间的干扰增加。

3. 移频方式

正常运行时，发信机发出 f_1 频率的高频电流，用以监视通道及闭锁高频保护。当线路发生短路故障时，高频保护控制发信机移频，发出 f_2 频率的高频电流。移频方式能经常监视通道情况，提高通道工作的可靠性，加强了保护的抗干扰能力，但投资成本较大。

7.4.3 高频信号 A类考点

高频信号与高频电流是两个不同的概念。信号是在系统发生故障时用来传送线路两端信息的。对于故障时发信方式，有高频电流就是有信号；对于长期发信方式，无高频电流就是有信号；对于移频方式，发生故障时发出的某一频率的高频电流为有信号。按其作用的不同，高频信号可分为跳闸信号、允许信号和闭锁信号3种。

1. 闭锁信号

闭锁信号是将保护闭锁、制止保护动作的信号。当线路发生内部故障时，两侧保护均不发出闭锁信号，通道中无闭锁信号，保护作用于跳闸。因此，无闭锁信号是保护动作于跳闸的必要条件，其逻辑图如图7-6（a）所示。当线路发生外部故障时，通道中有高频闭锁信号，两端保护不动作。由于这一方式只要求发生外部故障时通道才传送高频信号，而发生内部故障时则不传递高频信号，因此，线路故障对传送闭锁信号无影响，通道可靠性高。

2. 允许信号

允许信号是允许保护动作于跳闸的高频信号。收到高频允许信号是保护动作于跳闸的必要条件，图7-6（b）是允许信号的逻辑图。从图7-6中可见，只有继电保护动作，同时又有允许信号时，保护才能动作于跳闸。这一方式在区外故障时不会出现因允许信号而使保护误动作的情况，无需进行时间配合，因此保护的动作速度可加快。

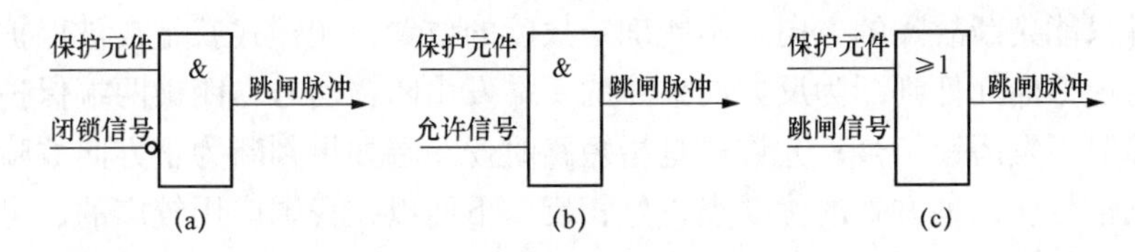

图 7-6 高频保护信号逻辑图

(a) 闭锁信号；(b) 允许信号；(c) 跳闸信号

3. 跳闸信号

跳闸信号是由线路对端保护发来的、直接使保护动作与跳闸的信号。不管本端保护是否起动，只要收到对端发来的跳闸信号，保护就作用于跳闸。其逻辑图如图 7-6（c）所示。它与本端继电保护部分具有或的逻辑关系。

从跳闸信号的逻辑图可以看出，它在不知道对端信息的情况下就可以跳闸，所以本侧和对侧的保护元件必须具有直接区分区内故障和区外故障的能力，如距离保护Ⅰ段、零序电流保护Ⅰ段等。而阶段式保护Ⅰ段是不能保护线路全长的，所以采用跳闸信号的纵联保护只能使用在两端保护的Ⅰ段有重叠区的线路才能快速切除全线任意点的短路。

还应指出，不能把有无高频电流等同于有无高频信号。高频信号是在高频电流有、无的切换、频率的变化和时序的相互关系中体现出的信息，并不是高频电流本身。例如，对于电流相位比较式纵联保护，有无高频信号不仅取决于是否收到高频电流，还取决于收到的高频电流与反映本端电流相位的高频电流间的相对时序关系。

【例 7-12】（多选）在纵联保护高频通道中，传输的高频信号一般有（ ）。

A. 闭锁信号 B. 告警信号 C. 允许信号 D. 跳闸信号

【例 7-13】在闭锁式纵联方向保护中（ ）。（2021 年第二批）

A. 收到闭锁信号是断路器跳闸的必要条件

B. 收不到闭锁信号是断路器跳闸的必要条件

C. 收到闭锁信号是断路器跳闸的充分条件

D. 收不到闭锁信号是断路器跳闸的充分条件

【例 7-14】收到允许信号是线路纵联差动保护动作的必要条件（ ）。（2023 年第二批）

A. 正确 B. 错误

7.5 方向比较式纵联保护

方向比较式纵联保护和距离纵联保护并不直接传送和比较测量值，而是传送各端对故障位置各自判断的结果或有关信息，每端综合这些判断结果和信息决定保护是否应该动作。这些都属于“非单元式”保护一类。

方向比较式纵联保护，不论采用何种通信通道，都是基于被保护线路各端根据对故障方向的判断结果（在被保护线路方向还是在反方向）向其他各端发出相应的信息。各端根据本端和其他各端对故障方向判断的结果综合判断出故障的位置，然后独立做出跳闸或不跳闸的决定。

方向比较式纵联保护可以按闭锁式实现，也可按允许式实现，不能用远方跳闸式实现，因为方向元件只能判断故障的方向，不能确定故障的位置。闭锁式就是在被保护线段之外发生短路故障时由方向元件判断为反方向故障的一端发出闭锁信号，闭锁两端保护，而在判断为正方向故障时不发闭锁信号；允许式是指短路时任一端如果判断为正方向故障，则向对端发出允许跳闸信号。两种方式的优缺点正好相反。下面以在我国应用较广的、可与载波（高频）通道配合工作的高频闭锁方向保护为例，介绍方向比较式纵联保护的基本原理，同时也指出允许式实现时的特点。

7.5.1 高频闭锁方向保护基本原理　A类考点

高频闭锁方向保护是在外部发生故障时发出闭锁信号的一种保护。此闭锁信号由短路功率方向为负（指向被保护线路的反方向）的一端发出，这个信号被两端的收信机所接收（单频制），而将保护闭锁。现利用图7-7所示的故障情况来说明保护装置的作用原理。设故障发生在线路BC范围内，则短路功率S_k的方向如图7-7所示（此处指相功率而非对称分量功率或故障分量功率）。此时安装在线路BC两端的高频保护3和4的功率方向均为正，故保护3、4都不发出高频闭锁信号。因而，在保护起动后，等待几毫秒仍收不到对端发来的闭锁信号时即可动作，跳开两端的断路器。但对非故障线路AB和CD，其靠近故障点一端的功率方向系由线路流向母线，即功率方向为负，则该端的保护2和5发出高频闭锁信号。此信号一方面被自己的收信机接收，同时经过高频通道送到对端的保护1和6，使保护装置1、2和5、6都被高频信号闭锁，保护不会将线路AB和CD错误地切除。

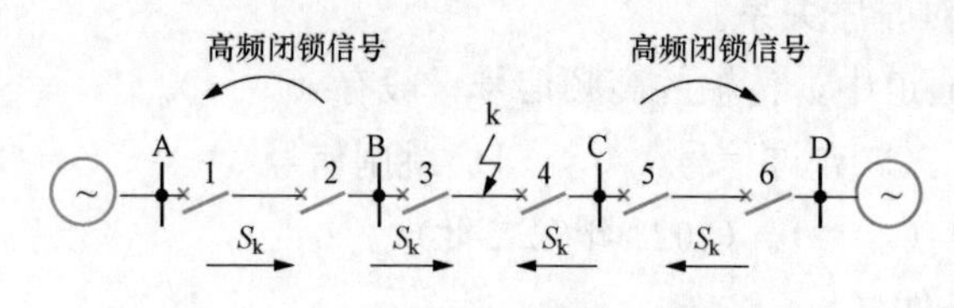

图7-7　高频闭锁方向保护的作用原理

这种保护工作原理是利用非故障线路的一端发出闭锁该线路两端保护的高频信号，而对于故障线路，两端不需要发出高频闭锁信号，这样就可以保证在发生内部故障并伴随高频通道被破坏时（如通道所在的一相接地或断线）保护装置仍然能够正确地动作，这是闭锁式方向保护的主要优点，也是这种高频闭锁式原理在过去得到广泛应用的主要原因。

为防止误动作的发生，如上面所述，在每端采用了两个灵敏度不同的起动元件，一般选择$I_{k\cdot act\cdot 2}=(1.6\sim 2)I_{k\cdot act\cdot 1}$，使灵敏起动元件1动作后，只起动高频发信机，而不灵敏的起动元件2动作后才能够跳闸。这样，在上述情况下，保护就不可能误动作。

由于采用了两个灵敏度不同的起动元件，在发生内部故障时，必须在较不灵敏的起动元件2动作后才能跳闸，因此降低了整套保护的灵敏度，同时也使接线复杂化。此外，对于这种工作方式，当发生外部故障时在远离故障点一端的保护为了等待对端发来的高频闭锁信号，必须要求起动元件2的动作时间大于起动元件1的动作时间。此外，还要考虑对端闭锁信号传到本端所必需的通道传输时间，此延时随着输电线路距离的增大而增大，这都使整套保护的动作速度降低。以上就是这种闭锁式保护的主要缺点。如果采用允许式或解除闭锁式可以避免这个缺点。

此外，对接于相电流和相电压（或线电压）上的功率方向元件，当系统发生振荡且振荡中心位于保护范围以内时，由于两端的功率方向均为正，保护将要误动作，这也是一个严重的缺点。因而这种方向元件不能应用，或配以振荡闭锁元件。而对于反应负序或零序功率的方向元件，或工频变化量、正序突变量或相电压补偿式的方向元件都不受振荡的影响。

7.5.2 高频闭锁负序方向保护

负序方向纵联保护是较早出现的方向比较式纵联保护，长期以来与载波（高频）通道结合，用闭锁式，称为高频闭锁负序方向保护。

利用负序功率方向元件构成的高频闭锁方向保护可以反映各种不对称短路。对于超高压和特高压线路，由于三相短路的开始瞬间总有一个不对称的过程，如果负序方向元件能够在这个过程中来得及起动和正确判断故障的方向，可用记忆回路或程序把它们的动作固定下来，则可以反映三相短路。国外的经验是用负序功率方向元件经短时记忆后和一个反映相间短路的阻抗元件并联（通过与门）来反映三相短路。这种接线的优点：由于在反方向短路时有负序功率方向元件把关，因而对阻抗元件可采取向反方向偏移的特性，不必应用可靠性不高的记忆回路。其次，由于负序功率方向元件不受系统振荡的影响，故对阻抗元件可以不设振荡闭锁装置。在手动合闸于未拆除的三相地线造成的三相短路时，由手合信号控制使阻抗元件独立工作以切除故障。这种保护方式经过 20 余年运行考验，没有发生三相短路时保护拒动的情况。

7.5.3 长期发信的闭锁式方向高频保护 A类考点

根据高频载波通道的特点，也可以实现长期发信闭锁式方向高频保护。长期发信闭锁式是在正常运行的情况下，线路两端保护控制发信机长期连续发出闭锁信号，闭锁两端保护。在发生内部故障时两端方向元件都判为正方向短路，都停发此闭锁信号，保护可以跳闸；在发生外部短路时近故障点一端的保护判断为反方向短路，不停止闭锁信号，两端保护都不能跳闸。闭锁信号同时作为通道工作状态监视用。如果收不到此信号，经过一定时间而保护起动元件未动，则证明通道有故障而将保护闭锁，并发出告警信号。长期发信闭锁式和故障时发信闭锁式不同，前者在发生内部故障时停止闭锁信号，在发生外部故障时不停止已发出的闭锁信号。这种方式也可认为是一种特殊的允许式。停止闭锁信号可以理解为发出了允许信号。因为这种方向高频保护在发生内部故障时不需要传送高频电流，故本线路短路伴随高频通道破坏时不影响保护的正确动作。在正常运行时通道被破坏，相当于发出了允许信号，但保护没有起动不会误动作。可是在外部短路伴随通道破坏时将使保护误动作。但因外部故障历时很短，这种概率较小。

由于这种保护方式连续不断地发送高频闭锁信号，不需要在故障时专门起动发信机的起动元件，因此可免除故障时发信闭锁式保护中必须有两套灵敏度不同的起动元件互相配合给整定造成困难，并提高保护起动元件的灵敏度。此外，由于在发生故障时不必等待对端发来的闭锁信号，不需要给保护跳闸附加人为的延时，可以加快保护的动作速度。

这种保护方式的缺点是长期传输高频电流会给附近的通信线路造成一定的干扰。在不会对通信产生干扰（如通信用微波或光纤通道）的情况下，用这种方式较为理想。也可用正常时将闭锁信号功率降低以减小对通信的干扰，发生外部短路时提高闭锁信号的功率，以便更可靠地闭锁保护。用光纤通道实现长期发信闭锁式方向纵联保护具有速度快、灵敏度高、通道有监视、对外无干扰等突出优点。

【例 7-15】 如图 7-8 所示的网络，线路各保护均采用闭锁式距离纵联保护。已知 AB

线路为 80km，BC 线路为 100km，CD 线路为 60km，可靠系数 $K_{rel}^{I}=0.8$，灵敏系数 $K_{sen}^{II}=1.5$。BC 线路距离 C 母线 10km 处 k 点发生短路时，关于各保护中阻抗元件是否发出闭锁信号及动作情况的描述，错误的是（　　）。

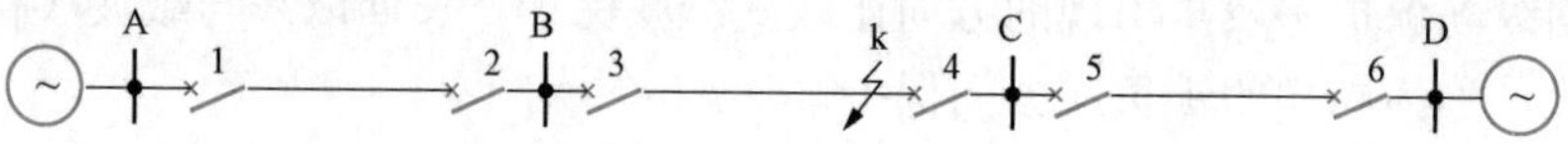

图 7-8　[例 7-15] 电路图

A. 保护 2 发出闭锁信号，保护不动作　　B. 保护 4 不发出闭锁信号，保护动作

C. 保护 5 发出闭锁信号，保护不动作　　D. 保护 1 不发出闭锁信号，保护不动作

【例 7-16】 电力系统振荡对方向比较式纵联保护的影响与其采用的故障方向判别元件无关（　　）。

A. 正确　　B. 错误

笔记

7.6 距离纵联保护

7.5 节中讨论的各种方向比较式纵联保护都是以只反应短路点方向（被保护线路方向还是反方向）的方向元件为基础构成的。这些方向元件的动作范围都必须超过线路全长并留有相当的裕度，称为超范围整定。因为方向元件没有固定的动作范围，故所有用于方向比较式纵联保护的方向元件都只能是超范围整定。然而距离元件则不然，它不但带有方向性、能够判断故障的方向，而且还有固定的动作范围，可以实现超范围整定，也可实现欠范围整定，这就给方向比较式纵联保护提供了多种可供选择的接线方案，仍然以载波（高频）通道的保护为例进行介绍，其原理也适用于其他通信通道。

7.6.1 高频闭锁距离保护（超范围闭锁式）　A 类考点

如前所述，阶梯式距离保护Ⅰ段的动作范围小于被保护线路全长的 80%～90%，即是一种欠范围整定的方向元件，在此范围内的故障可瞬时切除。超范围闭锁式是利用超范围整定的Ⅱ段判断故障的方向。在正方向发生短路时动作并停止发出闭锁信号。在反方向发生短路时不动作，不停止由起动元件控制发出的闭锁信号，将两端保护闭锁。Ⅱ段动作范围应大于线路全长并具有一定的裕度，就是一种超范围整定的方向元件。将其与高频通道结合起来构成的高频闭锁距离保护，与前面所讲的高频闭锁方向保护的功能基本一样。其Ⅲ段一般作为下段线路保护的后备，也是超范围整定，也可与高频通道结合构成高频闭锁距离保护。这样就形成了一种主保护和后备保护结合的完整的高频闭锁距离保护。其原理如图7-9所示。设图7-9（a）的线路两端都装设有三段式距离保护。其Ⅰ段能保护线路全长的80%～90%，其Ⅱ段应保护线路全长并具有足够的裕度，作为正方向故障的判别元件和停止发信元件，动作时停发闭锁信号；Ⅲ段可作为相邻线路保护的后备。距离部分和高频部分配合的关系是发生故障时，反映负序和零序电流或其突变量或负序、零序电压的起动元件KS动作，起动发信机，发出闭锁信号。Ⅱ段距离元件$Z_{Ⅱ}$动作时则起动KM_1，停止高频发信机。距离Ⅱ段动作后一方面起动时间元件$T_{Ⅱ}$，可经一定的延时后跳闸，同时还可经过一收信闭锁继电器KM_2闭锁接点在无闭锁信号时快速跳闸。$Z_{Ⅲ}$动作时经过Ⅲ段延时跳闸。当保护范围发生内部故障时（如k_1点），两端的起动元件动作，起动发信机，但两端的距离Ⅱ段也动作，又停止了发信机。当收信机收不到高频信号时，KM_2接点闭合，使距离Ⅱ段可快速动作于跳闸。而当保护范围发生外部故障时（如k_2点），靠近故障点的N端距离Ⅱ段不动作，不停止发信，M端Ⅱ段动作停止发信，但M端收信机可收到N端送来的高频信号使闭锁继电器动作，KM_2接点打开，因而断开了Ⅱ段的瞬时跳闸回路，使它只能经过Ⅱ段时间元件去跳闸，从而保证了动作的选择性。这种保护方式的主要缺点是使主保护（高频纵联保护）和后备保护（距离或零序保护）的接线互相连在一起，不便于运行和检修，例如当距离保护需要做定期检验而退出运行时，则高频保护不能独立工作，因此灵活度较差。当用微机实现时，不同的保护作在不同的插件上，某一保护发生故障时只需更换该保护插件，退出保护的时间很短，在一定程度上克服了这一缺点。

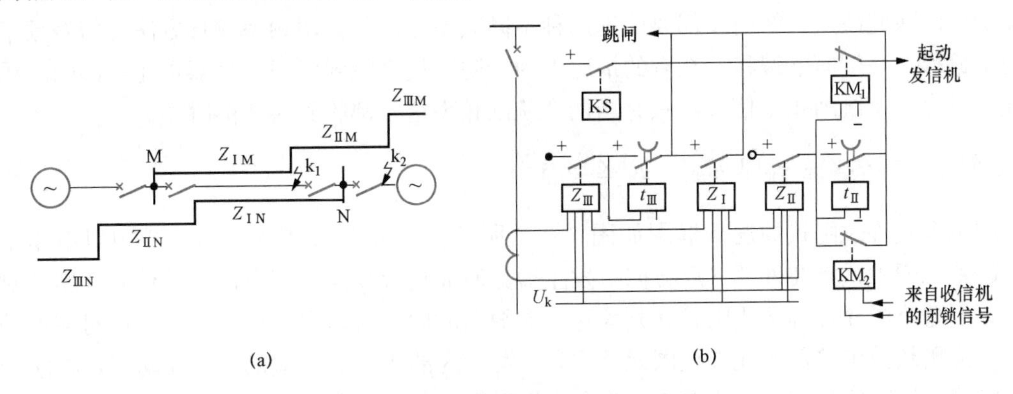

图7-9 高频闭锁距离保护的原理

（a）原理接线图；（b）逻辑框图

为了简单起见，图7-9（b）中的阻抗继电器画成接于相电压和相电流的示意图。实际上反映相间短路应用接于线电压和两相电流之差的接线，为反映接地短路应采用按零序电流补偿接线，即相电压和相电流加K倍零序电流，即按接地距离接线；如果选择性、灵敏度和动作时间满足要求，也可用零序电流方向反应单相接地，构成高频闭锁零序保护，工作原理与高频闭锁负序方向保护相同，只需用三段式零序电流方向元件代替上述三段式距离元件并和高频部分相配合即可实现。

7.6.2 欠范围直接跳闸式 A类考点

欠范围直接跳闸式逻辑框图如图 7-10 所示，两端只有欠范围整定的距离 1 段 Z_{I}，两端的 Z_{I} 动作范围要相互交叉。在正常运行状态下两端的发信机各发出一种闭锁对端和通道连续监视的闭锁频率信号（图 7-10 中未示出）。在线路内部任一点发生故障时总有一端的距离Ⅰ段可以动作。动作后一方面立即直接跳开本端线路断路器，另一方面控制发信机将闭锁频率信号切换成跳闸频率信号。尚未跳闸一端接收到此跳闸频率信号时，可通过“或”门跳开线路本端断路器。

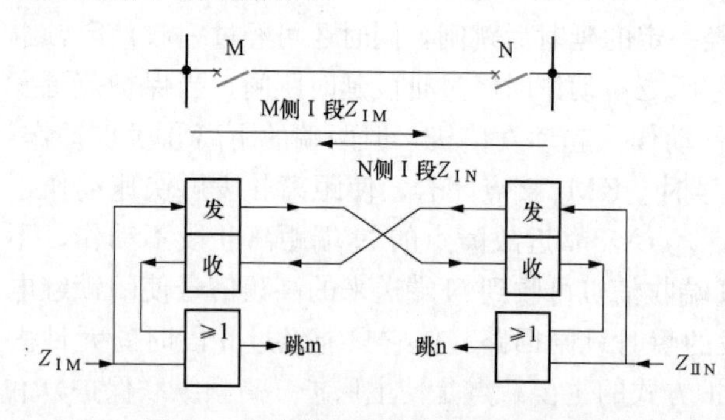

图 7-10 欠范围直接跳闸式逻辑框图

在这种方案中，接收到对端发来的跳闸频率信号时，可不经过本端的正方向跳闸元件 Z_{I} 的监控，直接跳闸，故称为欠范围传送直接跳闸信号方式，简称为欠范围直接跳闸式。本方案的优点是使用的元件最少，内部故障时保护动作速度快。在正常状态下有闭锁频率信号，不会由于通道中或外界的干扰信号使保护误动作。本方案的缺点有：①若在一端断路器断开的情况下或一端为弱电源端，则在该端附近发生短路时，其欠范围正向跳闸元件 Z_{I} 不能动作跳闸和发出跳闸频率信号；因短路点在对端欠范围跳闸元件动作范围外对端也不能动作；在此情况下对端只能依靠后备保护（距离Ⅱ和Ⅲ段）切除故障，设置弱电源保护可消除此缺点。②两端都要能发两种不同频率的信号，用频率偏移方法使信号频率一端向上偏移，一端向下偏移；在有的情况下为了防干扰将跳闸频率信号双重化，即同时用两个通道发出两个跳闸频率信号，只有当两个跳闸频率信号都收到时才能跳闸。

7.6.3 超范围允许跳闸式 A类考点

超范围允许跳闸式的逻辑框图如图 7-11 所示。本方案与超范围闭锁式相似但作用相反。超范围闭锁式是在外部（反方向）发生短路时靠近故障点一端发出闭锁信号，闭锁对端保护，而超范围允许跳闸式则是在判为正方向短路时向对端发出允许信号，允许对端保护跳闸，只应用超范围整定的允许跳闸元件 Z_{II}。发生内部故障时两端的 Z_{II} 都动作，将闭锁频率切换成允许跳闸频率。由于在 Z_{II} 动作又收到对端发来的允许跳闸信号时才能跳闸，因此称为超范围传送允许跳闸信号方式，简称超范围允许跳闸式。这种方案的优点是当发生外部故障时伴随通道故障或失效时因为收不到允许跳闸信号不会误动作，安全性较好。相反地，在发生内部故障时伴随通道故障或失效时，将要拒动。因此不能用载波通道。其次，对于这种方式在任何内部故障时，只有当两端或各端（对于多端线路）都判为内部

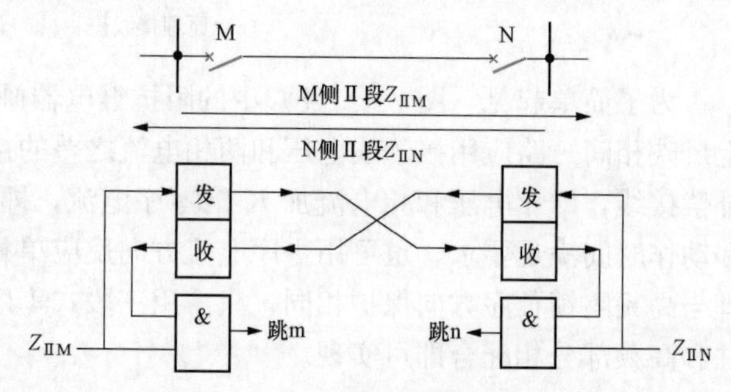

图 7-11 超范围允许式逻辑框图

故障，各端的 Z_{II} 都动作保护才能切除故障。保护动作时间取决于动作较慢的那一端 Z_{II} 动作的时间。当一端断路器断开或为弱电源端，在内部故障时，该端 Z_{II} 不会动作，不会发出允许跳闸信号，其他端保护也不能动作。为解决此问题可设置弱电源保护。对于断路器断开情况，也可利用断路器动断辅助触点在断路器断开时自动将发信机频率切换成允许跳闸频率。

7.6.4　对距离纵联保护的评价　B类考点

距离元件不仅可带有方向性，而且动作范围基本上是固定的，很少受系统运行方式、网络结构和负荷变化的影响。故用距离元件构成方向比较式纵联保护可以实现多种不同的保护逻辑，用户可根据通道的情况进行选择，具有很大的优越性，几乎成为高压、超高压输电线路基本的保护方式。距离纵联保护的缺点主要是受系统振荡、电压回路故障的影响，用于有串补电容线路上整定困难，以及接地距离元件受零序互感的影响等。

距离纵联保护的另一优点是可以兼作本线路和相邻线路的后备保护，对于常规（非微机）保护，这种优点又带来主保护和后备保护彼此牵制，造成维护、检修、调试等方面的困难。但对于微机保护，主保护和后备保护可装设在独立的插件上，这个缺点并不严重。尤其是高压、超高压输电线路一般要求主保护双重化，即必然还要有另一套保护与此装置互为备用，并且不在一个保护盘上，则调试维护、检修可以分别进行，不会有任何困难。因此，距离纵联保护应是高压、超高压和特高压输电线路的基本保护原理。

注意：对于直接跳闸方式和欠范围允许信号方式，在线路为单侧电源而受电侧发生短路时，送电侧将不能瞬时跳闸；当双侧电源线路的一侧尚未合闸时，也不能实现全线快速切除故障。

【例7-17】 闭锁式距离纵联保护对于被保护线路区外的故障，应靠远离故障点侧的保护发出闭锁信号。（　　）

A. 正确　　　　B. 错误

【例7-18】（多选）纵联方向保护中，通信通道传送的信息可能是（　　）。

A. 允许信号　　　　B. 闭锁信号

C. 通道异常信号　　　　D. 通道故障信号

【例7-19】 高频闭锁方向保护中采用两个电源起动元件的原因是（　　）。

A. 提高灵敏度

B. 防止发生区外短路时远离故障点侧保护误动作

C. 防止发生区内短路时保护拒动

D. 提高速动性

【例7-20】（多选）利用输电线路两端电流（瞬时值或相量）和的特征构成的保护称为（　　）。

A. 方向比较式纵联保护　　　　B. 电流相位比较式纵联保护

C. 距离纵联保护　　　　D. 纵联电流差动保护

【例7-21】 高频载波信号仅在线路两端的阻波器之间传播，线路任何一端发出的高频信号只能被另一端的收信机接收到，其自身的收信机接收不到（　　）。

A. 正确　　　　　　　　　　　　　　B. 错误

7.7 电流相位比较式纵联保护

7.7.1 电流相位比较式纵联保护的基本原理　B 类考点

在只有载波通道可用作长距离输电线通信通道的年代里，传送电流瞬时值或幅值比较困难，电流纵联差动保护难以实现，因此广泛应用了只传送和比较输电线路两端电流相位的电流相位比较式纵联保护。

电流相位比较式纵联保护，或称相差纵联保护是借助于通信通道比较输电线路两端电流的相位，从而判断故障的位置。其中，用高频（载波）通道实现的，称为相差高频保护。由于其结构简单（不需要电压量），不受系统振荡影响等优点曾得到广泛应用。但用微机实现时，为了达到较高的精度需要很高的采样率，因此目前应用较少，但由于有了光纤通道，这仍然是一种重要的保护原理。有广阔的应用前景，图 7 - 12 反映了相差高频保护工作的原理。在此仍采用电流的假定正方向是由母线流向被保护线路的。因此，装于线路两端的电流互感器的极性应如图 7 - 12（a）所示。这样，当保护范围发生内部（k_1 点）故障时，在理想情况下两端电流相位相同，如图 7 - 12（b）所示，两端保护装置应动作，使两端的断路器跳闸。而当保护范围发生外部（k_2 点）故障时，两端电流相位相差 180°，如图 7 - 12（c）所示，保护装置不应动作。

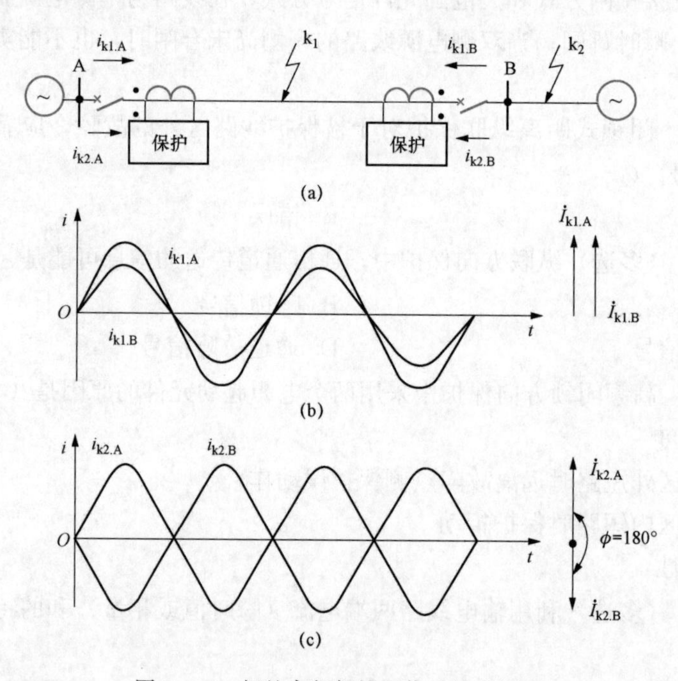

图 7 - 12　相差高频保护工作的基本原理

（a）接线示意图；（b）k_1 点发生内部故障的电流相位；（c）k_2 点发生外部故障的电流相位

为了满足以上要求，当采用高频通道经常无电流，而在故障时发出高频电流的方式来构成保护时，实际上可以做成使短路电流的正半周控制高频发信机发出高频电流，而在负半周则不发，如此不断地交替进行。

当保护范围发生外部故障时两端电流相位相反，如图7-13（a）和（b）所示。两个电流仍然在它自己的正半周发出高频电流。因此，两个高频电流发出的时间相差180°，如图7-13（c）、（d）所示，这样两端收信机所收到的就是一个连续不断的高频电流，如图7-13（e）所示。两端发出的这种填充对端所发高频电流间隙的高频电流实际上就是一种闭锁信号，有此闭锁信号的存在，高频电流就没有间隙，收信机就没有输出，如图7-13（f）所示，保护就不能跳闸。由于高频电流在传输途中有能量衰耗，因此如图7-13（e）所示，收到对端的电流幅值要小一些。

当保护范围发生内部故障时，由于两端的电流基本上同相位，如图7-13中的（a′）和（b′）所示，它们将同时发出半周期的高频电流脉冲，如图7-13（c′）和（d′）所示。因此，两端收信机所收到的高频电流都是间断的，没有填满其间隙的闭锁信号，如图7-13（e′）所示。经过收信机检波，输出一个电流，如图7-13（f′）所示，使保护出口动作跳闸。

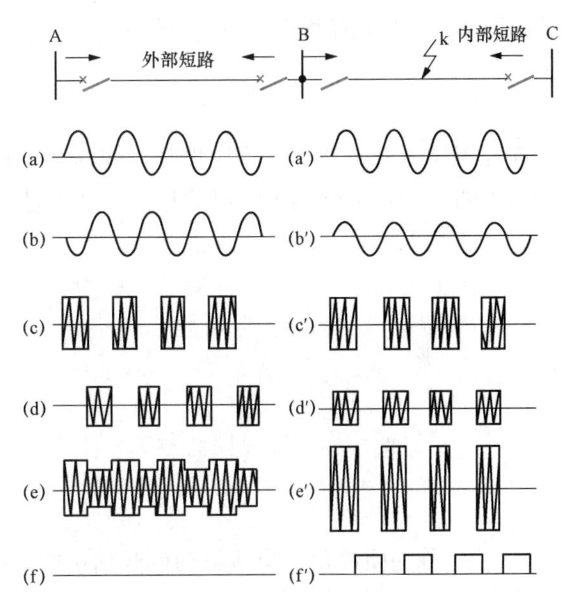

图7-13　相差高频保护动作的原理说明
（a）A端滤过器的输出电流；（b）B端滤过器的输出电流；（c）A端发出的高频信号；（d）B端发出的高频信号；（e）A、B端收信机收到的高频信号；（f）A、B端收信机发出的信号

由以上分析可以看出，对于相差高频保护，在发生外部故障时，由对端送来的高频脉冲电流正好填满本端高频脉冲的空隙，使本端的保护闭锁。填满本端高频脉冲空隙的对端高频脉冲就是一种闭锁信号。而在发生内部故障时没有这种填满空隙的脉冲，就构成了保护动作跳闸的必要条件。因此相差高频保护是一种传送闭锁信号的保护。

传送闭锁信号的保护装置都有一共同的缺点，就是为了保证在发生外部故障时，只要判断为正方向故障一端（即远离故障点的那一端）保护中控制跳闸回路的起动元件能够起动，则判断为反方向故障的一端（即接近故障点那一端）就要可靠地发出闭锁信号。因此，必须有两个灵敏度不同的起动元件。灵敏度较高（定值低）的起动元件起动发信机发出闭锁信号，灵敏度较低（定值高）的起动元件起动跳闸回路。因此，传送闭锁信号的保护装置总灵敏度低于传送跳闸信号或传送允许跳闸信号保护装置的灵敏度。

闭锁式保护还有一个共同的缺点，就是在外部故障同时伴随通道故障或失效时，远离故障点一端收不到闭锁信号，必然误动作。但闭锁式保护的这个缺点和其最大的优点相互依存。即在发生内部故障伴随着通道破坏时不会拒动，对于传送跳闸信号和允许跳闸信号的保护正好相反，在发生外部故障伴随通道故障或失效时，保护不会收到干扰造成的错误的允许或跳闸信号而误动作，但在发生内部故障伴随通道破坏时，收不到允许信号，保护将拒动。显然对于独立于输电线路之外的微波通道保护和光纤通道保护，可以应用这种方法。

如果至少有一相断路器在合位（线路在运行状态），并且灵敏（低定值）起动元件动作，则立刻起动发信机，发出高频闭锁信号。为了在发生外部故障时使闭锁信号一直保持到外部故障切除和保护装置返回后，应使发信机一经起动，只要停信元件不动作在自动返回时要带有一定的返回延时，使保护装置各部分都恢复正常状态后闭锁信号才停止发送。

前面已提到，传送闭锁信号的保护有一个共同的优点，那就是在发生内部故障的同时伴随通道失效（通道故障、设备损坏或信号衰耗增大等）时，不影响保护的正确动作。这是因为在发生内部故障时不需要传送闭锁信号。这一优点对于使用高频载波通道的保护特别重要，因为载波通道是用高压输电线路本身作为信号传输介质的，在输电线路上作为通道的一相对地或对其他相短路时信号衰耗增大，可能使信号中断，但不影响发生内部故障时保护正确动作。

7.7.2　相差高频保护的闭锁角　C类考点

在理想情况下，发生外部故障时，线路两侧操作电流的相位差是 180°。但实际上由于各种因素的影响，两侧操作电流的相位差并不是 180°。其影响因素主要有：

（1）两侧电流互感器的角度误差，一般为 7°。

（2）保护装置本身的相位误差，一般为 15°。

（3）高频电流从线路的对侧以光速传送到本侧所需要的时间 t 产生的延迟角，$\alpha=\frac{L}{100}6^\circ$。

（4）为了保证动作的选择性，考虑一个裕度角，一般取 15°，则

$$\beta=7^\circ+15^\circ+\frac{L}{100}6^\circ+15^\circ=37^\circ+\frac{L}{100}6^\circ$$

其中，β 称为闭锁角，当线路两侧收信机收到的信号间隙大于闭锁角时保护就可以动作，小于闭锁角时，保护就会被闭锁而不动作，这也是它被称为闭锁角的原因。由以上分析可见，闭锁角越大，保护的灵敏度越低。而闭锁角的整定又跟线路的长度有关，线路越长，闭锁角越大，保护的灵敏度越低。所以相差高频保护一般只用在长度不超过 300km 的输电线路上。

7.7.3　对相差高频保护评价　C类考点

1. 相差高频保护的优点

相差高频保护原理上只反映故障时线路两端电流的相位，与电流的幅值无关，不需引入电压量，不受电力系统振荡的影响，能允许较大的过渡电阻，不用零序电流作操作量时不受平行线零序互感的影响，在线路非全相运行状态下也能正确工作，结构简单、工作可靠，曾经是高压输电线路的主要保护方式，在纵联保护发展过程中起到重要作用。

2. 相差高频保护的缺点

传统的相差高频保护只在电流正半周时发出高频电流，一周期内只进行一次比相。这样，如果内部故障发生在两端电流进入负半周后，则要等到下一个负半周出现有足够宽度的高频电流间隙时保护才能动作，所以动作速度较慢。在短路后几个周期内，短路电流中可能含有很大的非周期分量和各种高频分量，由于线路两侧电流互感器的特性、饱和程度等可能不同，可能使操作电压的波形发生严重畸变。两侧畸变程度也不相同，在外部短路情况下有

可能出现线路一侧操作电压的正半周变窄，而另一侧操作电压的正半周正常或者也变窄，两侧的高频电流脉冲不能相互填满而出现间隙，使保护误动作。在内部短路情况下，也可能使两侧操作电压的正半周变宽而使高频脉冲间隙变窄，使保护不能快速动作。相差高频保护从原理上在线路非全相状态下可以正确工作，不受非全相状态下系统振荡时产生的负序、零序分量的影响，但在非高频加工相发生断线并在断口一侧接地时，由于不接地侧无故障电流，操作电压很小而发出连续的高频电流使保护拒动。保护装置中必须设有灵敏度不同的两套起动元件，这对于长距离输电线路短路电流较小，常出现起动元件灵敏度不足的问题。

【例7-22】 以下不属于主保护的有（　　）。

A. 复合电压闭锁过电流保护　　B. 纵联电流差动保护

C. 方向比较式纵联保护　　D. 110kV距离保护Ⅰ、Ⅱ段

【例7-23】 （多选）下列保护只能用作被保护线路主保护的是（　　）。

A. 闭锁式距离纵联保护　　B. 光纤电流差动保护

C. 纵联电流相位差动保护　　D. 闭锁式方形纵联保护

模拟习题

（1）不能作为相邻线路的后备保护的是（　　）。

A. 线路的过电流保护　　B. 线路的零序过电流保护

C. 线路的纵联差动保护　　D. 线路的距离保护

（2）可以实现全线速动的保护是（　　）。

A. 线路的过电流保护　　B. 线路的零序过电流保护

C. 线路的纵联差动保护　　D. 线路的距离保护

（3）高频阻波器所起的作用是（　　）。

A. 限制短路电流　　B. 阻止工频信号进入通信设备

C. 阻止高频电流向变电站母线分流　　D. 增加通道衰耗

（4）闭锁式纵联保护跳闸的必要条件是（　　）。

A. 正方向元件动作，反方向元件不动作，收到闭锁信号后信号又消失

B. 正方向元件动作，反方向元件不动作，没有收到闭锁信号

C. 正、反方向元件均动作，没有收到闭锁信号

D. 正、反方向元件均不动作，没有收到闭锁信号

（5）高频闭锁零序保护中，当发生区内故障时，（　　）。

A. 两侧都发闭锁信号

B. 两侧都不发闭锁信号

C. 两侧都发允许信号

D. 一侧发闭锁信号一侧不发闭锁信号

（6）高频保护在非全相运行中，又发生区外故障，此时保护装置将会误动作。（　　）

A. 正确　　B. 错误

（7）结合滤波器和耦合电容器组成的带通滤波器对50Hz工频应呈现极大的衰耗，以阻止工频串入高频装置。（　　）

A. 正确　　　　　　　　　　　　　B. 错误

(8) 高频保护通道传送的信号按其作用的不同，可分为跳闸信号、允许信号和闭锁信号三类。(　　)

A. 正确　　　　　　　　　　　　　B. 错误

(9) 相—地制通道，就是利用输电线路的某一相作为高频通道加工相。(　　)

A. 正确　　　　　　　　　　　　　B. 错误

真题赏析

(1) 电容式电压互感器对载波信号为(　　)，对工频电流为(　　)。

A. 高阻抗，高阻抗　　　　　　　　B. 低阻抗，低阻抗

C. 低阻抗，高阻抗　　　　　　　　D. 高阻抗，低阻抗

(2) 差动保护从原理上讲具有绝对的(　　)。(2019 年第一批)

A. 速动性　　　B. 灵敏度　　　C. 选择性　　　D. 可靠性

(3) 在采用长期发信的闭锁式方向高频保护中，当判断为外部短路时(　　)。(2019 年第一批)

A. 两侧发信机都继续发信　　　　　B. 远故障点一侧转发允许信号

C. 近故障点一侧继续发信　　　　　D. 两侧发信机立即停止发信

(4)(多选) 以下关于高频信号的叙述中，正确的是(　　)。(2019 年第一批)

A. 如果没有收到对侧闭锁信号，本地保护立即跳闸

B. 收到对侧解除闭锁信号以后，本地保护起动即可跳闸

C. 一旦收到对侧跳闸信号，即本地保护没有起动，保护也立即跳闸

D. 即使没有收到对侧允许信号，保护起动以后也会跳闸

(5)(多选) 在电网高频保护中，长时间发送高频信号的作用是(　　)。(2019 年第一批)

A. 作为允许信号　　　　　　　　　B. 监测通道完好性

C. 可以只用一套起动元件　　　　　D. 作为封闭信号

(6) 在外部故障伴随通道失效时，超范围允许跳闸式保护必定误动作。(　　)(2019 年第一批)

A. 正确　　　　　　　　　　　　　B. 错误

(7) 高压输电线路 MN 配置故障起动发信闭锁式纵联方向保护，若 N 端反向出口发生故障，且 N 端的发信机故障不能发信，则线路 MN 两端保护的动作情况是(　　)。(2019 年第二批)

A. 由于是区外故障，MN 两端保护均正确不动作

B. 由于通信机制破坏，因此 MN 两端保护均误动作

C. M 端保护误动作，N 端保护正确不动

D. N 端保护误动作，M 端保护正确不动

(8) 线路内部故障伴随高频通道破坏时，相差高频保护将会相继动作。(　　)(2019 年第二批)

A. 正确　　　　　　　　　　　　　B. 错误

(9) 故障起动发信闭锁式纵联距离保护与故障起动发信闭锁式纵联方向保护的特点相

似，均可作为主保护和后备保护。（　　）（2019年第二批）

A. 正确　　　　　　　　　　　　B. 错误

（10）双电源供电系统关于两侧电流，说法正确的是（　　）。（2022年第二批）

A. 正常时，两侧电流大小相同，方向相同

B. 区内故障时，两侧电流大小相同，方向相同

C. 正常时，两侧电流大小相同，方向相反

D. 区外故障时，两侧电流大小相同，方向相同

第8章

电力变压器保护

8.1 电力变压器的故障类型、异常运行状态和保护配置

电力变压器是发电厂、变电站的重要组成设备，它的安全运行将直接关系到电力系统供电的可靠性及运行的稳定性。为了保证电力系统及变压器的安全，并把故障和异常运行的影响限制在最小，GB/T 14285—2006《继电保护和安全自动装置技术规程》规定，在变压器中，必须装设动作可靠、性能良好的继电保护装置。

8.1.1 变压器的故障和不正常运行状态 B类考点

1. 变压器的故障

电力变压器广泛采用油浸式结构，其故障可分为变压器油箱内部故障和油箱外部故障两大类。油箱内部故障包括有绕组的相间短路、匝间短路和中性点接地系统侧的接地短路。当变压器油箱内部发生这些故障时，短路电流在故障点产生的高温电弧不仅可能烧坏绕组绝缘和铁芯，而且由于绝缘材料和变压器油剧烈气化产生大量气体，可能使变压器油箱局部变形，严重时甚至引起油箱爆炸。因此，变压器油箱内部的故障是电力系统较危险的故障之一，在配置变压器保护时应注意。油箱外部故障主要是在变压器绝缘套管和引出线上发生的相间短路和中性点接地系统侧的接地短路。

2. 变压器的不正常运行状态

变压器的异常运行状态有多种，常见的有外部短路引起的过电流、过负荷、油箱漏油造成的油面降低或冷却系统故障引起的油温升高、外部接地短路引起的中性点过电压及系统过电压或频率降低引起的过励磁等。

8.1.2 变压器应装设的继电保护装置 A类考点

针对上述变压器运行中可能出现的各种故障和异常运行状态，根据变压器容量大小、电压等级、重要程度和运行方式等，变压器应装设以下继电保护装置。

1. 瓦斯保护

瓦斯保护反应于油箱内部所产生的气体或油流而动作，它可防御变压器油箱内的各种短路故障和油面的降低，且具有很高的灵敏度。瓦斯保护有重、轻之分，一般重瓦斯保护动作于跳开变压器各电源侧的断路器，轻瓦斯保护动作于信号。

容量在0.8MVA及以上的油浸式变压器和0.4MVA及以上的车间内油浸式变压器应装设瓦斯保护，同样对带负荷调压的油浸式变压器的调压装置也应装设瓦斯保护。

2. 纵联差动保护和电流保护

纵联差动保护和电流保护可用于防御变压器绕组和引出线的各种相间短路故障、绕组的匝间短路故障，以及中性点直接接地系统侧绕组和引出线的单相接地短路。

容量为 10MVA 及以上单独运行的变压器，容量为 6.3MVA 及以上的并列运行变压器及工业企业中的重要变压器，应装设纵联差动保护。电流保护用于容量为 10MVA 以下的变压器，当以电流保护作为主保护时，如果主保护（限时电流速断或过电流）的动作时限大于 0.5s 时，也应装设瞬时电流速断保护。对 2MVA 及以上的变压器，当电流保护的灵敏度或动作时间不满足要求时，应装设纵联差动保护。

纵联差动保护不能反映绕组匝数很少的匝间短路故障、油面降低等，因此存在一定的保护死区。而瓦斯保护不能反映油箱外部的短路故障。因此，纵联差动保护和瓦斯保护共同构成变压器的主保护。当上述保护动作后，均应跳开变压器各电源侧断路器。

3. 反映外部相间短路故障的后备保护

对于外部相间短路引起的变压器过电流，同时作为变压器瓦斯保护、纵联差动保护的后备保护，可采用的保护有过电流保护、低电压起动的过电流保护、复合电压起动的过电流保护、负序电流保护及阻抗保护等。

4. 反映外部接地短路故障的后备保护

对中性点直接接地的电网内，由外部接地短路引起过电流时，如变压器中性点接地运行应装设零序电流保护。零序电流保护可由两段组成，每段可各带两个时限，并均以较短的时限动作于缩小故障影响范围，或动作于本侧断路器，以较长的时限动作于断开变压器各侧断路器。

对自耦变压器和高、中压侧中性点都直接接地的三绕组变压器，当有选择性要求时应增设零序方向元件。

当电网中仅有部分变压器中性点接地运行时，为防止发生接地短路时中性点接地的变压器跳开后，中性点不接地的变压器（低压侧有电源）仍可能带接地故障继续运行，从而产生过电压威胁绝缘，根据具体情况装设零序过电压保护、间隙零序电流保护等。

5. 过负荷保护

对 0.4MVA 以上的变压器，当数台变压器并列运行或单独运行并作为其他负荷的备用电源时，应根据可能过负荷的情况装设过负荷保护，过负荷保护经延时作用于信号。对于无人值守的变电站，必要时过负荷保护可动作于自动减负荷或跳闸。

6. 过励磁保护

超高压大型变压器需要装设过励磁保护，由于变压器铁芯中的磁通密度 B 与电压和频率的比值 U/f 成正比，因此当电压升高和频率降低时会引起变压器过励磁，使得励磁电流增大，造成铁损耗增加，铁芯和绕组温度升高，严重时要造成局部变形和损伤周围的绝缘介质。过励磁保护反映于实际工作磁密和额定工作磁密之比（称为过励磁倍数）而动作。在变压器允许的过励磁范围内，过励磁保护作用于信号，当过励磁超过允许值时可动作于跳闸。

7. 其他非电量保护

除了上述反应电气量特征的保护外，变压器通常还装设反应油箱内油、气、温度等特征的非电量保护，主要包括变压器本体和有载调压部分的油温保护、变压器的压力释放保护、变压器带负荷后起动风冷的保护、过载闭锁带负荷调压的保护等。

规程规定:

【例8-1】 瓦斯保护是变压器的（　　）。

A. 内部故障的主保护内部　　B. 内部故障的后备保护

C. 外部故障的主保护　　D. 外部故障的后备保护

【例8-2】 以下选项不属于变压器非电量保护的是（　　）。

A. 压力升高保护　　B. 冷却系统故障保护

C. 油温保护　　D. 接地保护

【例8-3】 以下不属于1台容量为20MVA的110kV降压变压器应配置的保护是（　　）。

A. 电流速断保护　　B. 过负荷保护

C. 瓦斯保护　　D. 纵联差动保护

【例8-4】 变压器引出线上的故障不属于变压器保护范围内的故障（　　）。

A. 正确　　B. 错误

【例8-5】（多选）下列关于变压器保护的叙述中，不正确的是（　　）。

A. 励磁涌流引起的不平衡电流是变压器差动保护特有的问题

B. 瓦斯保护是非电量保护，由于其动作时间较短，因此属于后备保护

C. 由于差动回路平衡绕组的作用，因此带负荷调整分接头位置不会引起不平衡电流的增大

D. 对于变压器油箱内部各类故障，瓦斯保护与差动保护均能可靠动作

【例8-6】 变压器瓦斯保护能反映变压器油箱内的任何故障（　　）。

A. 正确　　B. 错误

【例8-7】（多选）关于变压器差动保护的描述，正确的是（　　）。

A. 可以代替瓦斯保护　　B. 可以反映比较严重的匝间短路

C. 不能反映匝间短路　　D. 不能代替瓦斯保护

8.2 变压器的瓦斯保护　A类考点

瓦斯保护是变压器油箱内部故障的主保护之一。当变压器油箱发生内部故障时，短路电流和故障点存在的高温电弧使变压器油和绝缘材料分解，产生大量气体，利用这些气体及其形成油流速度实现的保护，称为瓦斯保护（气体保护）。在变压器油箱发生内部故障产生轻微

气体或油面降低时，轻瓦斯保护动作于发信号；当产生大量气体或油流速度超过整定值时，重瓦斯保护动作于跳开变压器各侧断路器。

瓦斯保护的测量元件是气体继电器（KG），又称瓦斯继电器。它安装在变压器油箱与储油柜的连接导管中，继电器上的箭头指向储油柜。为了使发生故障时气体能顺利通过气体继电器，变压器的油箱、连接导管与水平面都应有一定的倾斜度，如图 8-1 所示，变压器顶盖沿气体继电器方向应具有 1%～1.5% 的升高坡度，连接管道也应有 2%～4%的升高坡度。

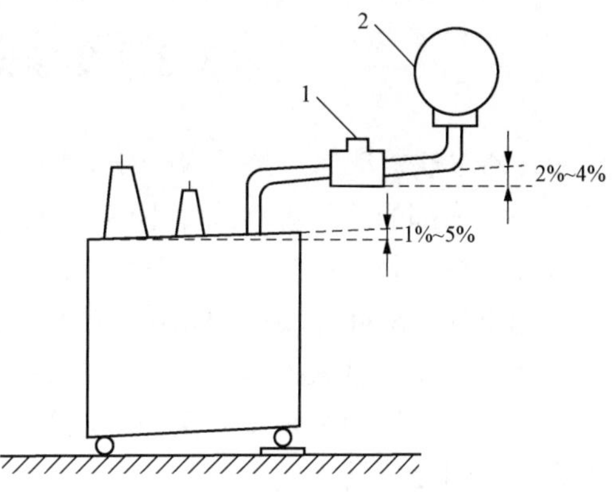

图 8-1　气体继电器安装示意图

1—气体继电器；2—储油柜

以双绕组变压器为例，瓦斯保护的接线如图 8-2 所示。

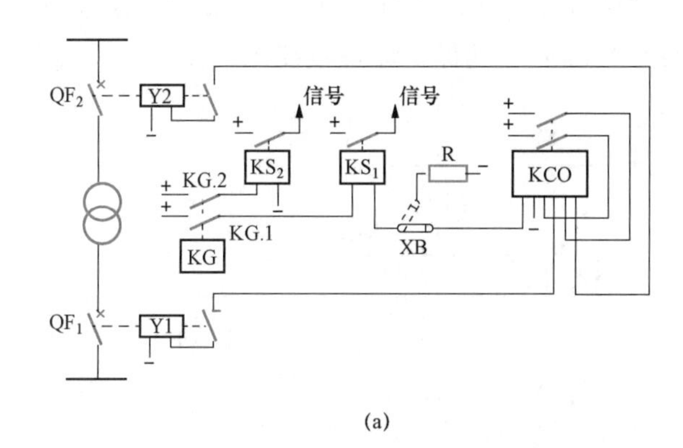

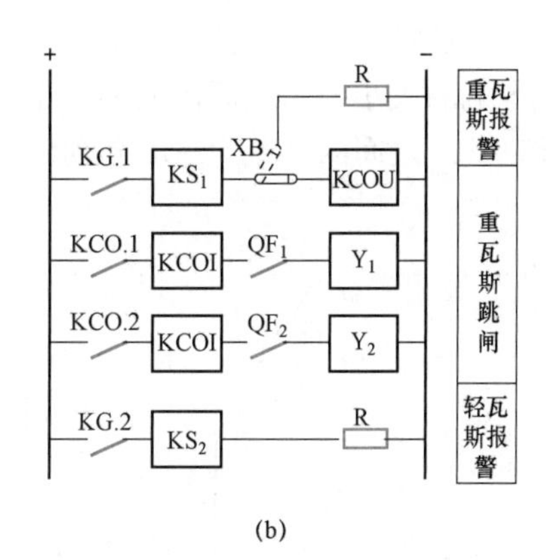

(a)　　(b)

图 8-2　瓦斯保护二次原理图

（a）原理接线图；（b）直流二次回路展开图

瓦斯保护的主要优点：结构简单、灵敏度高、能反应变压器油箱内的各种故障，包括轻微的匝间短路故障（这是其他变压器保护无法做到的）。近年来，大型变压器为了改善防护冲击过电压的性能，广泛采用了新型结构和工艺，这导致了匝间短路故障可能性的增加，而纵联差动保护却往往不能动作，只能依靠瓦斯保护来反应；此外，瓦斯保护还能反应变压器的铁芯局部烧损、绕组内部断线、绝缘逐渐劣化及油面降低等故障。

瓦斯保护的主要缺点：①不能反映变压器套管和引出线的故障，因此，还需要引入其他主保护；②在变压器内部发生严重故障时，由于瓦斯保护要有一定的油流速度才能动作，因而动作速度不够快。

【例 8-8】 变压器重瓦斯保护动作时将（　　）。

A. 延时动作于信号　　B. 跳开变压器各侧断路器

C. 跳开变压器负荷侧断路器　　D. 不确定

【例 8-9】（多选）下列关于瓦斯保护的说法，正确的是（　　）。

A. 重瓦斯保护的出口方式不可改变　　B. 轻瓦斯保护的出口方式可以改变

C. 重瓦斯保护反应于跳闸　　　　　　　　D. 轻瓦斯保护反应于信号

8.3　变压器的纵联差动保护

变压器纵联差动保护是反应变压器绕组、套管和引出线上各种短路故障的主保护，但由于它对油箱内部的匝间短路故障不够灵敏，而变压器油箱内部的故障又是电力系统较危险故障，因此，纵联差动保护必须和气体保护一起构成变压器各种故障的主保护。

与输电线路纵联差动保护相比，变压器纵联差动保护不存在有辅助导线问题，因而得到广泛应用。变压器纵联差动保护存在的特殊问题：产生不平衡电流的原因多，不平衡电流大，因此在变压器的纵联差动保护中，必须采取各种措施尽量消除或减小不平衡电流。下面以普通双绕组变压器为例。

8.3.1　基本工作原理与接线图　A 类考点

变压器纵联差动保护的基本工作原理与输电线路纵联差动保护相似，是通过比较变压器各侧电流的大小及相位而构成的。单相变压器纵联差动保护原理接线图如图 8-3 所示，两侧差动 TA 之间的区域为纵联差动保护区。

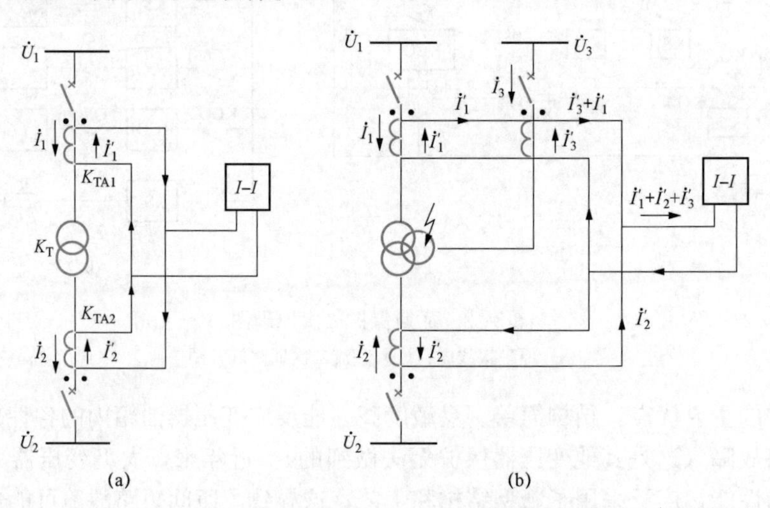

图 8-3　单相变压器纵联差动保护原理接线图

(a) 双绕组变压器；(b) 三绕组变压器

由于变压器高、低压侧的额定电流不等，要实现变压器纵联差动保护，使正常运行和区外故障时两侧二次电流相等，必须适当选取两侧电流互感器的变比，使它们的比值等于变压器的变比，这与输电线路纵联差动保护不同。

8.3.2　影响纵联差动保护正确动作的原因与措施　A 类考点

由于变压器自身的特殊性，在变压器纵联差动保护中，不平衡电流往往比发电机、线路纵联差动保护的不平衡电流大。下面分析变压器纵联差动保护中形成不平衡电流的 5 个因素，并采取相应的措施。

1. 两侧绕组连接方式不同

三相变压器常常采用 YNd11 的接线方式（即 Y_0/△－11），正常运行时变压器角侧的相电流相位超前于星侧相电流 30°。由于该电流相位差会使得变压器正常运行或发生区外故障时，计算得到的差动电流不为零。因此，必须采用相应的接线方式以消除二次侧电流相位不同而引起的不平衡电流。

对于 YNd11 接线变压器的纵联差动保护，将 Y 侧的 3 个电流互感器接成△形，而将△侧的 3 个电流互感器接成 Y 形，这样就可调整流入差动继电器的两侧电流同相位，如图 8-4 所示。同时，考虑到 Y 形侧二次侧电流由于△形接线的缘故增大了$\sqrt{3}$倍，为保证变压器正常运行及发生外部故障时差动电流为零，应使该侧变比增大$\sqrt{3}$倍。

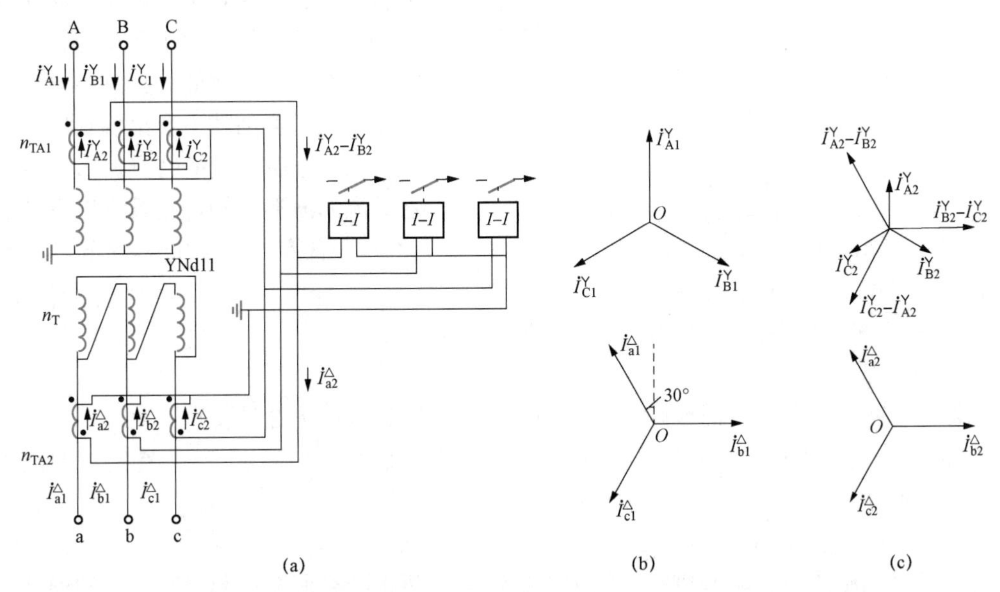

图 8-4 YNd11 接线变压器纵联差动保护接线和相量图

(a) 变压器及其纵联差动保护的接线；(b) 正常运行时 TA 一次侧电流相量图；
(c) 正常运行时纵联差动电流回路两侧的电流相量图

2. 变压器的励磁涌流

励磁涌流是变压器励磁电流的一个特例。由于变压器励磁电流只流过变压器的电源侧，因此在差动回路中无法被减掉，即励磁电流将全部变成不平衡电流流进差动保护。在变压器正常运行时，其励磁电流很小，为额定电流的 3%～5%；外部短路时，因电压降低，励磁电流更小，所以可不考虑其影响。

当变压器空载合闸或外部故障切除后电压恢复时，出现的励磁电流数值很大，可能达到变压器额定电流的 6～8 倍，称为励磁涌流。显然，这么大的不平衡电流流进差动回路，将引起保护误动作，若只通过提高动作电流来躲过该电流，则在变压器发生短路故障时，保护的灵敏度又将不够。因此，如何识别流进差动回路的电流是励磁涌流还是短路电流，是变压器差动保护要解决的一个主要问题。为此，必须对励磁涌流进行分析。

(1) 励磁涌流产生的原因。变压器空载合闸时磁通随时间变化的轨迹，如图 8-5 (a) 所示。求得磁通 Φ 后就可以通过磁化曲线得到相应的励磁电流 i_e 的大小，简化的磁化曲线

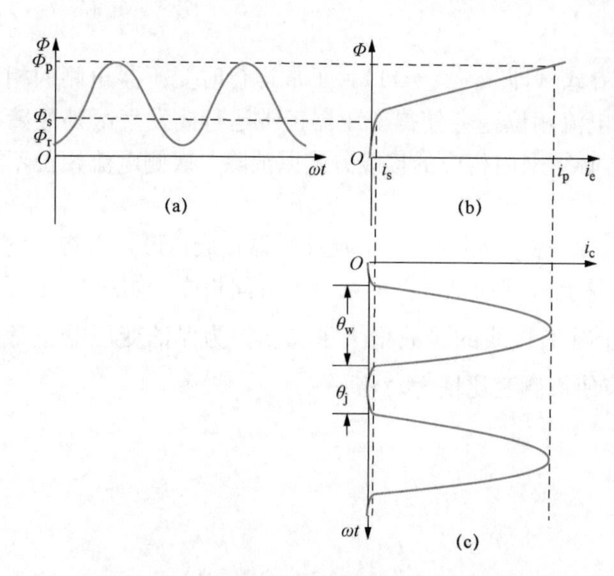

图 8-5　单相变压器励磁涌流的产生机理
(a) 空载合闸时的磁通随时间变化的轨迹；
(b) 磁化曲线；(c) 励磁涌流

如图 8-5 (b) 所示。显然，在铁芯未饱和前 ($\Phi<\Phi_s$)，励磁电流 $i_e<i_s$，其值可以忽略不计；当铁芯饱和后 ($\Phi>\Phi_s$)，励磁电流将急剧增大，幅值最大可达 i_p，这种励磁电流就称为变压器的励磁涌流，其数值最大可达额定电流的 6～8 倍，如图 8-5 (c) 所示。

励磁涌流的大小和衰减时间，与合闸瞬间电压的初相角、铁芯中剩磁的大小和方向、电源容量的大小、回路的阻抗、变压器容量的大小和铁芯材料的性质等都有关系。例如，正好在电压瞬时值为最大时合闸就不会出现励磁涌流。

(2) 励磁涌流的特点。由变压器励磁涌流的波形可知，它具有以下特点。

1) 含有大量的非周期分量，致使励磁涌流波形偏于时间轴的一侧。

2) 含有大量高次谐波，其中以 2 次谐波成分为主。

3) 波形之间出现间断。

此外，三相变压器励磁涌流除上述 3 种特点外，还具有以下 2 种特点。

1) 由于三相电压相位相差 120°，无论任何时刻空载投入变压器，至少有两相要出现程度不同的励磁涌流。

2) 对称性涌流波形的出现。

(3) 躲过励磁涌流影响的措施。根据上述特点，防止励磁涌流引起纵联差保护误动作的措施如下。

1) 采用带速饱和变流器的差动继电器。

2) 采用 2 次谐波制动原理。

3) 利用鉴别波形间断角大小的原理。

4) 其他防止涌流引起纵联差动保护误动作的方法。

3. 电流互感器的计算变比与实际变比不同

在实际中，电流互感器是定型产品，其规格已系列化和标准化，因而在选择电流互感器的变比时，一般只能选择到一个接近并稍大于计算变比的标准变比，称为实际变比。这样，由于电流互感器计算变比与实际变比的不同，在差动回路也会产生不平衡电流。为此，可采取下列措施：

(1) 利用自耦变流器消除。

(2) 对具有速饱和变流器的差动继电器，利用其平衡线圈消除或减小。

(3) 通过调节绕组的抽头和铁芯气也可消除。

以上措施中，由于绕组的匝数都不能连续调节，选用的匝数一般与计算匝数不会相等，因此实际上还会残留小部分不平衡电流及影响，在整定计算时还应给予考虑。

4. 两侧电流互感器励磁特性不同

由纵联差动保护的接线原理可知，即使是型号相同、变比相同的差动电流互感器，在一次电流相同的情况下，由于励磁特性的不同，其二次电流并不相等，从而在差动回路中产生不平衡电流。对于变压器纵联差动保护，两侧差动电流互感器的变比不同、型号不同，因而励磁特性的差别更大，产生的不平衡电流也更大。为此，在整定计算时引入电流互感器的同型系数，当差动电流互感器同型时，该系数取 0.5；而当差动电流互感器不同型时，该系数取 1。

5. 运行中变压器调压分接头改变

为了满足电能质量中电压指标的要求，方法之一是运行中的变压器根据实际情况改变调压分接头的位置，即改变变压器的变比，从而改变变压器的输出电压。当变压器的变比发生改变时，也改变了差动保护原有的平衡关系，导致产生新的不平衡电流，其大小与调压范围有关。由于运行中不可能在变压器分接头改变时重新调整继电器的参数，因此，由此产生的不平衡电流只能在整定计算时考虑。

8.3.3 变压器纵联差动保护的整定原则 C 类考点

1. 纵联差动保护动作电流的整定原则

（1）在正常运行情况下，为防止电流互感器二次回路断线时引起差动保护误动作，保护装置的整定电流 I_{act} 应大于等于变压器的最大负荷电流 I_{Lmax}，有

$$I_{act} = K_{rel} I_{Lmax}$$

其中，K_{rel} 为可靠系数，一般取 1.3。

目前，微机差动保护一般可以判断电流互感器是否断线，并且在断线情况下将差动保护闭锁，此时定值整定可不用考虑断线影响，因此定值可以小于额定电流。目前，有些地区认为电流互感器二次回路断线会出现高电压，危及人身安全，是一种严重的故障，因此允许变压器切除，整定时可不考虑二次回路断线问题。

（2）躲过保护范围外部短路时的最大不平衡电流，起动电流整定为

$$I_{act} = K_{rel} I_{unb\cdot max}$$

其中，可靠系数 K_{rel} 一般取 1.3；$I_{unb.max}$ 为保护外部短路时的最大不平衡电流。

（3）无论按上述哪一个原则整定变压器纵联差动保护的动作电流，都还必须能够不受变压器励磁涌流的影响。当变压器纵联差动保护采用前文中所述二次谐波制动、间断角等原理识别励磁涌流时，它本身就具有躲开励磁涌流的性能，定值一般无须再另作考虑。

2. 纵联差动保护灵敏系数的校验

变压器纵联差动保护的灵敏系数，可按下式校验：

$$K_{sen} = \frac{I_{k\cdot min}}{I_{act}}$$

式中，$I_{k\cdot min}$ 为保护范围内部故障时流过差动继电器的最小差动电流（一般是单侧电源情况下内部故障的短路电流）。按照要求，灵敏系数 K_{sen} 一般不应低于 2，当不能满足要求时，则需要采用具有比率制动特性的差动继电器。

8.3.4 具有制动特性的变压器差动保护 C 类考点

当变压器差动保护的动作电流按整定原则整定时，为了能够可靠地躲开外部故障时的不

平衡电流，同时又能提高变压器内部故障时的灵敏度，广泛采用具有制动特性的变压器比率差动保护。下面分别以机电式和数字式变压器纵联差动保护为例，说明具有制动特性的变压器纵联差动保护的特点。

1. 具有制动特性的差动继电器

利用外部故障时的短路电流来实现制动使差动继电器的动作电流随制动电流的增加而增加，能够可靠地躲开外部故障时的不平衡电流，并提高内部故障时的灵敏度。

这种差动继电器的动作电流是随着制动电流的不同而改变的，而制动电流是变压器纵联差动保护中一侧的电流，在外部故障情况下，该电流实际上就是穿越变压器的电流。将差动电流与穿越性故障电流相比较，在发生外部故障时，差动电流仅是不平衡电流，明显小于变压器的穿越性电流；而在发生内部故障时，差动电流等于流向故障点的总的短路电流。这种利用穿越电流实现制动使保护的动作电流随着短路电流的增大而增大的变压器纵联差动保护，称为比率制动的差动保护。

2. 微机比率制动特性的纵联差动保护

（1）比率制动特性的纵联差动保护的原理。与传统机电式纵联差动保护相比，微机变压器纵联差动保护采用微处理器，可将差动量与制动量改为数字量计算。与此同时，前文中所述的变压器两侧电流相位调整、励磁涌流鉴别，以及计算变比与实际变比不同产生的不平衡电流补偿系数等，均可利用微机保护强大的计算与存储功能加以实现。

通常，微机比率制动特性采用折线段特性，一般有两折线、三折线、变斜率等各种比率制动特性。以两折线比率制动特性为例，阐述其工作原理。

以双绕组变压器为例，纵联差动保护的动作量和制动量分别为 $\begin{cases} I_{op} = |\dot{I}_1 + \dot{I}_2| \\ I_{res} = \dfrac{1}{2}|\dot{I}_1 - \dot{I}_2| \end{cases}$。

不论是双绕组变压器，还是三绕组变压器，纵联差动保护的动作量均是流入变压器的电流之和；对于制动量，还有其他多种形式，如取 $I_{res} = \dfrac{|\dot{I}_1| + |\dot{I}_2|}{2}$，或取差动臂幅值最大的一侧的电流 $I_{res} = \max\{I_1, I_2\}$。但各种制动量的选择均应满足在外部故障时制动量等于或正比于穿越性短路电流。

图 8-6 所示的两折线比率制动特性由折线段 AB、BC 组成。在变压器发生外部短路，当短路电流较小时，不平衡电流也很小，可以不要制动作用。为此，制动特性的起始部分可以是一段水平线。水平线的动作电流定值称为最小动作电流值 $I_{act.min}$，差动保护开始具有制动作用的最小制动电流称为拐点电流 $I_{res.min}$，动作判据可表示为

$$\begin{cases} I_{op} \geqslant I_{set.min} & (I_{res} \leqslant I_{res.min}) \\ I_{op} \geqslant I_{set.min} + m(I_{res} - I_{res.min}) & (I_{res} > I_{res.min}) \end{cases}$$

其中，制动段的斜率 $m = \dfrac{I_{op} - I_{set.min}}{I_{res} - I_{res.min}}$，定义比率制动特性曲线的比率制动系数 $K_{res} = \dfrac{I_{set.max}}{I_{res.max}}$。为防止区外故障时误动作，必须保证制动特性各点在不平衡电流曲线之上，K_{res} 值应满足可靠性和选择性的要求；与此同时，为保证差动保护在发生区内故障时的灵敏度，制动系数 K_{res} 又不宜过大。

(2) 整定方法。图 8-6 所示的制动特性曲线有 3 个定值需要整定，即最小动作电流定值 $I_{set.min}$、拐点电流 $I_{res.min}$、折线斜率 m 或比率制动系数 K_{res}。

1) 最小动作电流 $I_{set.min}$：应躲过变压器额定负荷时的不平衡电流。

2) 最小制动电流 $I_{res.min}$：一般整定为（0.8～1.0）倍的变压器的额定电流。

3) 折线斜率 m：应躲过发生区外故障时差动电流回路中最大不平衡电流。

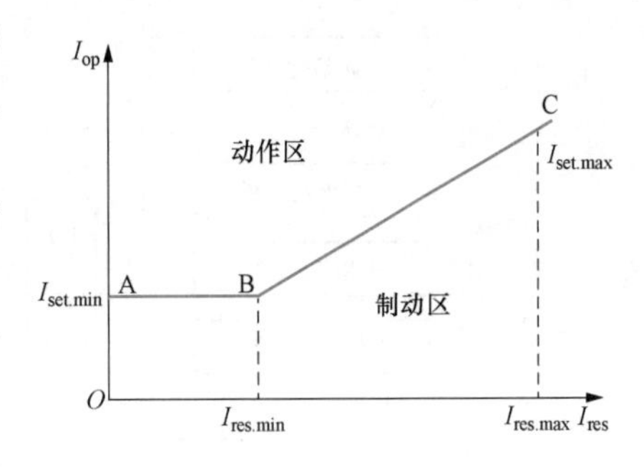

图 8-6 两折线比率制动特性

8.3.5 变压器差动速断保护

在变压器差动保护中，通常配有二次谐波等制动元件以防止励磁涌流引起保护误动作。但是在纵联差保护区内发生严重短路故障时，如果电流互感器出现饱和而使其二次侧电流波形发生畸变，则二次侧电流中含有大量谐波分量，从而使励磁涌流判别元件被误判为励磁涌流，致使差动保护拒动或延迟动作，严重损坏变压器。因此，为了保证与加快大型变压器内部故障时动作的可靠性与故障切除速度，需要设置差动速断保护。差动速断保护只反映差动电流中工频分量的大小，不考虑差动电流中谐波及波形畸变的影响（差动速断保护不经闭锁）。

差动速断保护的整定值应按躲过变压器最大励磁涌流或外部短路最大不平衡电流整定，其值可达额定电流的 4～10 倍。当发生区内（特别是变压器绕组端部）故障时差动电流达到差动速断整定值时，速断元件快速动作出口，跳开变压器各侧断路器。

综上所述，微机变压器纵联差动保护的逻辑构成如图 8-7 所示（以二次谐波涌流闭锁原理为例）。由图可见，变压器任一相差动速断保护动作即可出口跳开变压器。而对于变压器比率差动保护，需经过各相二次谐波的或门制动，各相 5 次谐波制动（对于超高压大型变压器，考虑变压器过励磁对差动保护的影响，可采用该闭锁功能），以及 TA 断线的闭锁（TA 断线时是否闭锁比率差动保护可根据具体情况和各地区的运行经验，通过对 KG 控制字的设置来更改）。

【例 8-10】 变压器的励磁涌流中，含有大量的高次谐波分量，其中以（　　）谐波所占的比例最大。

A. 2 次　　B. 3 次　　C. 4 次　　D. 5 次

【例 8-11】（多选）对变压器励磁涌流的描述，正确的是（　　）。

A. 可达到变压器额定电流的 6～8 倍　　B. 含有明显的非周期分量

C. 3 次谐波含量最多　　D、波形含有明显的间断

【例 8-12】 变压器比率制动保护设置比率制动的主要原因是（　　）。

A. 为了励磁涌流

B. 为了提高发生内部故障时保护动作的可靠性

C. 当区外故障不平衡电流增加，为了使保护不动作，使保护的动作电流随不平衡电流的增加而增加

D. 为了减小由于变压器两侧接线方式不同造成的不平衡电流

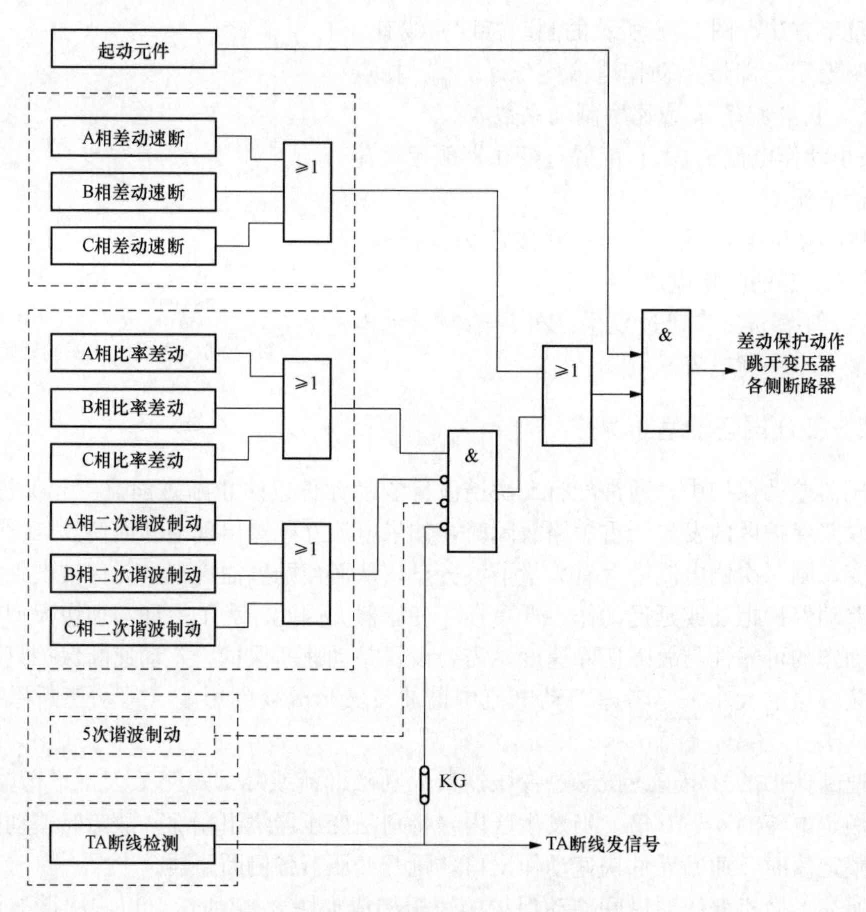

图 8-7　微机变压器纵联差动保护逻辑图

【例 8-13】 为减小不平衡电流，变压器两侧应装设变比相同的电流互感器(　　)。

A. 正确　　　　B. 错误

【例 8-14】 变压器投运时，合闸角为（　　）时励磁涌流最小。

A. 90°　　　　B. 180°　　　　C. 不一定　　　　D. 0°

【例 8-15】 三相变压器至少在（　　）中产生励磁电流。

A. 三相　　　　B. 两相　　　　C. 一相　　　　D. 以上都可以

【例 8-16】 变压器保护中，基波电流为 2A，谐波制动比为 16%，则（　　）谐波含量为（　　）保护会被闭锁。

A. 二次，0.38　　　　B. 三次，0.38

C. 三次，0.28　　　　D. 二次，0.30

8.4　变压器的电流速断保护　C 类考点

对于容量较小的变压器，可装设电流速断保护和气体保护一起构成变压器的主保护。变压器电流速断保护的工作原理与输电线路的相同，只是所保护设备由输电线路换成变压器而已。由于容量较小的变压器一般为单侧电源，此时注意应将电流速断保护装于变压器电源侧。保护动作电流的整定有以下两个原则：

（1）躲过变压器二次侧母线故障时流过保护的最大短路电流。

（2）躲过变压器空载合闸时的励磁涌流。

变压器电流速断保护具有接线简单、动作迅速等优点，但由于不能保护变压器的全部，且保护范围随系统运行方式及故障类型的变化而变化，因此，只能用在容量较小的变压器中，与气体保护一起构成变压器的主保护。

8.5　变压器相间短路的后备保护和过负荷保护

变压器相间短路的后备保护既是变压器主保护的后备，又是相邻母线或线路的后备保护，根据变压器容量和系统短路电流水平的不同，可采用过电流保护、低电压起动的过电流保护、复合电压起动的过电流保护、负序电流保护或低阻抗保护等。变压器过负荷运行将引起绝缘老化、寿命降低，因此还应装设过负荷保护。

8.5.1　过电流保护　B类考点

变压器过电流保护的动作电流按躲过变压器的最大负荷电流整定，保护的动作时间按阶梯原则确定。变压器最大负荷电流的确定应考虑到下列情况：

（1）并列运行的变压器，应考虑切除1台变压器后的过负荷情况。

（2）降压变压器，应考虑电动机自起动时的最大负荷电流。

由于变压器过负载能力强，流过变压器的最大负载电流大，因此，变压器过电流保护的动作电流大、灵敏度低，往往不能满足作为相邻元件后备保护的要求，为此需要采取低电压起动或复合电压起动等措施以提高其灵敏度。变压器过电流保护一般只用在容量较小的变压器或者只作为变压器相邻元件的后备保护。变压器过电流保护装置的原理接线如图8-8所示。

8.5.2　低电压起动的过电流保护　B类考点

低电压起动的过电流保护与上述保护的不同之处：增加了低电压闭锁元件用于判断变压器的过电流是因为过负载或是短路故障引起的，若是前者，保护安装处电压参数基本不变，低电压元件不动，闭锁保护；若是后者，则引起电压参数下降，低电压元件动作，保护起动，并在主保护或断路器拒动时动作于切除故障。低电压起动的过电流保护原理接线如图8-9所示。

低电压元件的作用是保证在1台变压器突然切除或电动机自起动时不动作，因而电流元件的整定值就可以不再考虑可能出现的最大负荷电流，而是按大于变压器的额定电流整定，即

$$I_{act}=\frac{K_{rel}}{K_{re}}I_{N}$$

结论：过电流保护按照最大负荷电流整定，而低电压起动的过电流保护按照额定电流整定，而额定电流是小于最大负荷电流的，因此低电压起动的过电流保护的整定值比过电流保护小，相应的灵敏度更高。

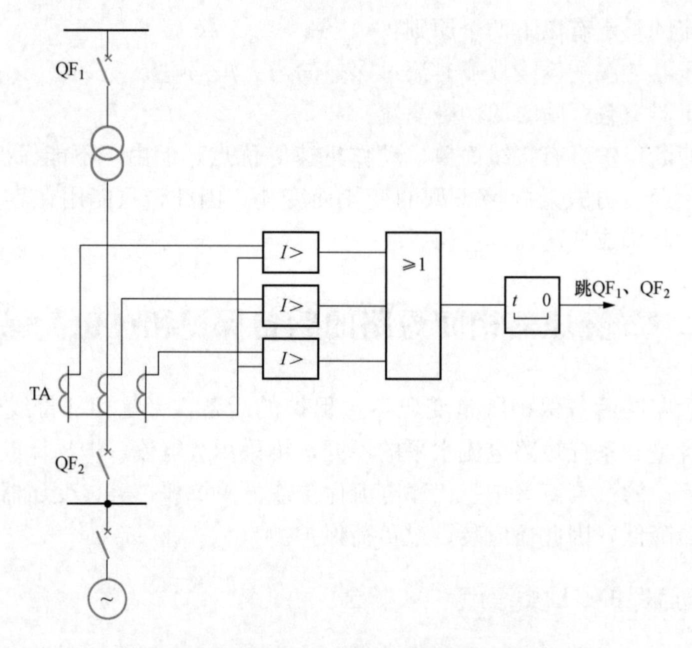

图 8-8　变压器过电流保护装置的原理接线图

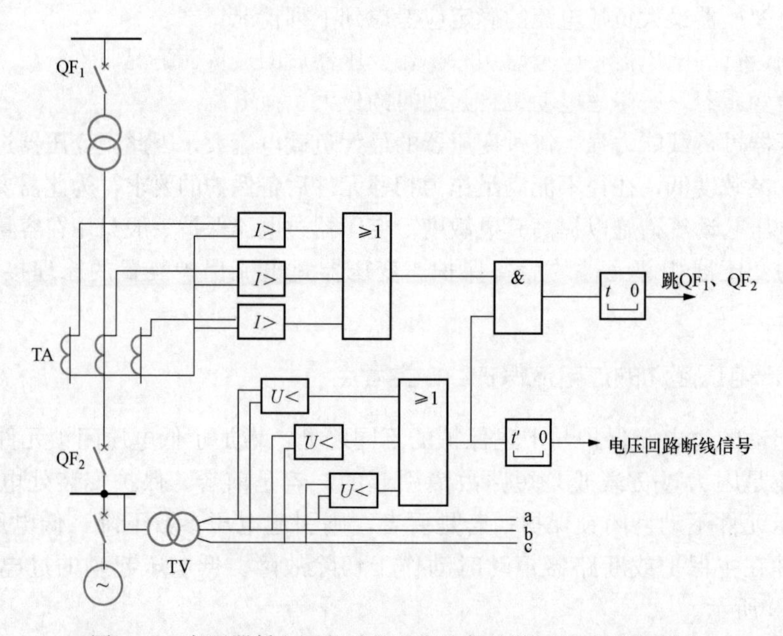

图 8-9　变压器低电压起动的过电流保护装置的原理接线图

低电压元件的起动值应小于在正常运行情况下母线上可能出现的最低工作电压，同时，外部故障切除后，电动机自起动的过程中它必须返回。根据运行经验，U_{act} 通常采用的计算式为

$$U_{act} = 0.7U_N$$

某些特定情况下低电压定值可能取得更低，如对于发电厂的升压变压器，当低压继电器由发电机侧电压互感器供电时，还应躲过发电机失磁运行时出现的低电压。有一种情况，当

低压元件安装于变压器低压侧时，电动机自起动时或电动机堵转时可能使得变压器低压侧母线电压有较大的降落。在上述情况下，低电压元件的起动值可取为

$$U_{act} = (0.5 \sim 0.6)U_N$$

当电压互感器回路发生断线时，低电压继电器将误动作。因此，低电压闭锁的过电流保护应该在电压回路断线的情况下发出信号，由运行人员加以处理。

8.5.3　复合电压起动的过电流保护　A 类考点

复合电压起动的过电流保护与低压起动过电流保护的不同之处：用复合电压元件取代低电压元件，保护电压元件的灵敏度提高了，但电流元件的灵敏度不变。该保护的原理接线如图 8 - 10 所示。

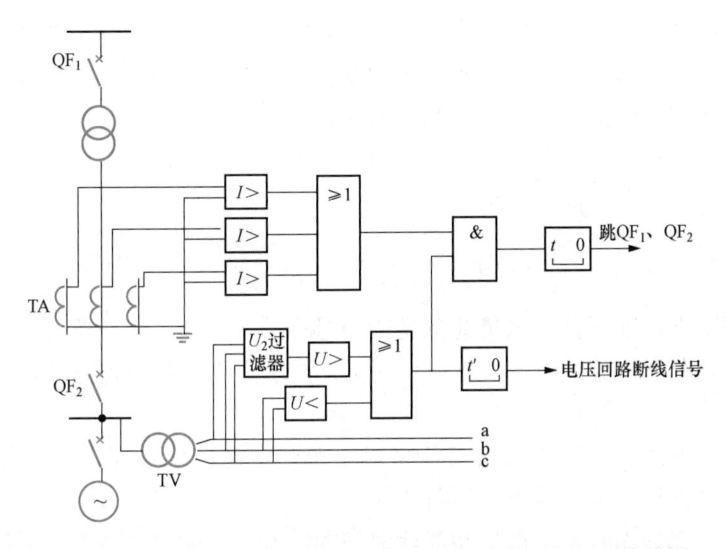

图 8 - 10　变压器复合电压起动的过电流保护装置的原理接线图

当发生各种不对称短路时由于出现负序电压，负序过电压继电器一定动作，与过电流继电器配合可作为不对称故障的保护；当发生三相短路时，可由低电压继电器与过电流继电器配合，作为三相短路故障的保护。

保护装置中过电流元件和相间低电压元件的整定原则与低电压起动过电流保护相同。负序电压元件的起动电压按躲开正常运行方式下负序过滤器出现的最大不平衡电压来整定，根据运行经验其起动电压 $U_{2\cdot act}$ 可取为

$$U_{2\cdot act} = (0.06 \sim 0.12)U_N$$

与低电压起动的过电流保护相比，复合电压起动的过电流保护具有以下优点：

（1）由于负序电压继电器的整定值小，在发生不对称短路时电压元件的灵敏系数高。

（2）当变压器另一侧发生不对称短路时，负序电压元件的工作情况与变压器采用的接线方式无关。

在微机变压器保护中，实现负序电压的计算与判定都更为简单，因此，对于大容量变压器复合电压起动的过电流保护已代替了低电压起动的过电流保护，而得到广泛的应用。

8.5.4 负序电流保护 C类考点

对于大容量的变压器，由于其额定电流很大，而在相邻元件末端两相发生短路时的短路电流可能较小，因此采用复合电压起动的过电流保护可能不能满足作为相邻元件后备保护时对灵敏系数的要求，在这种情况下应采用负序过电流保护，以提高不对称短路时的灵敏度。负序电流保护通过反应变压器不对称故障时出现的负序分量而构成，保护在不对称故障时的灵敏度较高，且与变压器的接线方式无关，接线也比较简单。与复合电压起动的过电流保护相比，负序电流保护无需引入负序电压，自身具有更高的灵敏度。

8.5.5 低阻抗保护 C类考点

对于大型升压变压器和系统联络变压器，当采用上述保护不能满足选择性和灵敏性要求时，还可以采用低阻抗保护。用作后备保护的变压器低阻抗保护一般由两段构成，第Ⅰ段的保护范围包括变压器受电侧的母线，第Ⅱ段的保护范围至变压器受电侧引出线的末端。当变压器采用低阻抗保护作为其后备保护时，其阻抗元件可选用全阻抗继电器或偏移特性阻抗继电器，后者躲过系统振荡的能力较强。

8.5.6 过负荷保护 C类考点

在大多数情况下，变压器的过负荷都是三相对称的，因此，变压器过负荷保护只用于反应变压器对称过负荷时引起的过电流。所以只需一个装在电源侧电流互感器二次侧的电流继电器，经延时作用于信号即可。

变压器相间短路后备保护的配置原则：对于单侧电源的变压器，后备保护装设在电源侧，作为纵联差动保护、瓦斯保护的后备或相邻元件的后备；对于多侧电源的变压器，主电源侧后备保护应当作为纵联差动保护和瓦斯保护的后备，且能对变压器各侧的故障满足灵敏度要求，动作后应按预定的顺序跳开各侧断路器；除主电源侧外，其他各侧后备保护只作为各侧母线和线路的后备保护，动作后跳开本侧断路器。

规程规定：

【例 8-17】 变压器的复合电压闭锁过电流保护应能反应外部短路引起的变压器过电

流（　　）。

A. 正确　　　　B. 错误

【例 8-18】 负序过电流保护不是变压器相间短路的后备保护（　　）。

A. 正确　　　　B. 错误

【例 8-19】（多选）变压器相间短路后备保护中，复合电压起动的过电流保护起动元件有（　　）。

A. 低电压继电器　　　　B. 过电压继电器

C. 负序过电压继电器　　　　D. 负序低电压继电器

8.6　变压器接地短路故障的后备保护

规程规定，电压等级在 110kV 及以上的中性点直接接地系统变压器，应装设有接地后备保护，作为变压器中性点直接接地侧绕组、引出线上接地故障的近后备保护及相邻母线、出线接地故障的远后备保护。变压器接地后备通常采用零序分量保护，并根据变压器中性点运行方式、绝缘水平及是否带放电间隙等，有多种形式。

规程规定:

规程规定:

8.6.1　中性点直接接地运行的变压器接地保护　B类考点

中性点直接接地运行的变压器应装设零序电流保护作为变压器接地后备保护，零序电流一般取自变压器中性点引出线上的零序电流互感器。以双绕组变压器为例，图8-11所示，配置两段式零序过电流保护。以尽量减小切除故障后的影响范围为原则，每段零序电流保护各带两级时限，并均以较短的时限断开母线联络断路器或分段断路器，以缩小故障影响范围；以较长的时限有选择性的动作于断开变压器各侧断路器。

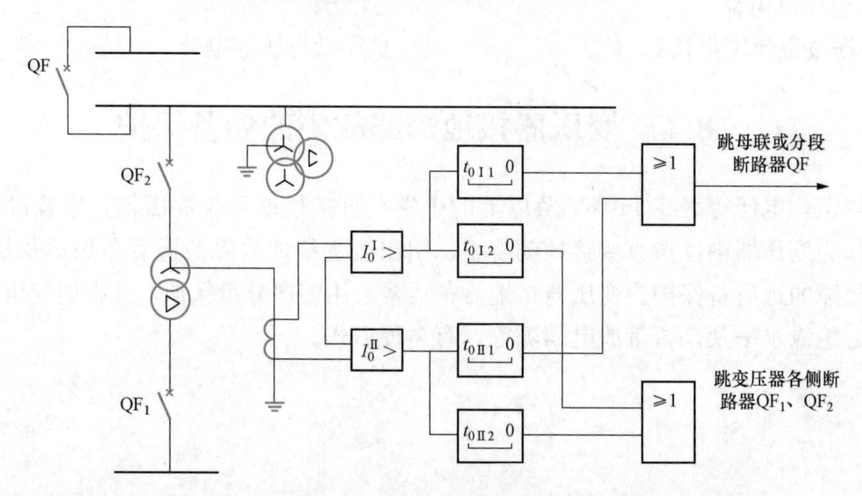

图8-11　中性点直接接地运行变压器的零序电流保护原理接线图

对于高、中压侧中性点均直接接地的自耦变压器和三绕组变压器，为保证保护的选择性要求，应当在高、中压侧均装设两段式零序电流保护的基础上分别增设零序功率方向元件，方向指向本侧母线，即分别作为变压器高、中压侧绕组和相邻元件接地故障的后备保护。

注意：自耦变压器的零序电流保护不能取自中性线上的电流互感器，因流过中性线上的零序电流与两侧系统的阻抗有关，其值是不确定的。

另外，零序电流保护的零序电流也可由三相套管式电流互感器的中性线上取得。此时应增设零序功率方向元件。当零序电流保护作为变压器的接地故障后备保护时，方向指向变压器；当其作为相邻线路的接地后备保护时，方向指向相邻线路。

8.6.2　中性点可能接地也可能不接地运行的变压器的接地保护　B类考点

当变电站有2台及以上的变压器并列运行时，为了尽量保持零序网络的阻抗和零序电流的分布不变，从而保证零序保护的灵敏度不变，并且限制短路电流水平，以及防止系统失去接地中性点等原因，通常仅将一部分变压器中性点接地运行，而另一部分变压器中性点不接地运行。在保证接地故障时系统不出现过电压的前提下，中性点直接接地的变压器数目应尽可能少，分布应尽可能地保持不变。对于这种情况应配置两种接地保护：一种接地保护用于中性点接地运行的变压器，通常采用两段式零序电流保护，其原理与整定方法与上部分内容相同；另一种接地保护用于中性点不接地运行的变压器，这种保护的配置、整定等问题与变压器中性点绝缘水平、过电压保护方式及并联运行的变压器台数有关。

1. 中性点全绝缘的变压器

全绝缘变压器中性点附近绕组的绝缘水平和绕组端部的绝缘水平相同，当系统中有其他变压器中性点接地时，这种变压器中性点可以不接地运行，但在需要时，也可改为中性点直接接地运行。这种变压器应装设零序电流保护作为中性点接地运行时的接地保护，还应装设零序电压保护（零序电压取自电压互感器二次侧的开口三角绕组），作为变压器中性点不接地运行时的接地保护。

以图 8-12 中一段母线带有 2 台变压器的典型变电站为例，说明保护的工作情况。当发生接地故障时，先由中性点接地运行的变压器的零序电流保护动作于断开母联断路器和切除中性点接地运行的变压器。而零序电压保护作为中性点不接地运行时的接地保护，即若故障仍然存在，再由零序电压保护切除中性点不接地运行的变压器。

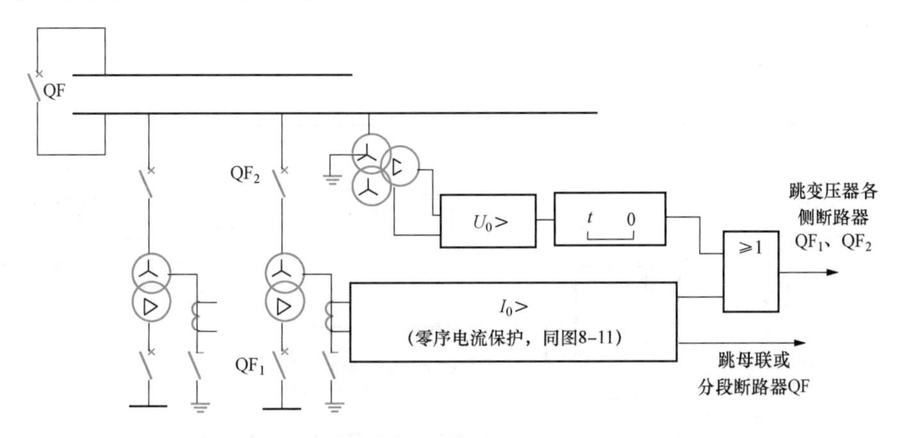

图 8-12　中性点可能接地也可能不接地运行的全绝缘变压器接地保护原理接线图

零序电压保护的整定值应躲过在部分中性点接地的电网中发生接地故障时，保护安装处可能出现的最大零序电压，即存在中性点接地运行的情况下发生接地故障，零序电压保护不会动作；同时，考虑到中性点直接接地系统在失去接地中性点时，零序电压保护能够灵敏动作，一般零序电压的整定值取 $3U_{0.\mathrm{act}}=180\mathrm{V}$。在电网发生单相接地，中性点接地的变压器已全部断开的情况下，零序过电压保护不需要再与其他接地保护相配合，因此其动作时间只需躲过暂态过电压的时间，一般可取 0.3～0.5s。

2. 分级绝缘且中性点装设放电间隙的变压器

为了降低变压器的造价，高压、超高压等级的大型变压器高压绕组往往采用分级绝缘方式。在分级绝缘变压器中，绕组靠近中性点的主绝缘水平比绕组端部绝缘水平低，因此，在构成其接地后备保护时，要求保护的动作应先跳开中性点不接地运行的变压器，若故障依然存在，再跳开中性点接地运行的变压器。

分级绝缘的变压器中性点可直接接地，也可经间隙接地。经间隙接地是指在变压器中性点与地线之间装设放电间隙，当发生接地故障造成中性点电压过高时放电间隙被击穿，形成中性点对地短路，从而保证变压器绝缘不受损坏。当变电站内多台分级绝缘变压器并列运行时，可能同时存在接地和经间隙接地两种运行方式。为此，应装设零序电流保护作为变压器中性点直接接地运行时的接地保护，还应装设零序电压保护。

另外，对于中性点经间隙接地的变压器，为避免间隙放电时间过长，应装设反应间隙放电电流的间隙零序电流保护。因为正常情况下放电间隙回路无电流，所以允许保护有较低的零序电流动作值。但是间隙放电电流大小与变压器零序阻抗、放电电弧电阻等因素有关，难以准确计算。

一般根据经验，间隙零序电流保护的一次动作电流取为100A。然而，放电间隙是一种较粗糙的设施，因其放电电压受气象条件、调整精度及连续放电次数的影响可能出现该动作而不能动作的情况。为此还应装设零序电压保护，作为放电间隙拒动时的后备保护，其整定值与全绝缘变压器的零序电压保护相同。

如图8-13所示，中性点有放电间隙的分级绝缘变压器接地保护采用间隙零序电流保护和零序电压保护并联构成，并带有0.3s的短延时，以躲过暂态过电压的影响，动作于断开变压器各侧断路器。

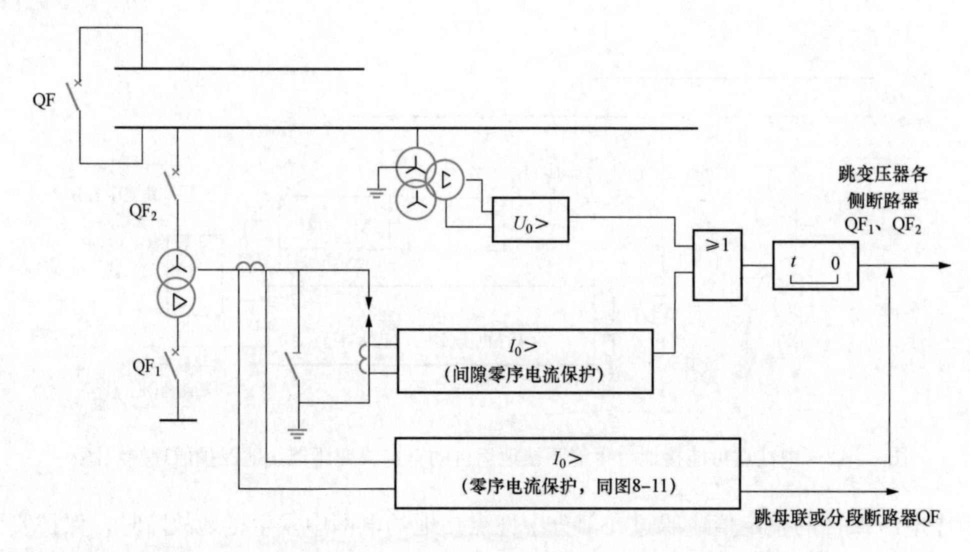

图8-13　中性点有放电间隙的分级绝缘变压器接地保护原理接线图

规程规定：

【例8-20】 变压器反应外部接地短路故障的后备保护为（　　）。

A. 纵联差动保护　　B. 零序保护

C. 过电流保护　　　　　　　　　　　　D. 瓦斯保护

8.7　变压器的过励磁保护

8.7.1　变压器过励磁的产生和危害

变压器过励磁，是指铁芯中的磁感应强度 B 超过额定磁感应强度，引起励磁电流剧增的这种异常工作情况。过励磁是威胁变压器运行安全的一种常见异常工况。当变压器过励磁后，励磁电流剧增，励磁电流可达变压器的额定电流，铁芯饱和。此时，一方面使励磁电流在绕组中产生的铜耗、主磁通在铁芯中产生的铁耗增加；另一方面，使漏磁通增加，导致靠近铁芯的绕组导体、油箱壁及其他金属构件的涡流损耗增大，而且，由于励磁电流含有许多高次谐波分量，而铁芯和其他金属构件的涡流损耗与频率的平方成正比，因此，变压器局部严重过热；此外，励磁电流的剧增还可能导致变压器纵联差动保护误动作等。

规程规定:

变压器的过励磁能力可用允许过励磁倍数曲线表示，如图 8-14 所示。当过励磁倍数越大时，变压器允许过励磁持续时间越短，即变压器的过励磁能力呈现反时限特性。

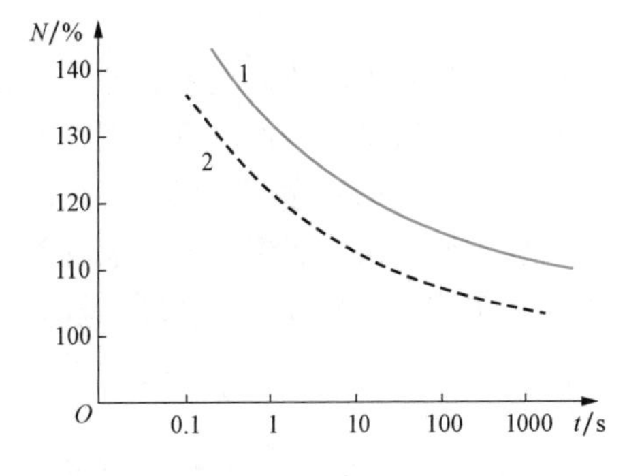

图 8-14　反时限过励磁保护整定实例

8.7.2　变压器的过励磁保护　C 类考点

要构成变压器过励磁保护，应检测 u/f 值。

为了保证变压器的安全，同时又能充分发挥变压器过励磁能力，变压器过励磁保护最好采用能与变压器允许过励磁倍数曲线相配合的反时限特性，但由于各种变压器的允许过励磁倍数曲线很不一致，要使保护的时限特性与之配合并非易事；此外，反时限特性保护的实现手段也比较复杂。因此，目前的变压器过励磁通常采用两段式定时限特性。

【例 8-21】 变压器过励磁的原因包括电压升高、频率降低。(　　)

A. 正确　　　　B. 错误

8.8 变压器的其他保护

8.8.1 零序差动保护　C类考点

变压器纵联差动保护采用相电流，因此变压器发生内部单相接地故障时灵敏度比较低，若常规纵联差动保护的灵敏度不满足要求，可加装零序电流差动保护。对于普通变压器，其零序差动保护的原理接线如图 8-15 所示，即零序差动回路由变压器中性点侧零序电流互感器和星形侧零序电流互感器组成。

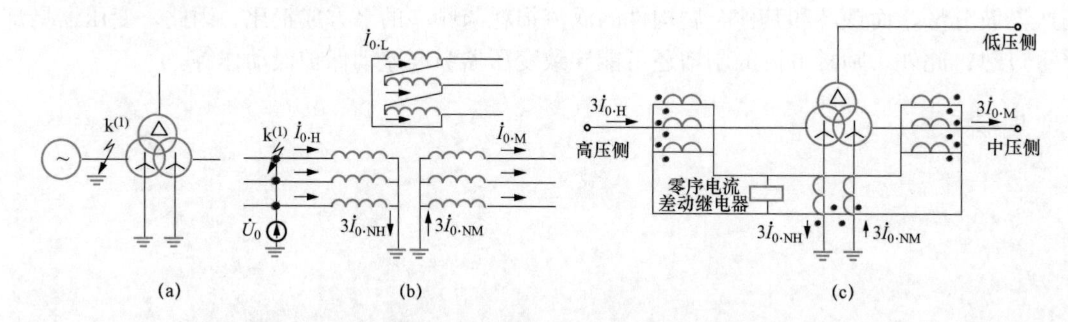

图 8-15　三绕组变压器的零序电流差动保护

(a) 外部单相接地示意图；(b) 外部单相接地的零序电流的实际分布；(c) 零序电流差动保护原理接线图

零序电流差动保护要求各电流互感器选取相同的变比，若变比不同，则会在外部接地故障时产生不平衡电流。对于三绕组的普通变压器，可以在中性点直接接地的两侧分别装设零序电流差动保护。

零序电流差动保护的动作判据与一般差动保护一样，整定原则如下。

(1) 躲过外部单相接地故障时的不平衡电流，不平衡电流的计算公式与一般电流差动保护类似。

(2) 躲过励磁涌流情况下和外部三相故障时产生的零序不平衡电流。励磁涌流对零序电流差动保护而言是穿越性电流，理论上不会产生不平衡电流，三相故障时一次侧也无零序电流，实际中产生的零序不平衡电流是由各电流互感器传变误差引起的。

从整定原则可以看到，零序电流差动保护的动作电流比一般电流差动保护小，因此在变压器内部单相接地故障时灵敏度比较高。

8.8.2 负序功率方向保护

这是一种各种电气设备都可以采用的短路保护。当变压器发生不对称故障时，负序功率方向均为从变压器内部流出；而当不对称故障发生在变压器外部时，则故障侧变压器负序功率方向为流进，其余侧为流出。根据此特点，不仅可构成变压器不对称故障的主保护，加上延时电路后，还可以作为变压器外部短路故障的后备保护。注意，在变压器空载合闸时，由于三相励磁涌流不对称，将出现负序涌流，为防止保护误动作，也需加装涌流闭锁元件；此外，为保证匝间短路时的灵敏度，要求保护负序起动功率应比较小；还有，变压器正常运行时的不对称负荷也应很小。

实际上，负序功率方向保护主要是针对设备匝间短路故障引入的，无论是变压器、发电机、并联电抗器，还是大型电动机绕组的匝间短路保护，都存在如何提高灵敏度减小死区的问题。在变压器中，由于气体保护已可以灵敏反应变压器油箱内部的各种故障，包括绕组匝间短路故障，因此，对于变压器而言，负序功率方向保护不一定是最合适的保护。

8.8.3　温度保护

变压器油的温度越高，劣化速度就越快，使用寿命就越短，因此，变压器运行规程规定，变压器正常运行上层油温应控制在 60～80℃范围内，不宜超过 85℃，不得超过 95℃。为此，必须对运行中的变压器上层油温进行监视。

8.8.4　变压器压力释放阀动作保护

对于变压器温度和油箱内压力升高及冷却系统故障，应装设相应的保护动作于发信号或跳闸。现代变压器都装设有压力释放阀动作保护，变压器压力释放阀的作用相当于早期变压器的安全气道，变压器的主、辅油箱各有一个压力释放阀。当变压器油箱内部发生严重故障或穿越性短路而未及时被切除时，电弧或过电流产生的热量使变压器油和其他绝缘材料分解，产生的大量气体令变压器油箱承受巨大压力，严重时可能使油箱变形甚至破裂，压力释放阀在这种情况下动作，排出高压气体和油，以减轻和解除油箱所承受的巨大压力，从而保证了油箱的安全。在压力释放阀动作后，其触点闭合，可瞬时动作于跳开变压器。此外，在变压器冷控系统失电后，也会给出一对触点延时动作于发信号或跳闸。

模拟习题

(1) 瓦斯保护是变压器的（　　）。

A. 主后备保护　　　　B. 内部故障的主保护

C. 外部故障的主保护　　　　D. 外部故障的后备保护

(2) 变压器瓦斯继电器的安装，要求导管沿储油柜方向与水平面具有（　　）升高坡度。

A. 0.5%～1.5%　　B. 2%～4%　　C. 4.5%～6%　　D. 6.5%～7%

(3) 变压器瓦斯保护的气体继电器安装在（　　）。

A. 油箱和储油柜之间的连接导管上　　　　B. 变压器保护屏上

C. 油箱内部　　　　D. 油箱外部

(4) 变压器大盖沿气体继电器方向的升高坡度应为（　　）。

A. 1%～1.5%　　B. 0.5%～1%　　C. 2%～2.5%　　D. 2.5%～3%

(5) 变压器的呼吸器所起的作用是（　　）。

A. 用以清除变压器中油的水分和杂质

B. 用以吸收、净化变压器匝间短路时产生的烟气

C. 用以清除所吸入空气中的杂质和水分

D. 以上任一答案均正确

(6) 主变压器重瓦斯保护和轻瓦斯保护的正电源，正确接法是（　　）。

A. 使用同一保护正电源

B. 重瓦斯保护接保护电源，轻瓦斯保护接信号电源

C. 使用同一信号正电源

D. 重瓦斯保护接信号电源，轻瓦斯保护接保护电源

(7) 当变压器发生外部故障时，有较大的穿越性短路电流流过变压器，这时变压器的差动保护（　　）。

A. 立即动作　　B. 延时动作

C. 不应动作　　D. 视短路时间长短而定

(8) 变压器的励磁涌流可达变压器额定电流的（　　）。

A. 6～8 倍　　B. 1～2 倍

C. 10～12 倍　　D. 14～16 倍

(9) 双绕组变压器空载合闸的励磁涌流的特点有（　　）。

A. 变压器两侧电流相位一致　　B. 变压器两侧电流大小相等，相位互差 30°

C. 变压器两侧电流相位无直接联系　　D. 仅在变压器一侧有电流

(10) 过电流保护采用低压起动时，低压继电器的起动电压应小于（　　）。

A. 正常工作最低电压　　B. 正常工作电压

C. 正常工作最高电压　　D. 正常工作最低电压的 50%

真题赏析

(1) 与采用制动特性的变压器差动保护相比较，变压器差动速断（　　）。(2019 年第一批)

A. 整定值更小，灵敏度更高

B. 降低外部故障的励磁电流

C. 提高了内部故障时动作的可靠性和速动性

D. 更准确地检测励磁涌流，提高动作的准确性

(2) 变压器空载合闸时，励磁涌流的大小主要与（　　）有关。(2019 年第一批)

A. 励磁损耗　　B. 极化损耗　　C. 合闸速度　　D. 合闸相位

(3) 变压器保护中采用复合电压来起动过电流保护，主要目的是（　　）。(2019 年第一批)

A. 减小最大不平衡电流　　B. 保证不对称故障下能够动作

C. 提高过电流保护的灵敏度　　D. 提高过电流保护的可靠性

(4)（多选）大型变压器的主保护包括（　　）。(2019 年第二批)

A. 瓦斯保护　　B. 过电流保护

C. 零序电流保护　　D. 差动保护

(5)（多选）为提高过电流保护对于不对称相间故障的灵敏度，可以采取（　　）等措施。(2019 年第二批)

A. 采用零序电流保护　　B. 采用振荡闭锁措施

C. 引入复合电压起动元件　　D. 采用负序电流保护

(6)(多选)油浸式电力变压器配置的下列保护中,(　　)属于内部故障时的主保护。(2019 年第二批)

A. 电流速断保护　　B. 复合电压起动的过电流保护

C. 电流差动保护　　D. 瓦斯保护

(7)如果二次谐波电流与基波电流比值很大,需要开放差动保护(　　)。(2019 年第二批)

A. 正确　　B. 错误

(8)(多选)变压器纵联差动保护,不反映的变压器故障为(　　)。(2021 年第一批)

A. 轻微的匝间短路　　B. 负荷过大

C. 三相短路　　D. 漏油造成的油面降低

(9)纵联差动保护是变压器的(　　)。(2021 年第二批)

A. 主保护　　B. 后备保护

C. 近后备保护　　D. 远后备保护

(10)(多选)变压器的差动保护中电流互感器的接线(　　)。(2022 年第一批)

A. 三角形侧的电流互感器接成三角形

B. 三角形侧的电流互感器接成星形

C. 星形侧的电流互感器接成三角形

D. 星形侧的电流互感器接成星形

(11)变压器的瓦斯保护一般做主保护(　　)。(2022 年第二批)

A. 正确　　B. 错误

(12)(多选)变压器差动保护不平衡电流的产生因素有(　　)。(2023 年第一批)

A. 电流互感器的励磁特性不同　　B. 电流互感器的变比不同

C. 励磁涌流　　D. 输电线路的分布电容

(13)(多选)变压器相间短路的后备保护有(　　)。(2023 年第二批)

A. 复合电压起动的过电流保护　　B. 低电压起动的过电流保护

C. 过电流起动的低电压保护　　D. 过电流保护

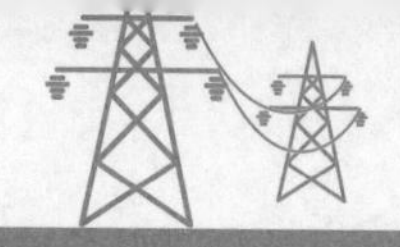

第9章

输电线路的自动重合闸

9.1 输电线路的自动重合闸的作用及分类

9.1.1 自动重合闸（简称ARD装置）在电力系统中的作用 A类考点

在电力系统中，输电线路，尤其是架空线路较容易发生故障，因此，必须设法提高输电线路供电的可靠性，而自动重合闸装置正是提高输电线路供电可靠性的有力工具。

输电线路的故障按其性质可分为瞬时性故障和永久性故障。瞬时性故障主要是由雷电引起的绝缘子表面闪络、线路对树枝放电、大风引起的短时碰线、通过鸟类身体的放电等原因引起的短路。这类故障由继电保护动作断开电源后，故障点的电弧自行熄灭、绝缘强度重新恢复，故障自行消除，此时，若重新合上线路断路器，就能恢复正常供电。而永久性故障，如倒杆、断线、绝缘子被击穿或损坏等，在故障线路电源被断开之后，故障点的绝缘强度不能恢复，故障仍然存在，即使重新合上断路器，也会被继电保护装置再次断开。

运行经验表明，输电线路的故障大多数是瞬时性故障，占总故障次数的80%～90%。因此，若线路因故障被断开之后再进行一次重合，其成功恢复供电的可能性是相当大的。而自动重合闸装置就是将被切除的线路断路器重新自动投入的一种自动装置，简称ARD。显然采用自动重合闸装置后，如果线路发生瞬时性故障时，保护动作切除故障后，重合闸动作能够成功，恢复线路的供电；如果线路发生永久性故障时，重合闸动作后，继电保护再次动作，使断路器跳闸，重合闸不成功。根据多年来运行资料的统计，输电线路ARD的动作成功率一般可达60%～90%。可见采用自动重合闸装置来提高供电可靠性的效果是很明显的。

输电线路上采用自动重合闸装置的作用可归纳如下。

（1）提高输电线路供电可靠性，减少因瞬时性故障停电造成的损失。

（2）对于双端供电的高压输电线路，可提高系统并列运行的稳定性，从而提高线路的输送容量。

（3）可以纠正由于断路器本身机构不良，或继电保护误动作而引起的误跳闸。

由于ARD装置带来的效益可观，而且装置本身结构简单，工作可靠，因此，在电力系统中得到了广泛的应用。GB/T 14285—2006《继电保护和安全自动装置技术规程》规定：

1）3kV及以上的架空线路及电缆与架空混合线路，在具有断路器的条件下，如用电设备允许且无备用电源自动投入时，应装设自动重合闸装置。

2）旁路断路器与兼作旁路的母线联络断路器，应装设自动重合闸装置。

3）必要时母线故障可采用母线自动重合闸装置。

但是，采用自动重合闸装置后，对系统也带来不利的影响，当重合闸于永久性故障时，系统再次受到短路电流的冲击，可能引起系统振荡。同时，断路器在短时间内连续两次切断短路电流，使断路器的工作条件恶化。因此，自动重合闸的使用有时受系统和设备条件的制约。

ARD 主要用于架空线路，对于电缆线路，由于其故障概率较小，即使发生故障，往往是绝缘遭受永久性破坏，因此不采用自动重合闸。

9.1.2 对自动重合闸装置的基本要求 A类考点

（1）自动重合闸装置宜采用控制开关位置与断路器位置不对应的原理起动，起动方式：当控制开关在合闸位置而断路器实际上处断开位置的情况下起动重合闸。这样，可以保证无论什么原因使断路器跳闸以后，都可以进行自动重合闸。当由保护起动时，分相跳闸继电器相应相的动合触点闭合，起动重合闸起动继电器，通过重合闸起动继电器的动合触点自保持。

（2）自动重合闸装置动作应迅速。为了尽量减少对用户停电造成的损失，要求 ARD 装置动作时间越短越好。但 ARD 装置动作时间必须考虑保护装置的复归、故障点去游离后绝缘强度的恢复、断路器操动机构的复归及其准备好再次合闸的时间。

（3）自动重合闸装置的动作次数应符合预先的规定。在任何情况下，均不应使断路器重合闸的次数超过规定。因为，当 ARD 多次重合闸于永久性故障后，系统遭受多次冲击，断路器可能损坏，并扩大事故范围。

（4）自动重合闸装置应能在重合闸动作后或重合闸动作前，加速继电保护的动作。自动重合闸装置与继电保护相互配合，可加速切除故障。自动重合闸装置还应具有手动合于故障线路时加速继电保护动作的功能。

（5）自动重合闸装置动作后，应自动复归，准备好再次动作。这对于雷击概率较大的线路是非常有必要的。

（6）手动跳闸时不应重合闸。当运行人员手动操作控制开关或通过遥控装置使断路器跳闸时，属于正常运行操作，自动重合闸不应动作。

（7）手动合闸于故障线路时，继电保护动作使断路器跳闸后，不应重合闸。因为在手动合闸前，线路上还没有电压，如果合闸到已存在有故障的线路，则线路故障多属于检修质量不合格或忘拆接地线等原因造成的永久性故障，即使重合闸也不会成功。

（8）自动重合闸装置可自动闭锁。当断路器处于不正常状态（如气压或液压低）不能实现自动重合闸时，或某些保护动作不允许自动重合闸时，应将 ARD 闭锁。

9.1.3 自动重合闸装置的分类 C类考点

自动重合闸装置的类型很多，根据不同特征，通常可分为如下几类。

（1）按组成元件的动作原理分类，可分为机械式、电气式。

（2）按作用于断路器的方式，可以分为三相、单相和综合 ARD 3 种。

（3）按动作次数可分为一次 ARD、二次 ARD、多次 ARD。

（4）按运用的线路结构可分为单侧电源线路 ARD、双侧电源线路 ARD。双侧电源线路又可分为快速 ARD、非同期 ARD、检定无压和检定周期的 ARD 等。

【例 9-1】发电厂和变电站的母线上，不需要装设自动重合闸（　　）。

A. 正确　　　　B. 错误

【例 9-2】（　　）时不应起动重合闸。

A. 断路器控制开关位置与断路器实际位置不对应
B. 保护起动
C. 其他原因开关跳闸
D. 手动跳闸或通过遥控装置将断路器跳开

9.2 单侧电源线路的三相一次自动重合闸

单侧电源线路只有一侧电源供电，不存在非同步重合闸的问题，重合闸装于线路的送电侧。

在我国的电力系统中，单侧电源线路广泛采用三相一次重合闸方式。三相一次重合闸方式是指不论在输电线路上发生相间短路，还是单相接地短路，继电保护装置动作将线路三相断路器一起断开，然后重合闸装置动作，将三相断路器重新合上的重合闸方式。当故障为瞬时性时，重合闸成功；当故障为永久性时，则继电保护再次将三相断路器一起断开，不再重合闸。

9.2.1 三相一次自动重合闸装置的构成 A类考点

通常三相一次自动重合闸装置由重合闸起动回路、重合闸时间元件、一次合闸脉冲元件及执行元件 4 部分组成，如图 9-1 所示。重合闸起动回路是用以起动重合闸时间元件的回路，一般按控制开关与断路器位置不对应原理起动；重合闸时间元件是用来保证断路器断开之后，故障点有足够的去游离时间和断路器操动机构复归所需的时间，以使重合闸成功；一次合闸脉冲元件用以保证重合闸装置只重合一次，通常利用电容放电来获得重合闸脉冲；执行元件用来将重合闸动作信号送至合闸回路和信号回路，使断路器重合闸及发出重合闸动作信号。

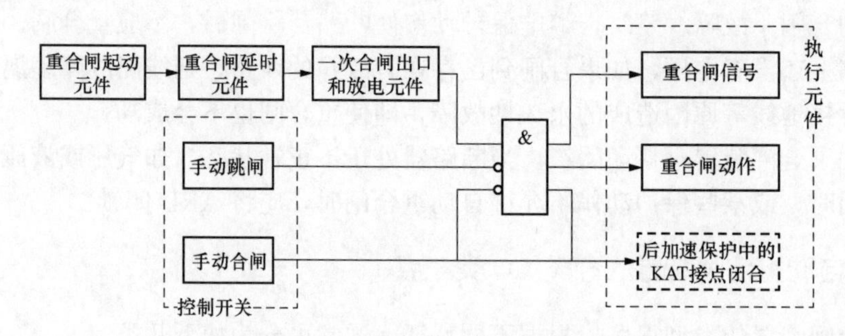

图 9-1 三相一次自动重合闸装置的构成

9.2.2 重合闸参数的整定 C类考点

为保证自动重合闸装置功能的实现，应正确整定其参数。

1. 重合闸动作时限值的整定

对 ARD 装置，重合闸动作时限是指时间继电器的整定时限，在整定该时限时必须考虑如下两方面。

（1）必须考虑故障点有足够的断电时间，以使故障点绝缘强度恢复，否则即使在瞬时性故障下，重合闸也不能成功。在考虑绝缘强度恢复时还必须计及负荷电动机向故障点反馈电流时使得绝缘强度恢复变慢的因素，再者，对于单电源环状网络和平行线路来说，由于线路两侧继电保护可能以不同时限切除故障，断电时间应从后跳闸的一侧断路器断开时算起，因此在整定本侧重合闸时限时，应考虑本侧保护以最小动作时限跳闸，对侧以最大动作时限跳闸后有足够的断电时间来整定。

(2) 必须考虑当重合闸动作时，继电保护装置一定要返回，同时断路器的操动机构等已恢复到正常状态，才允许合闸的时间。

一般来说，当重合闸动作时，保护已返回，断路器的操动机构等也已准备好可以重合闸。运行实践证明，单电源线路的三相重合闸动作时限一般取 0.8～1s 是合适的。

2. 重合闸复归时间的整定

重合闸复归时间就是电容器上两端电压从零值充电到使中间继电器动作电压的时间。整定复归时间，首先要保证重合到永久性故障，由最长时间段的保护装置（后备保护进限）已切除故障时，断路器不会再次重合。

考虑到断路器辅助触点可能先于主触头切换，最严重的情况下提前的时间为断路器的合闸时间。另外，为保证断路器切断能力的恢复，当重合闸成功后，复归时间应不小于至断路器第二个“跳闸—合闸”间的间隔时间。一般间隔时间取 10～15s。

所以，取 $t_{re \cdot ZCH}=15\sim25s$，就可满足上述两方面的要求。

9.3　双侧电源线路三相自动重合闸

双端均有电源的输电线路，采用自动重合闸装置时，除了满足前面的基本要求外，还应考虑下列两个特殊问题。(B 类考点)

1. 时间的配合问题

当双侧电源线路发生故障时，两侧的继电保护装置可能以不同的时限动作于两侧断路器，即两侧断路器可能不同时跳闸，因此，只有在后跳闸的断路器断开后，故障点才能断电而去游离。所以为使重合闸成功，应保证在线路两侧断路器均已跳闸，故障点电弧熄灭且绝缘强度已恢复的条件下进行自动重合闸，即应保证故障点有足够的断电时间。

如图 9-2 所示，设本侧为 M 侧，对侧为 N 侧，为保证 M 侧重合闸成功，考虑 M 侧先跳闸，待 N 侧跳闸后，再经过灭弧和周围介质去游离的时间后 M 侧才可以重合闸。设 $t_{R \cdot M}$ 为本侧（M 侧）保护动作时间，$t_{B \cdot M}$为本侧（M 侧）断路器动作时间，$t_{R \cdot N}$为对侧（N 侧）保护动作时间，$t_{B \cdot N}$为对侧（N 侧）断路器动作时间，则在本侧（M 侧）跳闸以后，对侧还需要经过 $t_{R \cdot N}+t_{B \cdot N}-t_{R \cdot M}-t_{B \cdot M}$的时间才能跳闸。再考虑故障点灭弧和介质去游离的时间 t_u，则先跳闸一侧重合闸的动作时限应整定为

$$t_{AR}=t_{R \cdot N}+t_{B \cdot N}-t_{R \cdot M}-t_{B \cdot M}+t_u$$

当线路上装设三段式电流或距离保护时，$t_{R \cdot M}$应采用本侧Ⅰ段保护的动作时间，而 $t_{R \cdot N}$ 一般采用对侧Ⅱ（或Ⅲ段）保护的动作时间。

2. 同期问题

当线路发生故障，两侧断路器跳开之后，线路两侧电源电动势之间夹角摆开，有可能失去同步。这时后合闸一侧的断路器在进行重合闸时，应考虑是否同期，以及是否允许非同期

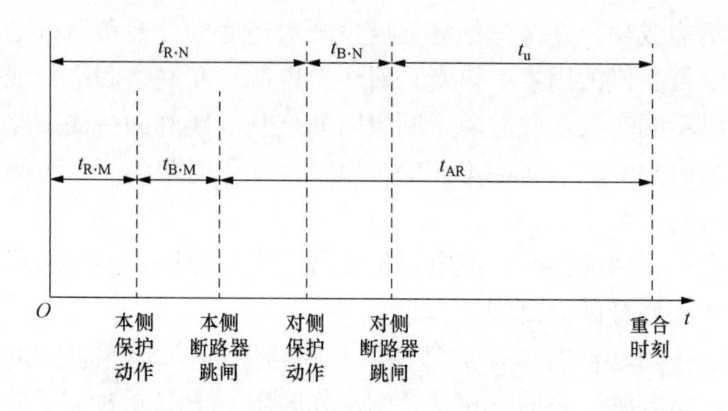

图 9-2　双侧电源线路重合闸动作时限配合示意图

合闸的问题。

因此，在双侧电源线路上，应根据电网的接线方式和具体的运行情况，采取不同的重合闸方式。双电源线路的重合闸方式很多，但可归纳为如下两类：①检定同期重合闸，如检定无压和检定同期的三相重合闸及检查平行线路有电流的重合闸等；②不检定同期的重合闸，如三相快速自动重合闸、三相非同期自动重合闸、解列重合闸及自同期重合闸等。下面介绍其中 5 种重合闸方式。

9.3.1　三相快速自动重合闸　B 类考点

在现代高压输电线路上，采用快速自动重合闸是提高系统并列运行稳定性和供电可靠性的有效措施。快速自动重合闸就是当线路上发生故障时，继电保护装置能瞬时使线路两侧的断路器断开并接着重合。快速自动重合闸从短路开始到重新合上断路器的整个时间为 0.5～0.6s，在这样短的时间内，两侧电动势角摆开不大，重合后系统不会失去同步，即使两侧电动势角摆开较大，冲击电流对电力元件、电力系统的冲击均在可以耐受的范围内，线路重合闸后很快会拉入同步。使用快速自动重合闸必须具备下列条件。

（1）线路两侧断路器都装有能瞬时动作的全线速动继电保护装置，如纵联保护等。

（2）线路两侧都装有可以进行快速重合的断路器，如快速气体断路器等。

（3）重合瞬间输电线路两侧电动势的相角差为实际运行中可能的最大值时，出现的冲击电流对电力设备、电力系统的冲击均在允许范围内。

9.3.2　三相非同期自动重合闸

三相非同期重合闸是指在线路两侧断路器跳闸后，不管两侧电源是否同期，即进行合闸的重合闸方式，在合闸瞬间两侧电源可能同步，也可能不同步，合闸后系统将自行拉入同步。当符合下列条件且认为有必要时，可采用三相非同期重合闸。

（1）重合闸时，流过发电机、同步调相机或变压器的最大冲击电流不超过允许值。在计算时，应考虑实际上可能出现的对同步电动机或电力变压器较为严重的运行方式。

（2）在非同期合闸后所产生的振荡过程中，对重要负荷的影响较小，或者可以采取措施减小其影响时（如尽量使电动机在电压恢复后能自起动，在同步电动机上装设再同期装置等）。

9.3.3　解列重合闸

在双侧电源的单回线路上，当不能采用非同期重合闸时还可以根据具体情况采用自动解列重合闸，如图 9-3 所示。

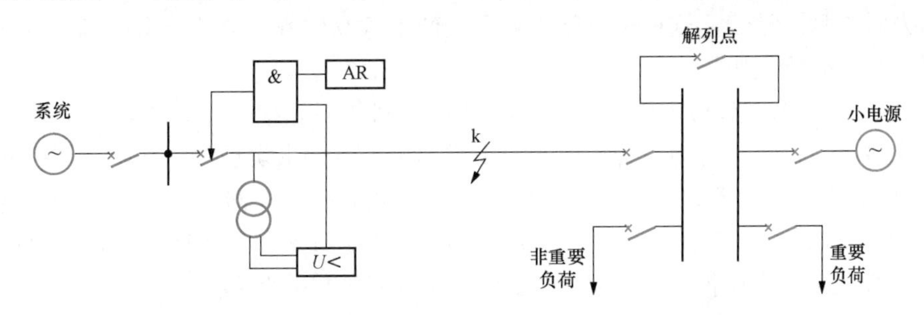

图 9-3　双侧电源单回线路上自动解列重合闸示意图

正常时由系统向小电源侧输送功率，当线路上（如 k 点）发生故障后，系统侧的保护跳开线路断路器，而小电源侧的保护跳开解列点断路器。小电源与系统解列后，其容量应基本上与所带的重要负荷相平衡，这样就可以保证地区重要负荷的连续供电并保证电能的质量。在两侧断路器跳闸后，系统侧的重合闸检查线路无电压，在确认对侧已跳闸后进行重合，如重合成功，则由系统恢复对地区非重要负荷的供电，然后在解列点处实行同期并列，即可恢复正常运行。如果重合不成功，则系统侧的保护再次动作跳闸，地区的非重要负荷将被迫中断供电。

解列点的选择原则：应尽量使发电厂的容量与其所带的负荷接近平衡，这是这种重合闸方式所必须考虑并加以解决的问题。

9.3.4　检查平行线路有电流的重合闸　C 类考点

平行线路（双回线路）有电流的重合闸示意如图 9-4 所示。当不能采用非同期重合闸时，可采用检定另一回线路上有电流的重合闸。因为当非故障的另一回线路上有电流时，即表示两侧电源仍保持同步运行，因此可以重合闸。

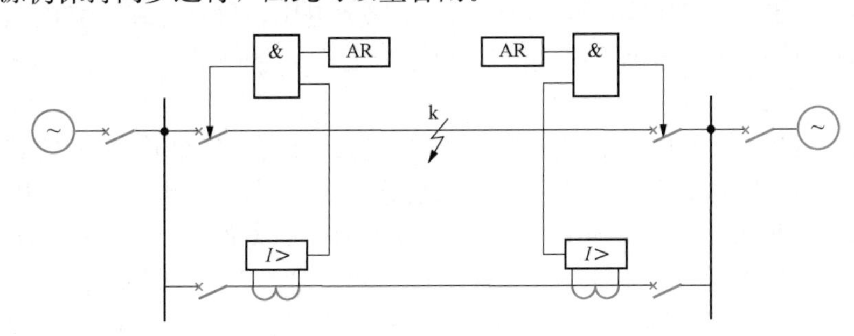

图 9-4　平行线路有电流的重合闸示意图

采用这种重合闸方式的优点是因为电流检定比同期检定简单。

9.3.5 检定无压和检定同期的三相自动重合闸 A类考点

这种重合闸的特点是当线路两侧断路器跳开后，其中一侧先检定线路无电压而重合闸，称为无压侧；另一侧在无压侧重合闸后，检定线路两侧电源满足同期条件时，才允许进行重合闸，称为同步侧。显然，这种重合闸方式不会产生危及设备安全的冲击电流，也不会引起系统振荡，合闸后能很快拉入同步。

图 9-5 为检定无压和检定同期的三相自动重合闸的原理接线图。这种重合闸方式是在单侧电源线路的三相一次自动重合闸的基础上增加附加条件来实现的，即除在线路两侧均装设单侧电源 ARD 外，两侧还装设有检定线路无压的低电压继电器 KV 和检定同步的继电器 KY，并把 KV 和 KY 触点串入重合闸时间元件起动的回路中。正常运行时，两侧同步检定继电器 KY 通过连接片均投入，而检定无压继电器 KV 仅一侧投入（M 侧），另一侧（N 侧）KV 通过无压连接片断开。其工作原理如下：

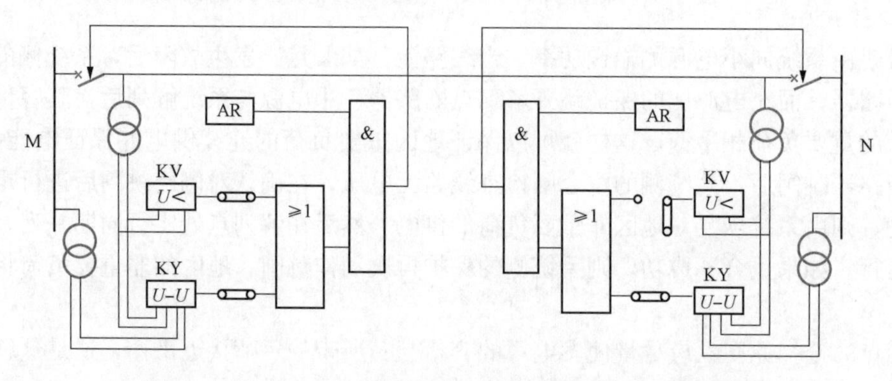

图 9-5 检定无压和检定同期的三相自动重合闸原理接线图

（1）当线路上发生故障时，两侧断路器被继电保护装置跳开后，线路失去电压，两侧的 KY 继电器不动作，其动断触点打开。这时检查线路无压的 M 侧低电压继电器 KV 动作，其动合触点闭合，经无压连接片起动 ARD，经预定时间，M 侧断路器重新合闸。如果线路发生的是永久性故障，则 M 侧线路后加速保护装置加速动作再次跳开该侧断路器，而后不再重合闸。由于 N 侧断路器已跳开，这样 N 侧线路无电压，只有母线上有电压，N 侧同步继电器 KY 因只有一侧有电压而不能工作，也不能起动重合闸装置，因此 N 侧 ARD 不再动作。

如果线路上发生的是瞬时性故障，则 M 侧检查无压重合闸成功，N 侧线路有电压。这时，N 侧同步继电器既加入母线电压，也加入线路电压，于是 N 侧 KY 开始检查两电压的电压差、频率差和相角差是否在允许范围内，当满足同期条件时，KY 触点闭合时间足够长，经同步连接片使 N 侧 ARD 动作，重新合上 N 侧断路器，线路便恢复正常供电。

由以上分析可知，无压侧的断路器在重合闸至永久性故障时，将连续两次切断短路电流，其工作条件显然比同步侧恶劣，为使两侧断路器工作条件相同，利用连接片定期切换两侧工作方式。

（2）在正常运行情况下，由于某种原因（保护误动作、误碰跳闸操动机构等）而使断路器误跳闸时，如果是同步侧断路器误跳闸，可通过该侧同步继电器检定同期条件使断路器重合闸；如果是无压侧断路器误跳闸时，由于线路上有电压，无压侧不能检定无压而重合闸，因此无压侧也投入同步继电器，以便在这种情况下也能自动重合闸，恢复同步运行。

这样，无压侧不仅要投入检定无压继电器 KV，还应设入同步继电器 KY，无压连接片和同步连接片均接通，两者并联工作。而同步侧只投入检定同步继电器，检定无压继电器不能投入，否则会造成非同期合闸。因而两侧同步连接片均投入，但无压连接片一侧投入，而另一侧则断开。

【例 9 - 3】 对于有双侧电源的高压输电线路，采用自动重合闸装置可以提高系统并列运行的稳定性，从而提高线路的输送容量（　　）。

A. 正确　　　　B. 错误

【例 9 - 4】 （多选）关于检定无压和检定同期的重合闸，正确的是（　　）。（2023 年第一批）

A. 一侧检同期　　　　B. 一侧检无压

C. 一侧检同期和无压　　　　D. 两侧都检无压和同期

9.4　自动重合闸与继电保护的配合

在电力系统中，自动重合闸与继电保护的关系很密切。如果使自动重合闸与继电保护很好地配合工作，可以加速切除故障，提高供电的可靠性。目前，自动重合闸与继电保护配合的方式有自动重合闸前加速保护和自动重合闸后加速保护两种。

9.4.1　自动重合闸前加速保护　A 类考点

自动重合闸前加速保护，又简称为前加速。一般用于具有几段串联的辐射形线路中，自动重合闸装置仅装在靠近电源的一段线路上。当线路上（包括相邻线路及以后的线路）发生故障时，靠近电源侧的保护首先无选择性地瞬时动作跳闸，而后借助自动重合闸来纠正这种非选择性动作。

图 9 - 6 所示的单电源供电的辐射形网络中，线路 L_1、L_2、L_3 上各装有一套定时限过电流保护，其动作时限按阶梯形原则整定。这样，线路 L_1 靠近电源侧的断路器处另装有一套能保护到线路 L_3 的无选择性电流速断保护和三相自动重合闸装置。为了使电流速断保护的动作范围不至扩展得太长，一般规定，当变压器低压侧 k_2 点短路时，速断保护装置不应动作。因此，速断保护装置的动作电流，按照躲开变压器低压侧（k_2 点）短路进行整定。

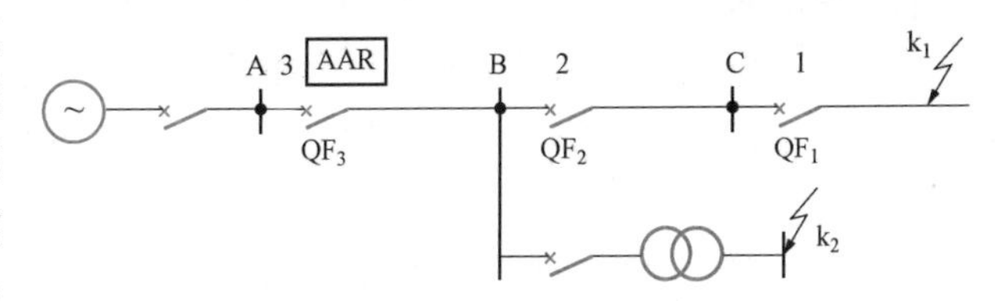

图 9 - 6　自动重合闸前加速保护原理说明图

当线路 L_1、L_2、L_3 上任意一点发生故障时，电流速断保护因不带延时，故总是首先动作瞬时跳开电源侧断路器，然后起动重合闸装置，将该断路器重新合上，并同时将无选择性的电流速断保护闭锁。若故障是瞬时性的，则重合闸成功，恢复正常供电，若故障是永久性的，则依靠各段线路定时限过电流保护有选择性地切除故障。可见，ARD 前加速既能加速切除瞬时故障，又能在 ARD 动作后有选择性地切除永久故障。

采用前加速的优点：

（1）能够快速地切除各段线路上发生的瞬时性故障。

（2）可能使瞬时性故障来不及发展成为永久性故障，从而提高重合闸的成功率。

（3）能保证发电厂和重要变电站的母线电压在0.6～0.7倍额定电压以上，从而保证厂用电和重要用户的电能质量。

（4）使用设备少，只需装设一套重合闸装置，简单、经济。

采用前加速的缺点：

（1）重合于永久性故障时，故障切除的时间可能较长。

（2）装有重合闸的断路器动作次数较多，工作条件恶劣。

（3）如果重合闸装置或断路器QF_3拒绝合闸则将扩大停电范围，甚至在最末一级线路上发生故障时都会使连接在这条线路上的所有用户停电。

前加速方式主要用于35kV及以下由发电厂或重要变电站引出的直配线路上，以便快速切除故障，保证母线电压降低的时间最短。

9.4.2 自动重合闸后加速保护 A类考点

重合闸后加速保护一般又简称为后加速。后加速就是当线路第一次发生故障时，保护有选择性地动作，然后进行重合闸。如果重合闸于永久性故障，则在断路器合闸后再加速保护动作瞬时切除故障，而与第一次动作是否带有时限无关。

后加速的配合方式广泛应用于35kV及以上的网络及对重要负荷供电的输电线路上。因为，在这些线路上一般都装有性能比较完备的保护装置，例如，三段式电流保护、距离保护等，因此，第一次有选择性地切除故障的时间（瞬时动作或具有0.5s的延时）均为系统运行所允许，而在重合闸以后加速保护的动作（一般是加速保护第Ⅱ段的动作，有时也可以加速保护第Ⅲ段的动作），就可以更快地切除永久性故障。

后加速保护的优点：

（1）第一次是有选择性地切除故障，不会扩大停电范围，特别是在重要的高压电网中一般不允许保护无选择性的动作而后以重合闸来纠正（前加速的方式）。

（2）保证了永久性故障能瞬时切除，并仍然是有选择性的。

（3）和前加速方式相比，使用中不受网络结构和负荷条件的限制，一般来说是有利而无害的。

后加速的缺点：

（1）每个断路器上都需要装设一套重合闸，与前加速相比较更复杂。

（2）第一次切除故障可能带有延时，尤其是靠近电源端的故障，第一次切除故障的时间较长。

自动重合闸后加速保护广泛用于35kV及以上的电网中，应用范围不受电网结构的限制。

注意：前加速只能用在单电源辐射型网络中，而后加速的应用不受网络结构的限制。

【例9-5】 66kV电网中，线路一般配置的保护为（ ），保护和重合闸应采用的配合方式为（ ）。

A. 阶段式电流保护，重合闸前加速保护　B. 阶段式距离保护，重合闸后加速保护

C. 阶段式电流保护，重合闸后加速保护　D. 阶段式距离保护，重合闸前加速保护

9.5 综合重合闸简介

9.5.1 综合重合闸的方式 A类考点

前面所讨论的自动重合闸都是三相的，即不论输电线路发生单相接地，还是相间短路，继电保护动作都使断路器三相一起断开，然后ARD再将三相一起投入。

但是，在220kV及以上电压等级的大接地电流系统中，由于架空线路的线间距离大，发生相间故障的概率减少，而单相接地故障的概率较大。运行经验表明，在高压输电线路的故障中，绝大部分故障都是瞬时性单相接地故障。因此，如果能在线路上装设可以分相操作的3个单相断路器，当发生单相接地故障时，只把发生故障的一相断开，然后进行重合闸，而未发生故障的两相一直继续运行，将两个系统联系着。这样，不仅可以大幅度提高供电的可靠性和系统并列运行的稳定性，而且还可以减少相间故障的发生。这种方式的重合闸就是单相自动重合闸。而在线路上发生相间故障时，仍然跳开三相断路器，而后进行三相自动重合闸。这种把单相自动重合闸和三相重合闸综合在一起的重合闸装置就称为综合自动重合闸，简称综合重合闸，它具有三相重合闸和单相重合闸两种性能。

综合重合闸利用切换开关进行切换，一般可以实现以下4种重合闸方式：

（1）综合重合闸方式。线路上发生单相接地故障时，故障相跳开，实行单相自动重合闸，当重合到永久性单相故障时，若不允许长期非全相运行，则应断开三相，并不再进行自动重合闸。当线路上发生相间短路故障时，三相断路器跳开，实行三相自动重合闸，当重合到永久性相间故障时，则断开三相并不再进行自动重合闸。

（2）三相重合闸方式。线路上发生任何形式的故障时，均实行三相自动重合闸。当重合到永久性故障时，断开三相并不再进行自动重合闸。

（3）单相重合闸方式。线路上发生单相故障时，实行单相自动重合闸，当重合到永久性单相故障时，保护动作跳开三相并不再进行重合闸。当线路发生相间故障时，保护动作跳开三相后不进行自动重合闸。

（4）停用方式。线路上发生任何形式的故障时，保护运作均跳开三相而不进行重合闸，这方式也称为直跳方式。

规程规定：

9.5.2 综合重合闸的特殊问题 C类考点

综合重合闸比一般的三相重合闸只是多了一个单相重合闸的性能。因此，综合重合闸需要考虑的特殊问题是由单相重合闸引起的。其主要问题有下列 4 方面：

（1）需要设置故障判别元件和故障选相元件。

（2）应考虑潜供电流对综合重合闸装置的影响。

（3）应考虑非全相运行对继电保护的影响。

（4）选相元件的拒动决不能造成保护的拒动。

根据网络接线和运行的特点，常用的选相元件有以下几种。

（1）电流选相元件。其动作电流按照大于最大负荷电流的原则进行整定，以保证动作的选择性。这种选相元件适合于装设在电源端，且短路电流比较大的情况。但该原理受系统运行方式影响较大，有时灵敏度不足。

（2）低电压选相元件。利用低电压继电器实现故障相判别，低电压继电器是根据故障相电压降低的原理而动作的。它的动作电压按小于正常运行及非全相运行时可能出现的最低电压整定。这种选相元件一般适合于装设在小电源侧或单侧电源线路的受电侧，因为在这一侧用电流选相元件时往往不能满足选择性和灵敏度的要求。低电压选相元件的动作没有方向性，应配以过电流监视或闭锁，只有当本线路发生故障时才应该动作。

（3）阻抗选相元件。利用 3 个带零序电流补偿的接地阻抗继电器测量短路点到保护安装地点之间的正序阻抗。阻抗选相元件对于故障相与非故障相的测量阻抗差别很大，易于区分。因此，阻抗选相元件比以上两种选相元件具有更高的选择性和灵敏度。

（4）相电流差突变量选相元件。利用每两相的相电流之差构成 3 个选相元件，它们是利用故障时电气量发生突变的原理构成的。

（5）对称分量选相元件。以 I_0/I_{2A} 的序分量比相关系构成的序分量选相原理在微机保护装置中得到广泛应用。

9.5.3 实现综合重合闸功能时的基本原则 B类考点

实现综合重合闸功能时应考虑以下基本原则：

（1）当选相元件拒动时，应能跳开三相并进行三相重合闸。如重合闸不成功，应再次跳开三相。

（2）对于非全相运行中可能误动作的保护，应进行可靠的闭锁，对于在单相接地时可能误动作的相间保护（如距离保护），应有防止单相接地误跳三相的措施。

（3）当一相跳开后重合闸拒动时，为防止线路长期出现非全相运行，应用非全相保护将其他两相断开。

（4）任两相的分相跳闸继电器动作后，应联跳第三相，使三相断路器均跳闸。

（5）无论单相或三相重合闸，在重合闸不成功之后均应考虑能加速切除三相，即实现重合闸后加速。

（6）在非全相运行过程中，如又发生另一相或两相的故障，保护应能有选择性地予以切除，上述故障如发生在单相重合闸的重合指令发出之前，则在故障切除后能进行三相重合闸。如发生在重合闸的重合指令脉冲发出之后，则切除三相不再进行重合闸。

(7) 对空气断路器或液压传动的油断路器，当气压或液压低至不允许实行重合闸时，应将重合闸回路自动闭锁；但如果在重合闸过程中下降到低于允许值时，则应保证重合闸动作的完成。

9.5.4 潜供电流及其对重合闸的影响 B 类考点

当采用单相重合闸时，其动作时限的选择除应满足三相重合闸时所提出的要求（大于故障点灭弧时间及周围介质去游离的时间，大于断路器及其传动机构复归原状准备好再次动作的时间）外，还应考虑下列问题。

(1) 不论是单侧电源还是双侧电源，均应考虑两侧选相元件与继电保护以不同时限切除故障的可能性。

(2) 潜供电流对灭弧所产生的影响。如图 9-7 所示，设 A 相因单相接地故障而被切除，健全相 B、C 仍然通过负荷电流。由于健全相与故障相之间存在的电磁感应（即相间互感 M）与电容耦合（即相间电容 C_m）联系，会使故障点电弧通道中在一定的时间内仍然流有电流，该电流称为潜供电流。

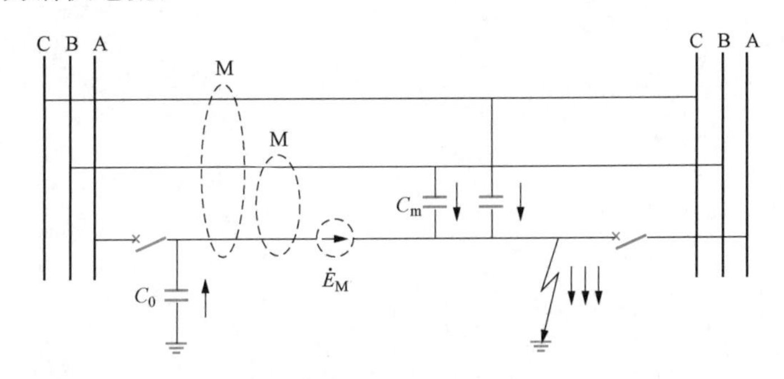

图 9-7 单相故障后潜供电流的示意图

由于潜供电流的影响，将使短路时弧光通道的去游离受到严重阻碍，而自动重合闸只有在故障点电弧熄灭且绝缘强度恢复以后才有可能成功。因此，单相重合闸的时间还必须考虑潜供电流的影响。

一般线路的电压越高、线路越长，则潜供电流就越大。潜供电流的持续时间不仅与其大小有关，而且与故障电流的大小、故障切除的时间、弧光的长度，以及故障点的风速等因素有关，具有明显的不确定性。

因此，为了正确地整定单相重合闸的时间，国内外许多电力系统都是由实测来确定熄弧时间。如我国某电力系统中，在 220kV 的线路上，根据实测确定保证单相重合闸期间的熄弧时间应在 0.6s 以上。

9.5.5 单相重合闸与继电保护的配合

在单相重合闸过程中，由于单相跳闸而出现纵向不对称，因此将产生负序分量和零序分量，这就可能引起本线路的一些保护及系统中的其他保护误动作。对于可能误动作的保护，应在单相重合闸动作时予以闭锁或整定保护的动作时限大于单相重合闸的时间，以躲开之。

为了实现对误动作保护的闭锁，在单相重合闸与继电保护相连接的输入端都设有两个端子。一个端子接入在非全相运行中仍然能继续工作的保护，习惯上称为N端子；另一个端子则接入非全相运行中可能误动作的保护，称为M端子。在重合闸起动以后，利用与回路即可将接于M端的保护闭锁。当断路器被重合而恢复全相运行时，这些保护也立即恢复工作。

规程规定：

规程规定：

【例9-6】（多选）对采用单相重合闸的线路，当发生永久性单相接地故障时，保护及重合闸的动作顺序描述错误的是（　　）。

A. 三相跳闸不重合

B. 单相跳闸，重合单相，后加速跳三相

C. 三相跳闸，重合三相，后加速跳三相

D. 选跳故障相，瞬时重合单相，后加速跳三相

【例9-7】对不允许非全相运行的线路采用单相重合闸，当发生永久性单相接地故障时，保护及重合闸的顺序为（　　）。

A. 三相跳闸，重合三相，后加速跳三相

B. 单相跳闸，重合单相，后加速跳三相

C. 三相跳闸，不重合

D. 单相跳闸，重合单相，后加速跳单相

【例 9-8】输电线路采用单相重合闸与采用三相重合闸相比较，单相重合闸更有利于提高单相接地短路情况下电力系统并列运行的暂态稳定性（　　）。

A. 正确　　B. 错误

【例 9-9】（多选）潜供电流的持续时间与（　　）等因素有关。

A. 潜供电流大小　　B. 故障电流大小

C. 故障切除时间　　D. 故障点风速

【例 9-10】安装单相重合闸时，如果发生单相永久性故障时，保护安装处保护装置（　　）。

A. 首先断开三相线路，然后重合闸，重合成功

B. 首先断开故障相，然后重合闸，重合不成功，再次断开故障相线路

C. 首先断开三相线路，然后重合闸，重合不成功，再次断开三相线路

D. 首先断开故障相，然后重合闸，重合不成功，再次断开三相线路

模拟习题

（1）对综合重合闸，当发生相间短路时，应采用（　　）方式工作。

A. 单相重合闸　　B. 两相重合闸　　C. 三相重合闸　　D. 以上都对

（2）自动重合闸能够提高系统并列运行的（　　）。

A. 静态稳定性　　B. 动态稳定性　　C. 灵敏性　　D. 以上都不对

（3）单相重合闸主要应用于（　　）。

A. 220～500kV 的线路　　B. 110kV 的线路

C. 任何电压等级的线路　　D. 以上都不对

（4）在重合闸的动作时限选择中应考虑故障点的电弧熄灭并使周围介质恢复绝缘强度的时间。（　　）

A. 正确　　B. 错误

（5）在满足要求的前提下，重合闸的动作时限越短越好。（　　）

A. 正确　　B. 错误

真题赏析

（1）（多选）在线路两侧同时安装有无压检测和同步检测装置时，（　　）。（2019 年第一批）

A. 两侧都可以投入无压检测

B. 永久性故障时，投入检无压侧的一侧断路器开断次数多

C. 一侧可以投入无压检测和同步检测，另一侧只能投入同步检测

D. 两侧都只能投入同步检测

（2）重合闸前加速保护第一次是有选择性动作。（　　）（2019 年第一批）

A. 正确　　B. 错误

（3）在手动跳闸或通过遥控装置将断路器断开时，重合闸都不应动作。（　　）（2019年第一批）

A. 正确　　B. 错误

（4）高压输电线路采用单相重合闸，线路内部发生单相接地故障且保护动作跳开故障相后其故障点电弧熄灭的时间一般较长，主要原因是（　　）。（2019 年第二批）

A. 永久故障概率较大　　B. 周边环境的影响

C. 相邻健全相潜供电流的影响　　D. 高压线路电晕的影响

（5）以下关于带同期检定三相重合闸配置原则的说法中，正确的是（　　）。（2019 年第二批）

A. 线路两侧均只配置低电压检定重合闸

B. 线路一端配置同期检定重合闸，另一端配置低电压检定重合闸

C. 线路一端配置同期检定重合闸，另一端配置低电压检定重合闸和同期检定重合闸

D. 线路两侧均只配置同期检定重合闸

（6）（多选）重合闸的作用包括（　　）。（2019 年第二批）

A. 可以提高系统的稳定性　　B. 可以纠正断路器的偷跳

C. 减小短路电流　　D. 提高供电可靠性

（7）线路发生永久性故障时，断路器的动作行为是跳闸、合闸、跳闸。（　　）（2019年第二批）

A. 正确　　B. 错误

（8）手动合闸于故障线路时，禁止重合闸进行重合操作的根本原因是重合闸装置充电尚未完成。（　　）（2019 年第二批）

A. 正确　　B. 错误

（9）重合闸成功率是指重合闸正确动作次数与总动作次数的比值。（　　）（2019 年第二批）

A. 正确　　B. 错误

（10）当手动拉开断路器时，自动重合闸应快速重合断路器以保证线路恢复供电。（　　）（2020 年第二批）

A. 正确　　B. 错误

（11）重合闸返回时间过短将造成多次合闸。（　　）（2022 年第一批）

A. 正确　　B. 错误

（12）重合闸与继电保护的配合有前加速、后加速两种方式。（　　）（2022 年第二批）

A. 正确　　B. 错误

（13）综合重合闸的特点（　　）。（2023 年第一批）

A. 单相故障跳三相，重合三相

B. 相间故障跳三相不重合

C. 单相故障跳单相，重合三相，若故障依然存在，跳三相不重合

D. 相间故障跳三相重合三相，若故障依然存在，跳三相不重合

（14）220kV 及以下电压等级通常采用单相重合闸。（　　）（2023 年第二批）

A. 正确　　B. 错误

第10章

母　线　保　护

10.1　母线故障类型及相应的保护方式

10.1.1　母线故障的原因及其后果　B类考点

发电厂和变电站中的母线是电力系统中的一个重要组成元件，是具有很多进、出线的公共电气联结点，它起着汇总和分配电能的作用。运行经验表明，它也可能发生各种相间短路故障和单相接地短路故障。

引起母线短路故障的主要原因有断路器套管及母线绝缘子的闪络；母线电压互感器的故障；运行人员的误操作，如带负荷拉隔离开关、带接地线合断路器等。由于母线上通常连接有较多的电气元件，母线故障会使这些连接元件短时间或长时间停电，从而可能造成大面积停电事故，并破坏系统的稳定运行，使事故范围进一步扩大。由此可见，发电厂和变电站的母线故障是电气设备较严重的故障。因此，必须采取措施来消除或减少母线故障所造成的损失。

10.1.2　母线的保护方式　A类考点

一般来说，为切除母线故障，可采用以下两种方式。

1. 利用母线上供电元件的保护装置来切除故障

(1) 如图10-1 (a) 所示，对双电源网络（或环形网络），当变电站B母线k点发生短路时，则可以由保护1、4的第Ⅱ段或第Ⅲ段来切除故障。图10-1 (b) 利用变压器的过电流保护来切除变电站低压母线故障。

(2) 如图10-2所示，发电厂机端采用单母线接线。当母线发生故障时，可利用发电机的过电流保护使断路器跳闸，以切除母线故障。

利用供电元件的保护来切除母线故障，不需另外装设保护，简单、经济，但故障切除的时间一般较长，并且，当双母线同时运行或母线为分段单母线时，上述保护不能选择故障母线。因此，必须装设专用母线保护。

2. 采用专门的母线保护

GB/T 14285—2006《继电保护和安全自动装置技术规程》规定如下。

(1) 对220～500kV母线，应装设专用的、能快速且有选择地切除故障的母线保护。

(2) 110kV及以上的双母线和分段母线上，为保证有选择性地切除任一组母线上的故障，而使另一组无故障的母线仍能继续运行，应装设专用的母线保护。

(3) 110kV及以上的单母线、重要发电厂或110kV及以上重要变电站的35～66kV母线，按照装设全线速动保护的要求，必须快速切除母线上的故障时，应装设专用的母线保护。

(4) 对发电厂和主要变电站10kV分段母线及并列运行的双母线，在下列情况下应装设专用母线保护。

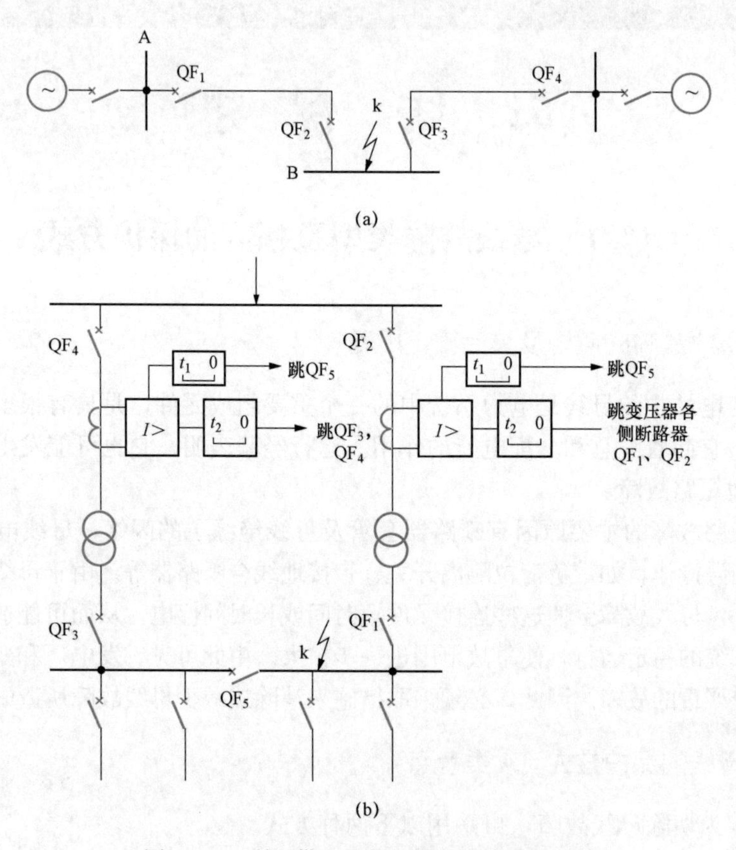

图 10-1 利用供电元件的保护切除母线故障

(a) 在双侧电源网络上利用电源侧的保护切除母线故障；

(b) 利用变压器过电流保护切除低压母线故障

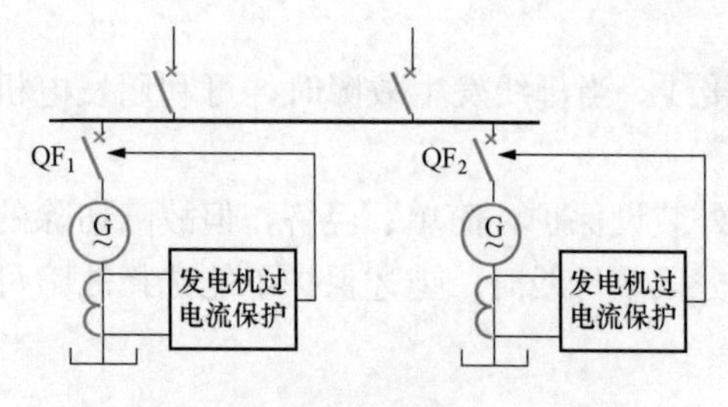

图 10-2 利用发电机的过电流保护切除母线故障

1）须快速而有选择地切除一段或一组母线上的故障，以保证发电厂和电网的安全运行及对重要负荷可靠供电时的要求。

2）当线路断路器不允许切除线路电抗器前的短路时。

由此可见，母线保护除应满足其速动性和选择性要求外，还应特别强调其可靠性并尽量简化其结构。电力系统中的母线保护，一般采用差动保护原理就可以满足要求。

【例 10-1】（多选）母线故障的保护方法包括（　　）。

A. 利用相邻元件的保护切除母线故障

B. 利用变压器的过电流保护切除低压母线故障

C. 利用电源侧的线路保护切除母线故障

D. 装设专门的母线保护

10.2 母线差动保护

差动保护是发电机、变压器及输电线路广泛使用的一种保护，其主要特点是能明确区分被保护元件的内、外部故障，由于具有绝对选择性，故可实现快速保护，差动保护也是母线的基本保护。实现母线差动保护时所必须考虑的特点是母线上通常连接着很多电气元件，但是不管连接元件有多少，其实现差动保护的依据主要有如下 3 点。

（1）由于母线是各连接元件的公共电气连接点，故符合基尔霍夫电流定律，即正常运行或母线范围以外发生故障时，流入母线的电流等于流出母线的电流。

（2）在母线上发生故障时，所有与电源连接的支路都向故障点供给短路电流，所有无电源的连接元件中的电流均等于零。

（3）习惯规定正方向下，流入母线的电流和流出母线的电流具有相反的相位，因此，在理想情况下，正常运行或发生外部故障时，至少有一个连接元件中的电流相位与其余连接元件中的电流相位相反，而母线上发生故障时，除电流为零的连接元件外，其他各连接元件的电流均具有相同的相位。

按照构成原理的不同，常用母线差动保护分为电流差动母线保护、电压差动母线保护、电流比相式母线差动保护、带制动特性的母线差动保护及用线性互感器构成的母线差动保护。本节将侧重介绍电流差动母线保护。

10.2.1 母线完全电流差动保护 A 类考点

母线完全电流差动保护的构成原理如图 10-3 所示，它将所有母线的引出元件均包括在差动回路中，并装设变比和特性完全相同的专用电流互感器。

注意：在实际应用中，为了提高母线完全电流差动保护的灵敏度，仍需要采取措施解决发生外部故障时差动电流回路的不平衡电流问题。目前，普遍采用的是具有各种制动特性的母线电流差动保护。母线的完全电流差动保护原理简单，适用于单母线或双母线经常只有一组母线运行的情况。

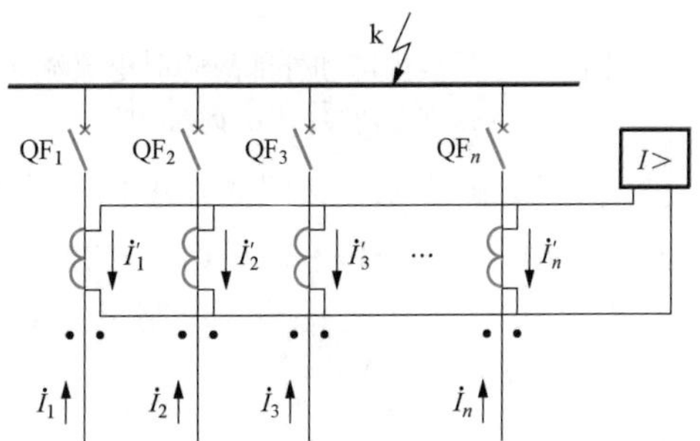

图 10-3 母线电流完全差动保护原理图

10.2.2 母线不完全电流差动保护 B 类考点

母线不完全电流差动保护，是只将连接于母线的各有电源支路的电流接入差动电流回路，而无电源支路的电流不接入差动电流回路。因而在无电源支路上发生的故障将被认为是母线差动保护范围内的故障。此时差动保护的定值应大于所有这种线路的最大负荷电流之和，这样在正常运行情况下差动保护才不会误动作。

母线完全电流差动保护要求连接于母线上的全部元件都装设电流互感器。这对于出线很多的 6～66kV 母线，要实现完全电流差动保护就很困难，原因是设备费用增加，接线更复杂。因此，根据母线的重要程度，可采用母线不完全电流差动保护。母线差动保护用电流互感器一般仅在各有电源的连接元件（发电机、变压器、分段断路器和联络断路器）上装设。这些电流互感器的变比和型号均相同，它们的二次绕组仍按环流法连接，差动继电器中的电流是各电流互感器二次电流的相量和。由于这种母线差动保护的电流互感器不是在全部与母线连接的元件上装设的，故称为不完全电流差动母线保护。

【例 10-2】 母线完全电流差动保护需要和其他保护在时限上进行配合。（　）

A. 正确　　　　B. 错误

10.3　电流相位比较式母线保护　B 类考点

电流相位比较式母线保护的基本原理是根据母线在发生内部故障和外部故障时各连接支路电流相位的变化来实现的。为简单说明保护工作的基本特点，假设母线上只有两个连接支路，如图 10-4 所示。

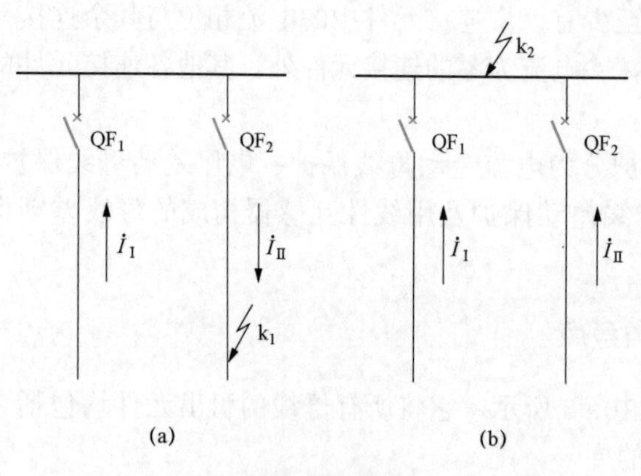

图 10-4　母线内部和外部故障时电流流向图

(a) 外部故障；(b) 内部故障

当母线正常运行及发生外部故障时（如 k_1 点），电流 $\dot{I}_{\text{I}}$ 流入母线，电流 $\dot{I}_{\text{II}}$ 由母线流出，按规定的电流正方向，$\dot{I}_{\text{I}}$ 和 $\dot{I}_{\text{II}}$ 大小相等，相位相差 180°，如图 10-4（a）所示。而当母线发生内部故障时（k_2 点），$\dot{I}_{\text{I}}$ 和 $\dot{I}_{\text{II}}$ 都流向母线，在理想情况下两者相位相同，如图 10-4（b）所示。显然，对母线上各支路电流进行相位比较，便可判断是发生了内部还是外部故障。

采用电流比相式母线保护的特点：

（1）保护装置的工作原理是基于相位的比较，而与幅值无关；因此在采用正确的相位比较方法时，无须考虑电流互感器饱和引起的电流幅值误差，提高了保护的灵敏度。

（2）当母线连接支路的电流互感器型号不同或变比不一致时，仍然可以使用，此种保护放宽了母线保护的使用条件。

10.4　母线差动保护的分类

母线保护按照其实现原理来说，包含上述电流差动原理、电流相位比较原理及母联电流相位比较等。另外，母线差动保护常根据差动电流回路的电阻大小，分为低阻抗型、中阻抗型和高阻抗型母线差动保护。

低阻抗型母线差动保护是指接于差动电流回路的电流继电器阻抗很小，只有数欧姆。因此，母线上各连接支路的电流互感器二次侧负荷小，二次侧电压很低，电流互感器饱和度小。当保护范围发生内部故障时，全部故障电流流经阻抗很低的差动电流回路时，差动电流回路上的电压不会很大，不会增大电流互感器的负担而使电流互感器饱和产生很大的误差。但是，当发生外部故障时，全部故障电流将流过故障支路，使其电流互感器出现饱和，母线差动电流回路中由于阻抗很小会通过很大的不平衡电流。因此，低阻抗型母线差动保护必须抬高定值，或采取复杂的制动措施，或采取可靠的电流互感器 TA 饱和判别，以防止母线差动保护误动作。低阻抗型母线保护差动电流回路中的差动继电器一般采用内阻很低的电流差动继电器，故又称为电流型母线差动保护。

微机母线差动保护是用计算的方法获得差动电流的，与整定电流直接比较。差动电流不通过任何继电器的阻抗，因此无所谓低阻抗、中阻抗或高阻抗，但其原理与低阻抗式母线电流差动保护相似。鉴于微机母线保护强大的计算分析能力，可实现电流互感器饱和的识别及保护的可靠闭锁，因此目前微机母线差动保护在我国电力系统应用很广。

为了克服低阻抗母线差动保护在区外故障时，由于电流互感器 TA 饱和可能造成的保护误动问题，可在差动电流回路中串入一个高阻抗，或将电流差动继电器改为内阻很大的电压继电器，其值可达数千欧姆，所以高阻抗型母线差动保护又称为电压型母线差动保护。

高阻抗型母线差动电流回路阻抗很大，因此可减小外部故障且故障支路电流互感器 TA 饱和时差动电流回路的不平衡电流，不需要制动。但在发生内部故障时，差动电流回路可产生危险的过电压，必须用过电压保护回路减小此过电压，以保证既能使继电器动作，又不会因过电压而引起设备损坏和人身安全问题。

中阻抗型母线差动保护实际上是上述两种母线差动保护的折中方案。差动电流回路接入一定的阻抗，约 300Ω，采用特殊的制动回路既能减小不平衡电流的影响，又不产生危险的过电压，不需要专门的过电压保护回路。中阻抗型母线差动保护将高阻抗特性与低阻抗比率制动特性两者有效结合，在处理电流互感器 TA 饱和方面具有独特的优势，因此在我国电力系统中也有广泛的应用。

10.5 双母同时运行时的母线保护

为了提高供电的可靠性，对于发电厂和重要变电站的高压母线，一般均采用双母线同时运行方式。正常运行时，母线联络断路器处于合闸状态，每组母线上连接一部分（约为 1/2）供电元件和受电元件。这样，当任一组母线上短路时只需要切除故障母线，影响一半负荷供电；另一组母线上的连接元件可继续运行。对于这种同时运行的双母线，母线保护必须具有选择故障母线的能力。

10.5.1 元件固定连接的双母线电流差动保护　A 类考点

元件固定连接的双母线是指双母线同时运行，母联断路器处于投入状态，按照一定的要求，每组母线上均固定连接有电源支路和输电线路，且供电和受电基本达到平衡。

1. 双母线固定连接电流差动保护的构成

双母线同时运行时支路固定连接的电流差动保护单相原理接线如图 10 - 5 所示。

（1）保护功能组成部分。保护功能组成部分主要由以下 3 组差动保护组成。

1）第一组由电流互感器 TA_1、TA_2、TA_6，以及差动继电器 KD_1 组成。该部分可构成选择母线 Ⅰ 故障的保护，故也称为母线 Ⅰ 的小差动。母线 Ⅰ 发生故障时，KD_1 起动后使中间继电器 KM_1 动作，利用 KM_1 接点将母线 Ⅰ 上连接支路的断路器 QF_1、QF_2 跳开。

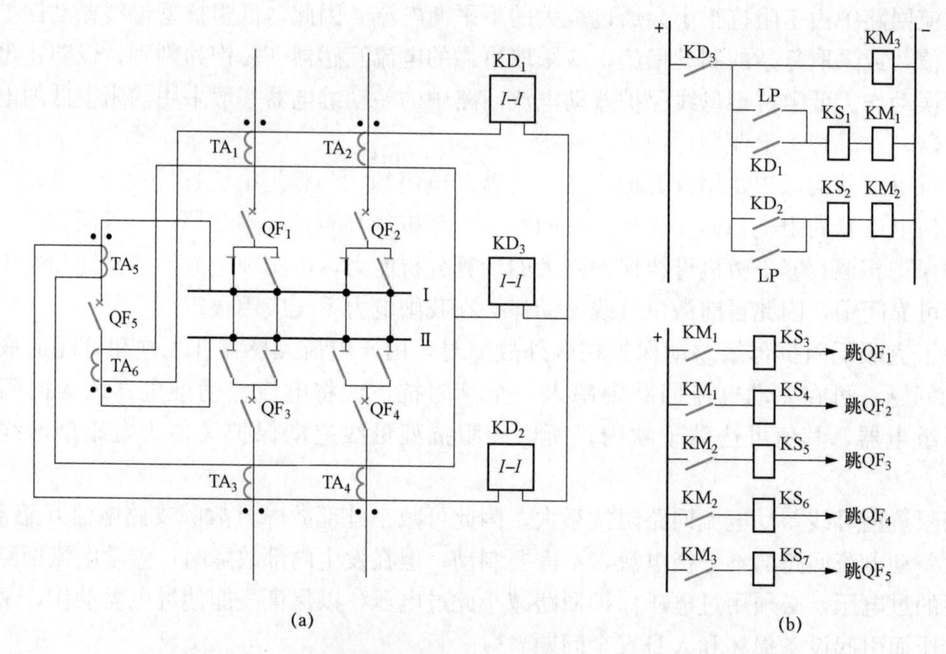

图 10-5　双母线同时运行时元件固定连接的电流保护原理图

(a) 交流回路接线图；(b) 直流回路展开图

2）第二组由电流互感器 TA_3、TA_4、TA_5，以及差动继电器 KD_2 组成。该部分构成选择母线Ⅱ故障的保护，故也称为母线Ⅱ的小差动。母线Ⅱ发生故障时，KD_2 起动 KM_2，跳开母线Ⅱ上连接支路的断路器 QF_3、QF_4。

3）第三组由电流互感器 TA_1～TA_4，以及差动继电器 KD_3 组成。该部分可构成包括母线Ⅰ、Ⅱ故障均在内的保护，故也称为母线Ⅰ、Ⅱ的大差动，实际上是整套母线保护的起动元件，任一母线发生故障时差动继电器 KD_3 动作，首先断开母联断路器使非故障母线正常运行，同时给两个小差动（选择元件）继电器接通直流电源。在 KD_1 或 KD_2 动作而 KD_3 不动作的情况下，母线保护不能跳闸。

(2) 正常运行或发生区外故障时母线差动保护的动作情况。对于图 10-6 所示的支路固定连接方式，当母线正常运行或在保护区外（k_1 点）故障时，可知差动保护二次电流分布如图 10-6（a）所示。由图可见，流经差动继电器 KD_1、KD_2、KD_3 的电流均为不平衡电流，而差动保护的动作电流按躲过外部故障时最大不平衡电流来整定，因此差动保护不会动作。

(3) 发生区内故障时母线差动保护的动作情况。在保护区内发生故障时，如母线Ⅰ的 k_2 点发生故障，差动保护二次电流分布如图 10-6（b）所示。

母线Ⅰ发生故障时，由二次电流分布来看，流经差动继电器 KD_1、KD_3 的电流为全部故障二次电流，而差动继电器 KD_2 中仅有不平衡电流流过。因此，KD_1、KD_3 动作，KD_2 不动作。

在实际应用中，母线差动保护的动作逻辑是差动继电器 KD_3 首先动作并跳开母线联络断路器 QF_5，之后差动继电器 KD_1 仍有二次故障电流流过，即对母线Ⅰ的故障具有选择性，动作于跳开母线Ⅰ连接支路的断路器 QF_1、QF_2；而差动继电器 KD_2 无二次故障电流流过，

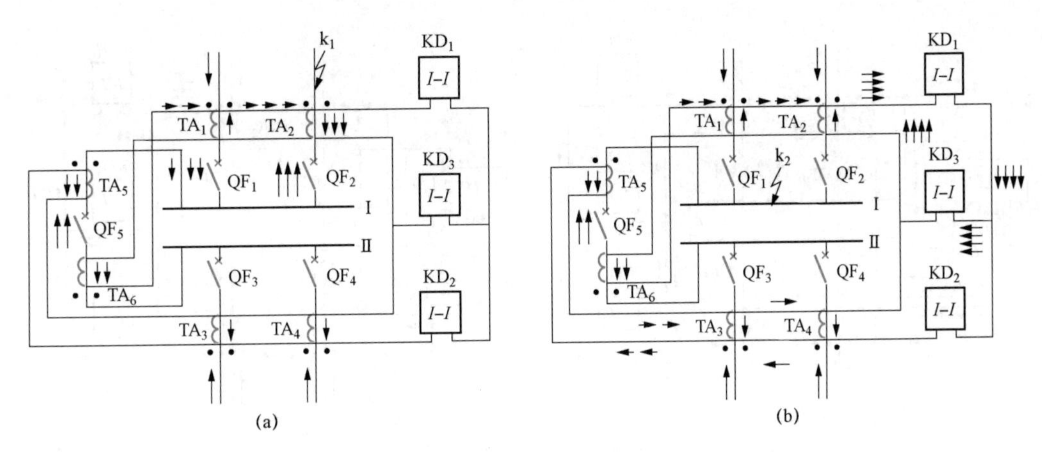

图 10-6　按正常方式运行时母线保护在区外、区内发生故障时的电流分布图

(a) 外部故障；(b) 母线Ⅰ故障

因此，无故障的母线Ⅱ继续保持运行，提高了电力系统供电的可靠性。同理，当母线Ⅱ故障时，只有差动继电器 KD_2、KD_3 动作，使断路器 QF_3、QF_4、QF_5 跳闸，切除故障母线Ⅱ；而无故障母线Ⅰ可以继续运行。

同理，当母线Ⅱ发生故障时，只有差动继电器 KD_2、KD_3 动作，使断路器 QF_3、QF_4、QF_5 跳闸，切除故障母线Ⅱ；而无故障母线Ⅰ可以继续运行。

综上所述，差动继电器 KD_1、KD_2 分别只反应母线Ⅰ、母线Ⅱ的故障，也称为小差动，或故障母线选择元件。差动继电器 KD_3 反应于两个母线中任一母线上的故障，作为母线保护的起动元件，称为大差动。

2. *双母线固定连接方式破坏后母线差动保护的工作情况*

双母线固定连接方式的优点是完全电流差动保护可有选择性地、迅速地切除故障母线，没有故障的母线继续照常运行，从而提高了电力系统运行的可靠性。但在实际运行过程中，由于设备检修、支路故障等原因，母线固定连接很可能被破坏。

如图 10-7 所示，若母线Ⅰ上其中一条线路切换到母线Ⅱ时，由于电流差动保护的二次回路不能跟随切换，从而失去了构成差动保护的基本原则，即按固定连接方式工作的两组母线各自的差动电流回路都不能客观、准确地反映该两组母线上实际的流入、流出值。

(1) 正常运行或发生区外故障时母线差动保护动作情况。当保护区外 k_1 点发生故障时，差动保护二次电流分布如图 10-7 (a) 所示。差动继电器 KD_1、KD_2 都将流过一定的差动电流而发生误动作；而差动继电器 KD_3 仅流过不平衡电流，不会动作。由图 10-7 可知，KD_1、KD_2 接点的正电源受 KD_3 接点所控制，而此时差动继电器 KD_3 不动作，就保证了电流差动保护不会误跳闸。因此，在双母线固定连接被破坏的时候，作为起动元件的差动继电器 KD_3 能够防止发生外部故障时差动保护的误动作。

(2) 区内故障时母线差动保护的动作情况。保护区内故障时，如母线Ⅰ的 k_2 点发生故障，如图 10-7 (b) 所示。由图 10-7 (b) 可见，差动继电器 KD_1、KD_2、KD_3 都有故障电流流过，因此，它们都将动作并切除两组母线。

在此情况下，母线差动保护的动作逻辑是差动继电器 KD_3 首先动作于跳开母联断路器

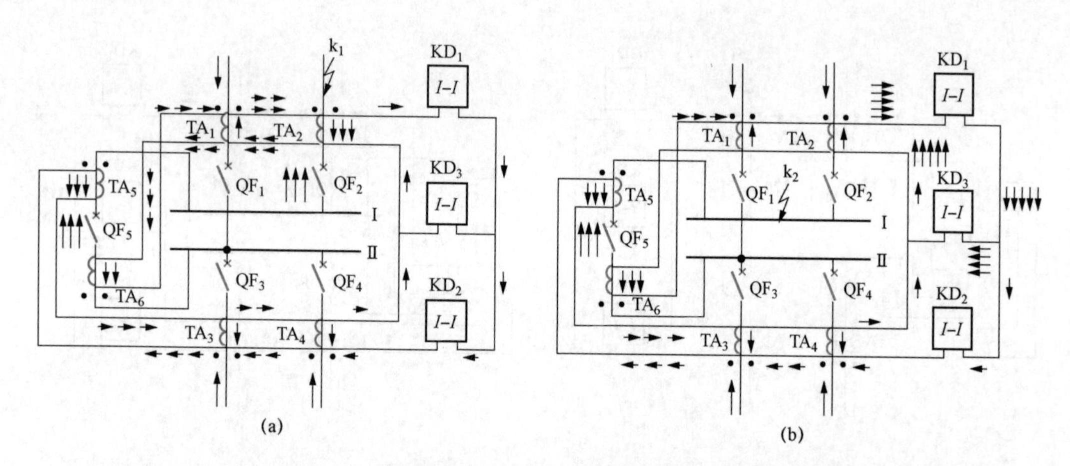

图 10-7　双母线固定连接方式被破坏，母线保护在区外、区内发生故障时的电流分布图

(a) 外部故障；(b) 母线Ⅰ故障

之后差动继电器 KD_1、KD_2 上仍有二次故障电流流过，因此，差动继电器 KD_1 和 KD_2 不能起到选择故障母线的作用，两者均动作并切除母线Ⅰ与母线Ⅱ，失去了选择性。

双母线固定连接方式的完全电流差动保护接线简单、调试方便，在母联断路器断开和闭合的情况下保护都具有选择故障母线的能力。但是，该保护希望尽量保证固定连接的运行方式不被破坏，这就必然限制了电力系统运行调度的灵活性，这是该保护的主要缺点。

10.5.2　母联电流相位比较式差动保护　B 类考点

双母线固定连接方式运行的完全差动保护的缺点在于缺乏灵活性。母联电流相位比较式差动保护可以克服母线元件固定连接运行方式的缺点，它不受元件连接方式的影响，目前在 110～220kV 双母线同时运行的系统中被广泛采用。母联电流相位比较式母线差动保护是利用比较母联中电流和总差动回路电流的相位，作为故障母线选择元件的一种保护，其原理接线如图 10-8 所示。

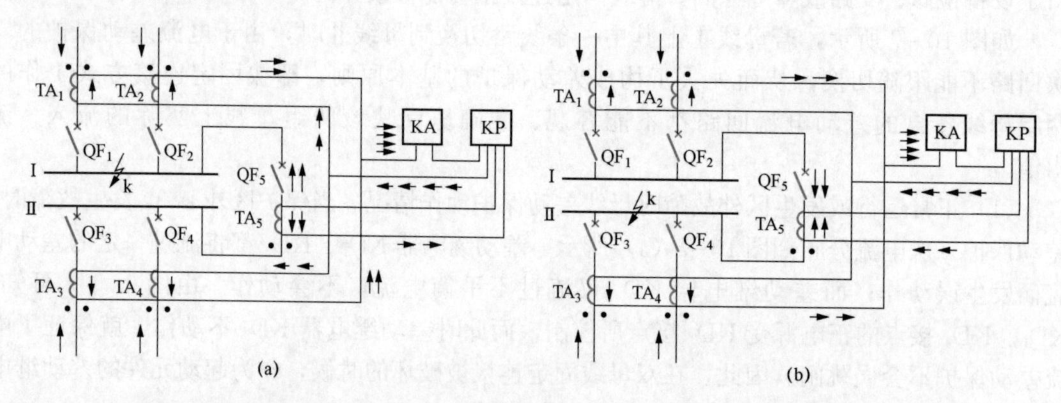

图 10-8　母联电流相位比较式差动保护的原理接线图及母线故障时的电流分布图

(a) 母线Ⅰ故障；(b) 母线Ⅱ故障

母联电流相位差动保护主要由以下两部分组成。

(1) 由电流互感器 TA_1～TA_4，以及总电流差动继电器 KA 组成。该部分中，KA 的输入回路由母线上所有连接支路的电流互感器的二次回路同极性并联组成。KA 仅在母线范围内发生故障时才动作，它是母联电流相位差动保护的起动元件。KA 在正常运行或发生外部故障时不动作，起闭锁保护的作用。

（2）由电流互感器 TA_1～TA_4 的总差动电流、母联断路器的电流互感器 TA_5 和相位比较继电器 KP 组成。其中，相位比较继电器 KP 比较总差动电流与母联互感器 TA_5 二次电流的相位，实现对故障母线的选择。

在正常运行或发生区外故障时，母联相位差动保护中的总电流差动继电器 KA 不起动，因此母联保护不会误动作。图 10-8（a）、（b）分别表示母线Ⅰ、Ⅱ故障时电流的方向。由图 10-8 可见，任一母线发生故障时，流入 KA 的总差动电流的相位是不变的，而流过母联的电流方向取决于故障的母线，即在母线Ⅰ和母线Ⅱ上发生故障时母联电流相位相差 180°。因此，利用总差动电流和母联电流进行相位比较，就可以选择出故障母线。

这种母线保护不要求元件固定连接于某一组母线，可极大地提高母线运行方式的灵活度，这是它的主要优点。但这种保护也存在以下缺点：

（1）正常运行时母联断路器必须投入运行。

（2）当母线发生故障，母线保护动作时，如果母联断路器拒动，将造成由非故障母线的连接元件通过母联供给短路电流，使故障不能切除。

（3）当母联断路器和母联电流互感器之间发生故障时，将会切除非故障母线，而故障母线反而不能切除。

（4）两组母线相继发生故障时，只能切除先发生故障的母线，后发生故障的母线因这时母联断路器已跳闸，选择元件无法进行相位比较而不能动作，因而不能切除故障。

10.6　断路器失灵保护

断路器失灵保护是指当故障线路的继电保护动作发出跳闸指令后，断路器拒动时，能够以较短的时限切除同一母线上其他所有支路的断路器，将故障部分隔离，并使停电范围限制为最小的一种近后备保护。造成断路器失灵的原因是多方面的，如断路器跳闸绕组断线，断路器操动机构失灵等。

GB/T 14285—2006 规定：在 220～500kV 电网及 110kV 电网的个别重要部分，可按下列规定装设断路器失灵保护。

（1）线路保护采用近后备方式且断路器确有可能发生拒动时；对 220～500kV 分相操作的断路器，可只考虑断路器单相拒动的情况。

（2）线路保护采用远后备方式，且断路器确有可能拒动。如果由其他线路或变压器的后备保护切除故障，将扩大停电范围（如采用多角形接线，双母线或分段单母线等接线时）并引起严重后果时。

（3）如断路器和电流互感器之间距离较长，在其间发生故障不能由该回路主保护切除，而由其他线路和变压器后备保护切除又将扩大停电范围并引起严重后果时。

图 10-9 所示为断路器失灵保护的基本原理接线图。由于断路器失灵保护的误动作会引起严重的后果，因此应注意提高失灵保护动作的可靠性。为此，失灵保护必须同时具备以下条件时才能起动。

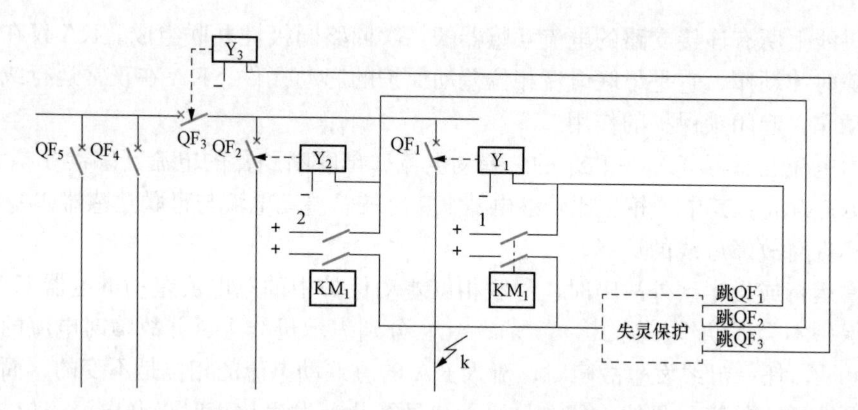

图 10-9　断路器失灵保护的基本原理接线图

（1）故障元件的保护出口继电器（图 10-9 中的 KM_1 或 KM_2）动作后不返回，即故障支路的断路器跳闸触点在失灵保护起动后的延时期间内始终闭合。

（2）通过故障鉴别元件判断在被保护范围内仍存在故障，一般故障鉴别元件是通过检查故障支路各相电流是否持续存在来确认故障尚未切除。

（3）为了防止失灵保护误动作、提高其可靠性，还应增设跳闸闭锁元件，一般采用复合电压闭锁元件，即检查故障支路所在母线段的相电压、零序电压及负序电压来判断故障是否仍未切除，当任一电压元件动作时复合电压闭锁元件开放失灵保护。

由于断路器失灵保护是在故障元件的保护动作之后才开始计时的，因此它的动作时间无须与其他保护的动作时间配合，通常取 0.3～0.5s。

规程规定：

1. 为提高动作的可靠性，必须同时具备下列条件，断路器失灵保护方可起动：

2. 失灵保护装设闭锁元件的原则：

3. 失灵保护动作跳闸应满足下列要求：

【例 10-3】 对于双母线接线方式的变电站，当某一出线发生故障时断路器拒动，应由（　　）切除电源。

A. 断路器失灵保护　　B. 母线电流差动保护

C. 过电流保护　　D. 距离保护

模拟习题

（1）失灵保护最终动作于母线差动。（　　）

A. 正确　　B. 错误

(2) 大差动判别母线故障，小差动判别故障母线。(　　)

A. 正确　　B. 错误

(3) 对于双母线接线方式的变电站，当某一连接元件发生故障且断路器拒动时，失灵保护动作应首先跳开(　　)。

A. 拒动断路器所在母线上的所有断路器　　B、母联断路器

C. 故障元件其他断路器　　D. 所有断路器

(4) 断路器失灵保护是(　　)。

A. 一种近后备保护，当故障元件的保护拒动时，可依靠该保护切除故障

B. 一种远后备保护，当故障元件的断路器拒动时，必须依靠故障元件本身保护的动作信号起动失灵保护以隔离故障点

C. 一种近后备保护，当故障元件的断路器拒动时，可依靠该保护隔离故障点

D. 一种远后备保护，当故障元件的保护拒动时，可依靠该保护隔离故障点

(5) 在电流相位比较式母线差动保护装置中，利用(　　)继电器作为选择元件。

A. 电流继电器　　B. 电压继电器

C. 相位比较继电器　　D. 差动继电器

真题赏析

(1) 如果电压回路断线，以下说法错误的是(　　)。(2019 年第一批)

A. 方向元件将拒动　　B. 线路纵联差动保护不受影响

C. 低压起动的过电流保护将误动作　　D. 距离保护可能误动作

(2)(多选)相位比较式母线差动保护的优点是(　　)。(2019 年第一批)

A. 可以用于支路连接方式经常改变的双母线上

B. 可以选用不同变比的电流互感器

C. 不受电流互感器饱和的影响

D. 可以比较多个电流的相位

(3)(多选)在双母线同时运行时的母线完全差动保护中，大差动的作用是(　　)。(2019 年第一批)

A. 跳开变压器各侧断路器　　B. 跳开出线断路器

C. 起动元件　　D. 跳开母联或分段断路器

(4)) 保护快速性要求不太高时，可利用母线上相邻元件保护切除母线故障。(　　)(2019 年第一批)

A. 正确　　B. 错误

(5) 可以不配置母线差动保护的母线电压等级是(　　)。(2019 年第二批)

A. 10kV　　B. 110kV　　C. 220kV　　D. 500kV

(6) 在非全相运行期间，原理上不会误动作的保护是(　　)。(2019 年第二批)

A. 零序电压保护　　B. 零序电流保护

C. 电流差动保护　　D. 负序电流保护

(7) 完全电流差动保护应用于元件固定连接的双母线时，大差动的主要作用是判断母线故障，Ⅰ母差动和Ⅱ母差动的主要作用是判断故障在哪条母线上。(　　)(2019 年第二批)

A. 正确　　B. 错误

(8) 下列哪个是双母线的保护？(　　)(2021 年第一批)

A. 母联电压　　B. 高阻抗母联差动

C. 完全电流母线差动　　D. 固定联结的纵联差动

(9) 220kV 输电线路采用双母线接线，需要装设母线保护。(　　)(2021 年第一批)

A. 正确　　B. 错误

(10) 电流相位比较式母线保护，如果发生外部故障时 (　　)。(2021 年第二批)

A. 至少一条线路的电流方向与其他线路相反

B. 每条出线相位都是相同的

C. 至少两条线路的电流方向和其他线路相反

D. 每条出线相位都是不同的

(11) (多选) 母线完全电流差动保护适用于 (　　)。(2021 年第二批)

A. 单母线接线　　B. 双母线经常以一组母线运行时

C. 双母线元件固定连接没有被破坏　　D. 双母线元件固定连接被破坏

(12) 双母线接线，出线故障断路器拒动，则应该由 (　　) 切除故障。(2021 年第二批)

A. 母线保护　　B. 对侧保护　　C. 本侧保护　　D. 失灵保护

参 考 文 献

[1] 国家电力调度通信中心．国家电网公司继电保护培训教材[M]. 北京：中国电力出版社，2009.
[2] 贺家李，李永丽，董新洲，等．电力系统继电保护原理［M].4 版．北京：中国电力出版社，2010.
[3] 张保会，尹项根．电力系统继电保护［M]. 北京：中国电力出版社，2022.
[4] 李丽娇，齐云秋．电力系统继电保护［M].2 版．北京：中国电力出版社，2012.
[5] 黄少锋．电力系统继电保护原理［M]. 北京：中国电力出版社，2015.
[6] 焦彦军．电力系统继电保护原理［M]. 北京：中国电力出版社，2015.
[7] 刘学军．继电保护原理［M].2 版．北京：中国电力出版社，2007.
[8] 国家电力调度通信中心．电力系统继电保护题库［M]. 北京：中国电力出版社，2008.